Caos y orden

© Antonio Escohotado, 1999
© Editorial La Emboscadura S. L. 2018

Edición: Indiana Caudillo y Jorge Escohotado
Cubierta: Capture & Compose
Diseño de portada: Kike Salvo
Maquetación: Pedro Criado

La Emboscadura pone a disposición de los lectores el correo info@laemboscadura.com para recibir cualquier sugerencia que contribuya al proceso de edición continua.

Primera edición: octubre de 2018

ISBN: 9781730958878

Impresión bajo demanda en papel con certificación ecológica.

No se permite la reproducción total o parcial de este libro, ni su incorporación a un sistema informático, ni su transmisión en cualquier forma o por cualquier medio, sea éste electrónico, mecánico, por fotocopia, por grabación u otros métodos, sin el permiso previo y por escrito de los titulares del *copyright*. La infracción de los derechos mencionados puede ser constitutiva de delito contra la propiedad intelectual (Arts. 270 y ss. del Código Penal español). Cualquier forma de reproducción, distribución, comunicación pública o transformación de esta obra solo puede ser realizada con la autorización de sus titulares, salvo excepción prevista por la ley. Diríjase a CEDRO (Centro Español de Derechos Reprográficos) si necesita fotocopiar o escanear algún fragmento de esta obra (www.conlicencia.com; 91 702 19 70 / 93 272 04 45).

La Emboscadura
Calle Azcona 20, Ático
28028 Madrid
www.laemboscadura.com

Antonio Escohotado

Caos y orden

Índice

Prólogo 13
1.- Las fuentes del orden.. 17

Parte 1

2.- Lo ideal y lo previsible 31
3.- El lote de la intuición 39
    Anexo.- Los frutos del puro cálculo............ 49
4.- Un testigo incómodo 59
5.- La espontaneidad del orden 69
6.- Azar, forma y autonomía 85
    Anexo.- Las trivialidades del rigor 101
7.- El valor de la ciencia... 115

Parte 2

8.- El parto del «pueblo» 129
9.- La paradoja revolucionaria 149
10.- Del riesgo al manejo del riesgo 163

11.- Una prosperidad frágil 179
Anexo.- La ingeniería financiera 199
12.- El caos de la libertad 213
13.- El caos de la libertad (2) 225
14.- La cuestión nacional 241
15.- Moral, mercado y misantropía 259
16.- Loterías electorales 279
17.- Navegando el caos 399
18.- El «pueblo» y nosotros 319

Addenda 341

Bibliografía citada 367

Índice y sumario 381

A Mónica, por tanto tiempo bueno.

Esta obra obtuvo el Premio Espasa Ensayo 1999, concedido por el siguiente jurado: Pedro Laín Entralgo, Victoria Camps, Juan Pablo Fusi, Jon Juaristi, Amando de Miguel, Fernando Savater, Vicente Verdú y Rafael González Cortés.

Prólogo

La edición actual añade a la primera dos textos[1] y esta introducción, que intenta corresponder con algo de distancia estética a una curiosidad del lector no extinguida del todo durante diez años, mientras íbamos pasando entre otras cosas de la exuberancia a la recesión.

Al mirarlo de lejos, veo que aproveché las relaciones entre incertidumbre y complejidad para analizar un enjambre de creencias y métodos. Incertidumbre y complejidad son cosas palmariamente distintas, pero —como veremos en detalle— el hecho de que los procesos complejos fuesen impredecibles acabó convirtiéndolos en símbolos de desorden. Semejante atropello a la lógica fue creciendo hasta el último tercio del siglo pasado, cuando la llamada ciencia o teoría del caos mostró que las cosas no idealizadas van haciéndose a sí mismas, mediante procesos de autoorganización inseparables del desequilibrio. Hetero-organización y equilibrio, por su parte, son lo acorde con una deidad concebida como omnipotente, fuente última de legitimación para que sus albaceas terrenales prefieran el voluntarismo al realismo.

1.- En la edición de octubre de 2000 se incorporaron una y un Sumario; la primera a propósito de algunas reseñas aparecidas sobre el libro, y el segundo para hacer que su contenido sea repasable en pocos minutos. Ambos textos figuran al final del volumen.

Al captar órdenes de grano fino, y precisamente en terrenos etiquetados como caóticos, el pensamiento cuestiona el monopolio del grano grueso con un concepto preciso —el de totalidad concreta o estructura endógena[2]— y dos corolarios. Primero, que solo sensores toscos (por ejemplo, sin la potencia de la computación requerida para describir fielmente tales o cuales procesos) abonan la fe en una materia gobernada desde fuera por la forma, en vez de originalmente «informada». Segundo, que confundir orden y mandato prolonga el principio del tercero excluso, imponiendo categorías maniqueas o solo binarias cuando los sistemas ofrecen reacciones no tanto dualistas como analógicas. En vez de ceñirse a esto o lo otro, deparan constantemente esto, lo otro o lo demás.

Ensayar un tipo analítico-analógico de investigación hizo que ya antes de poner punto final a este libro empezase a reunir datos para un estudio más detenido, centrado en entrelazamientos culturales de voluntad e inteligencia, religión y política. Eso es *Los enemigos del comercio*, cuyo primer volumen apareció hace unos meses, donde intento exponer el contraste entre los mundos eventualmente autoconstruidos y sus versiones a priori. Inmerso en la tarea de terminar el segundo volumen, me alivia ver que lo expuesto aquí hace diez años sobre manejo del riesgo e ingeniería financiera describe con bastante aproximación el origen de la actual crisis[3].

También siento cada vez más bochorno viendo que Prigogine y Mandelbrot siguen ausentes en los planes de enseñanza secundaria y universitaria. Pero enseñar geometría fractal, que es evidentemente la empleada por la naturaleza, o matizar el principio de entropía con la diferencia entre sistemas abiertos y cerrados, pide algo más que la diligencia de informarse. Hace falta igualmente renunciar al

---

2.- Si no me equivoco, la expresión «cambio endógeno» —empleada para describir una complejidad como el capitalismo— fue inaugurada por Schumpeter en su tratado sobre los ciclos económicos (1939, vol. II, págs. 907 y 1033).

3.- Véase infra, págs. 169-220.

sentimiento gremial de que cada disciplina es autónoma, y solo está pendiente de pequeños detalles para ofrecer una explicación definitiva de su objeto.

Siendo uno más entre tantos funcionarios dedicados a la docencia, permítanme recordar el rasgo más recurrente en nuestras fases de estancamiento creativo. Preferimos entonces ignorar que lo verdadero llega siempre después, como fruto de un hacerse donde colaboran infinitos actores, y merced al perpetuo adelanto de la práctica sobre la teoría que es la objetividad en cuanto tal.

1

Las fuentes del orden

*Todo nuestro razonamiento se reduce
a ceder al sentimiento.*

B. Pascal

Los diccionarios definen algunas palabras con una línea, mientras otras les exigen varias columnas de acepciones. Un caso eminente de esto segundo es la voz «orden», importada del latín *ordo,* cuyo sentido arcaico parece ser fila o hilera (concretamente de los granos que forman la espiga del trigo). Poco tardó en aplicarse a filas de legionarios, y desde entonces su significado fluctúa del retrato a la norma. Es ubicación o lugar —tanto en el espacio como en el tiempo— de cualesquiera elementos, y es también regla, mandato.

Aunque el concepto de orden sea ambiguo, las grandes perplejidades surgieron hace poco, cuando la comprensión del mundo empezó a desvincularlo de uniformidad y equilibrio. No identificado ya con lo simple y permanente, sino con «lo múltiple, temporal y complejo»[1], el orden experimenta por todas partes el embate de la incertidumbre, que ahora ya no se reduce al punto de vista del observador y contagia de raíz a lo observado. El determinismo dice que las mismas causas producen los mismos efectos, siguiendo todo sistema la pauta de sus condiciones iniciales, y siendo por eso calculable o adivinable. Pero tropezamos a cada paso con sistemas «sensibles» a

---

1.- Prigogine y Stengers, 1984, pág. 27.

esas condiciones iniciales, que responden a microcambios con macrocambios, y presentan la necesidad como resultado de aleatoriedades. Es imprescindible considerar la modificación cualitativa, sistemáticamente desplazada hasta ahora por la cuantitativa, y al empezar a intentarlo topamos con un determinismo mucho menos abstracto —no el de *será* sino el de *ha sido*—, ligado al carácter irreversible de los procesos.

Hechos a una civilización-fábrica, a su vez instalada dentro de un universo-reloj, el propio progreso tecnológico empuja a un escenario de perfiles todavía borrosos aunque muy distinto, donde las representaciones del orden deben adaptarse a una situación de pluralidad e inestabilidad, no por ello menos eficaz para inventar pautas organizativas y asociativas. A diferencia de nuestros ascendientes, ya no nos es posible separar lo ordenado de lo caótico, ni poner en duda que la innovación es ante todo fruto de una realidad en desequilibrio, gracias a la cual el azar irrumpe creativamente[2]. De ahí que ahora interpretemos el desequilibrio como un estado de apertura, y la disipación como una fuente estructurante; nuestros aviones amplifican la turbulencia para avanzar más deprisa, nuestros ordenadores trazan cartografías impensables antes de permitir el salto a una computación muy veloz y barata, y por doquier todo resulta simplemente probable, nada seguro. Tras ser pensado por Newton como sensorio divino (*sensorium Dei*), en el tiempo vuelve a verse una «medida del movimiento»[3], a la manera aristotélica, imponiendo una presencia simultánea de aleatoriedad y necesidad en cada acción.

Esquemáticamente, los sistemas abiertos intercambian energía y materia con su medio mediante subsistemas que fluctúan sin pausa

---

2.- Esto lo anticipó hace más de un siglo C.S. Peirce: «Aunque ninguna fuerza puede contrarrestar esta tendencia [a la disipación de la energía], el azar (chance) puede ejercer —y ejercerá— la influencia inversa. La fuerza es a la larga disipativa; el azar es a la larga concentrativo» (1892, pág. 337).

3.- «Tiempo es el número del movimiento, con arreglo a lo anterior-posterior»; (*Física*, IV, 220 a).

hasta acercarse a puntos críticos de inestabilidad (o «bifurcación»), donde la estructura previa no puede conservarse y salta a un nivel inferior o superior de orden. Diseñado originalmente para explicar la conducta de gases, el modelo se aplica hace tiempo a poblaciones. En un momento dado la tasa de nacimientos es muy parecida a la de muertes, y si se mantienen estables los suministros del exterior el sistema no estará muy lejos de un relativo equilibrio. Auméntese al doble los nacimientos, manteniendo la tasa de mortalidad, y el sistema —alejado del equilibrio— se verá llevado a optar entre desintegrarse y reorganizarse[4], en este segundo caso contrayendo una dependencia mayor de suministros externos. Auméntese al cubo los nacimientos, redúzcase de modo drástico la tasa de mortalidad, y el sistema será lanzado a un desequilibrio radical. Cuando se trata de gases y otras moléculas, esta dimensión crítica rompe con los patrones previsibles de causa-efecto, desatando una especie de libre albedrío manifiesto en forma de respuestas raras o únicas, extremadamente sensibles a cambios en la relación con el medio.

Tratándose de una sociedad como la nuestra nada sabemos a ciencia cierta, salvo que exhibe también un orden por fluctuaciones, derivado de haber ido «eligiendo» en sucesivos puntos de bifurcación. Pasan cosas imprevistas, como dispararse el valor de la información en sí, hecho que espiritualiza una riqueza tradicional apoyada sobre cosas más tangibles, y por eso mismo mantenida a través de secretos, engaños y amenazas. La reorganización implicada en lo que algunos llaman sociedad-red o sociedad de comunicaciones podría entenderse como respuesta a niveles demográficos muy altos, unidos a tasas decrecientes de mortalidad, donde el sistema inventa nuevas relaciones con el medio, e insta a la vez un creciente compromiso de los gobernados con el gobierno, todo ello

---

4.- El Neolítico parece haber sido el escenario de una reorganización semejante, que al desarrollar la agricultura de forma intensiva pudo alimentar a diez y hasta cien veces más individuos por hectárea.

mediante flujos de información muy diversificada[5]. Mirado a vista de pájaro, se diría que reacciona a la crisis estrechando el nexo entre sus elementos, pero con algo políticamente novedoso: la cohesión buscada no es una unidad que se contraponga a la diferencia, sino una unidad basada en cultivar la diferencia, atendiendo a una confianza en el mantenimiento de lo plural.

1

Por otra parte, declaraciones semejantes son demasiado especulativas, mientras no se examinen con algún detenimiento. Más verificable es que innovación e información digitalizada se han convertido en los recursos cruciales del presente, que las leyes supuestamente eternas de la materia solo resultan aplicables a algunas regiones de lo real, y que el orden —la estructura— tanto puede como suele surgir espontáneamente del desorden. Más aún, una organización solo parece refinable si cubre algún sistema abierto, expuesto a ramificaciones azarosas. Lejos de postular un no-orden, lo que se anuncia es un orden capaz de asumir las transformaciones ocurridas en su propio concepto, *ampliado,* y a ello se orienta hoy un vigoroso esfuerzo en muchos campos del pensamiento. En vez de esto *o* lo otro, ahora decimos esto, *y* lo otro, *y* lo demás[6]. Ante un orden que se derramaba como providencia divina o como mecánica de masas inertes, la tendencia clásica era atribuir los hitos organizativos a regalos externos. Y, desde luego, el papel de los regalos externos nunca podrá sobrevalorarse[7]. Pero junto al orden rega-

---

5.- El sistema social usa procesos de comunicación como modo peculiar de reproducirse «autopoiéticamente»; sobre la dinámica de una «red de conversaciones», cfr. Luhmann, 1990.

6.- Es el argumento analógico, que tiene dos o más términos medios, como corresponde a una operación fundamentalmente *comparativa*. Para un análisis del silogismo de analogía, cfr. Escohotado, 1997, págs. 122-125.

7.- Por ejemplo, en 1953 dos químicos norteamericanos —Urey y Miller— vieron que cierta propor-

lado —o revelado— ahora percibimos una pléyade de procesos auto-organizativos, cuyo papel tampoco puede sobrevalorarse[8].

Meticulosos trabajos hechos por entomólogos consiguieron identificar en algunos hormigueros a los miembros más trabajadores y a los más propensos a la ociosidad, permitiendo así un experimento interesante[9]. ¿Qué pasaría si —habilitando unas oportunas reinas— las hormigas más laboriosas fuesen reunidas en alguna colonia separada, y las más ociosas en otra? Una lógica lineal sugiere que el primer hormiguero progresará en alto grado, y que el segundo se hundirá muy deprisa en la miseria. Con todo, nada parecido sucede. Los rendimientos de cada población resultan no muy distintos, y ligados básicamente a las relaciones de cada uno con su entorno, porque en ambos casos la uniformidad experimenta una bifurcación. En la colonia de diligentes originarios se observa que cierto porcentaje del conjunto deja de serlo en muy poco tiempo, y en la colonia de ociosos originarios se observa que otro porcentaje —sensiblemente parecido— se reconvierte a la laboriosidad.

Esta respuesta a la nueva situación sugiere límites a la herencia, no menos que a eugenesias. Albergando una gradación que va desde adictos al trabajo hasta vagos, y manteniendo dicha pauta a despecho de cambios tan radicales como la deportación en masa, esa sociedad elige conservar una diferencia de potencial que excluye a toda costa su nivelación. No sabemos si los más propensos al ocio en una población de hormigas equivalen a astrónomos, rateros o ejecutivos en una población como la nuestra; ni si los diligentes equivalen a mendigos, artistas y magnates, o viceversa. Pero experimentos como el

---

ción de gases (concretamente, la atmósfera atribuida a Júpiter) se precipitaba formando glicina, valina y otros aminoácidos, tras una semana de bombardearla con descargas de 60.000 voltios. Eso mostró cómo un factor extrínseco a la vida —los rayos— podía estar en su origen.

8.- Por ejemplo, treinta años más de electrocutar la «sopa primitiva» no han producido el menor asomo de una proteína, que supone una organización incomparablemente más compleja, e inexcusable para la vida.

9.- Cfr. Toffler, en Prigogine y Stengers, 1984, pág. 24.

referido muestran la vitalidad de una situación alejada del equilibrio, cuyo presupuesto primario es mantener diferenciación.

2

Un rasgo del presente es que el orden haya perdido su ropaje de axioma o autoevidencia para exponerse prosaicamente, con toda suerte de pormenores en cada plano. Son muchos órdenes, y cada uno contiene una aspiración de economía —mejor o peor cumplida—, como método para concertar los elementos de tal o cual sistema. Lo más sencillo sería que cada uno ocupase *su* posición, en el sentido del «lugar natural» que corresponde a cada objeto o naturaleza. Sin embargo, ese *suyo* es en gran medida obra del tiempo, no un a priori, y todos los resultados mantienen una contabilidad de partida doble: en un lado el Haber y en otro el Debe. Obsérvese así un modelo que lleva intacto cinco o seis milenios, como la instrucción militar de orden cerrado.

Los individuos formarán por filas rectas, y mantendrán la distancia de un brazo con respecto al de delante, adoptando la postura «firmes» mientras la voz no mande «descanso». Las alternativas dinámicas serán tres: en marcha, alto y vuelta (entera o media). Impuesta dicha simplificación, dos o tres semanas con varias horas diarias de obedecer esa voz bastan para que sujetos en principio anárquicos empiecen a evolucionar marcialmente. Una vez troqueladas, las pautas de obediencia automática hacen que no solo al desfilar sino en cualquier otro momento cada recluta atienda a la voz inapelable: alto, en marcha, firmes, descanso. Aquí estaría la finalidad subyacente al periodo de instrucción, si no fuera porque a la voz de mando le sobra —e incomoda— decir *dónde* irá la tropa en cada caso, una molestia que salva momento a momento indicando los cambios de dirección con media vuelta (a la izquierda o a la derecha). Esa manera de moverse dibuja trayectorias muy quebradas, y ahorraría tanto pasos como voces decir a la tropa: vamos allí, o allá. Pero lo económico para un orden no lo es siempre para otro, y la lógica castrense asumirá toda suerte de costes energéticos mientras susciten doma.

Este tipo de estructura, que reparte toda la actividad en mando y obediencia —para crear individuos unívocos o *mandobedientes*—, no termina en los cuarteles. Al contrario, florece en la historia humana de muchos lugares, y hasta podría considerarse el modelo clásico de lo organizativamente «eficaz». Sin embargo, el orden de *la* orden sufre hoy una generalizada contracción, a la vez práctica y teórica, en beneficio de modalidades que —al irse adaptando puntualmente al medio— disponen la energía de otra manera[10]. Por casi todas partes, lo coercitivo cede parcelas de administración a lo cognoscitivo, a medida que las corrientes fuertes van siendo guiadas por corrientes débiles, como las que difunden señales. Me alegra pensar que, en última instancia, hemos llegado a ello porque esta vida se ha ido haciendo cada vez más santa (en vez de reservarse dicha dignidad a la «otra»), y lo cierto es que no habría emprendido una investigación multidisciplinaria tan arriesgada y laboriosa, si dicho sentimiento de santidad no me hubiese alcanzado de modo imprevisto hace unos cinco años, cuando volví a visitar el Louvre.

3

Entrando esta vez por la parte arqueológica, tenía a unos palmos muchos objetos nucleares para el recuerdo: la estatua del escriba sentado, la estela de Hammurabi, bajorrelieves asirios, sarcófagos faraónicos, el guerrero Gilgamesh sosteniendo dos leones como si fuesen gatos... Y entonces, sin preaviso, las salas dedicadas a Asia Menor

---

10.- Véase *infra*, caps. XVII y XVIII.

dieron paso a Grecia. En lo alto de la escalera resplandecía la *Victoria de Samotracia,* blanca como la nieve, decapitada y semidesnuda entre sus grandes alas; al final de los escalones esperaba el transexual *Hermafroditos*, níveo y desnudo también, fundiendo a dos deidades en un solo cuerpo. Aquí y allá otras estatuas danzaban y festejaban en general, cinceladas como por los propios dioses.

No era un cambio de paralelo y meridiano, sino un cambio de universo. Comparado con aquella armonía de hiperrealismo y forma pura, ¿qué civilizaciones pardas y tristes eran las previas? Las figuras helénicas recordaban vagamente algunos iconos de la imaginería actual, las mesopotámicas y egipcias sugerían moldes del Medievo. En manos de unos orfebres la piedra se llenaba de ingravidez y maestría; otros la coagulaban en representaciones de pueril hieratismo. Grisura homogénea y plañideras para los unos; competitivas diferencias y orgía para los otros. ¿Dependía eso de que los segundos celebrasen la vida, afanándose los primeros en festejar a la muerte? ¿Acaso quien no celebra la existencia se condena a ser incapaz de representarla sin tosquedad, como los niños que dibujan muy grandes ciertas cosas y muy pequeñas otras, no tras observar su tamaño real, sino en función de consideraciones distintas?

Repletos de soberanos inmensos y súbditos diminutos[11], los tesoros artísticos de Asia Menor parecían una amalgama de infantilismo y senilidad, básicamente ajena a la madurez intermedia. Los griegos, en cambio, buscaban maneras de vivir que reconciliasen con el más acá, prefigurando nuestra posterior andadura. Eligieron los albures de la democracia a las seguridades del despotismo, el proyecto del conocimiento científico a las certezas de cualquier dogma, y el resultado de esa elección les colmó —como a nosotros— de inventiva e inestabilidad.

Por lo demás, unos y otros —mandobedientes y libertarios— compartimos la misma situación: una existencia capaz de darse in-

---

11.- La estela paradigmática, repetida hasta la saciedad, representa a un faraón gigantesco, que blande su maza ante un vasallo muy pequeño.

numerables perfiles, aunque sometida en todos ellos a duras condiciones de mantenimiento. Recurrir una y otra vez al exterior —el aguijón del hambre— se añade al imperativo de asegurar una interioridad defendida de la intemperie, y solo desde esa camisa de fuerza otea el viviente algún goce. Pero sacamos fuerzas de flaqueza, y los goces compensan tantas veces el esfuerzo.

> «Así como la naturaleza entrega los seres
> a la aventura de su denso deseo, y
> no protege a ninguno en su terruño o ramaje,
> tampoco nos quiere más a nosotros
> el fundamento de nuestro ser; se arriesga con nosotros.
> Solo que nosotros, más aun que la planta o el animal,
> vamos con este arriesgar, lo queremos, y aun a veces
> somos más arriesgados (y no por egoísmo)
> que la vida misma, un soplo más arriesgados[12]».

A nuestra afinidad difusa con los griegos debe añadirse un salto cualitativo. Ellos *creían* aún, y nosotros hemos dejado de conjugar semejante verbo. De ahí que nuestro desafío sea perder las certidumbres sin merma en el sentido crítico y la capacidad de obrar, haciendo sustantivo y fructífero el nivel de autonomía alcanzado. Las técnicas, que miniaturizan toda suerte de ingenios, abren el destino adicional de codificar y descodificar, lo uno para tener almacenados gigantescos paquetes de información, lo otro para acercarnos a las claves genéticas.

Descendientes tan tardíos de la vida, adentrarnos en el secreto de la semilla significa traer su origen a la conciencia, cumpliendo un movimiento que supone retorno a sí y a la vez apertura. Algo sembrado inicialmente en forma de esporas blindadas, hechas para el contacto con un medio implacable, engendra conocimiento cuando

---

12.- R.M. Rilke, en Heidegger, 1960, págs. 230 y 231.

ese medio ha sido colonizado por la propia vida. Abandonar las certidumbres invitaría entonces a pasar de un mundo abstracto o solamente intelectual (valga decir subjetivo) a un mundo real, instalado sobre la diversidad objetiva.

4

Vertebrada en torno a las fuentes del orden, esta investigación aborda un asunto esencialmente múltiple o complejo, que se enfoca con sucesivas aproximaciones. No es un ensayo, ya que adopta un tratamiento en buena medida sistemático para su contenido; y tampoco es un tratado, ya que ninguna de sus secciones aspira a una mínima exhaustividad. La primera parte —o nivel teórico— examina transformaciones en la ciencia contemporánea, tras el cambio de paradigma que representa la teoría del caos. La segunda —o nivel práctico— describe algunas instituciones políticas, y la metamorfosis económica que funda el nacimiento de una ingeniería financiera, nuevo aspirante al estatuto de ciencia exacta. Si no se despejan ambigüedades y presupuestos en un nivel, el otro queda trivializado o aislado: ambos se realimentan sin pausa, como los órganos de un mismo cuerpo.

Intento, pues, mostrar que lo básico puede examinarse sin vericuetos reservados para expertos, y que no hacerlo ha conducido a un divorcio tan esterilizante como innecesario entre científicos y humanistas, cuyo residuo es una mezcla de pereza y desprecio mutuo. De ahí que omita jerga técnica, ecuaciones y prolijidades de especialista, sin perjuicio de intentar poner en claro las hipótesis de cada asunto. Finalmente, sugiero al lector que no prejuzgue a costa suya; esto es, que no se imagine capaz de reflexionar sobre ideas políticas y modelos económicos, e incapaz de reflexionar sobre ideas científicas. Aunque el objeto del político y el economista sea todavía más denso, y más justificativo del *zapatero a tus zapatos*, eso no nos disuade —por fortuna— de intentar comprenderlo, y hasta de intervenir[13].

Opuesta al intrusismo, una perspectiva entiende que los saberes son poco comunicables, y que trazar analogías entre el comportamiento de sistemas relativamente simples (fotones, átomos, moléculas) y el de sistemas hipercomplejos (electores, mercados, sociedades) solo puede conducir a equívocos, abusos e imposturas. Cierto libro reciente ha mostrado, además, hasta qué punto la jerga técnico-científica sirve hoy para velar una falta de nociones precisas, envolviendo banalidades o incoherencias en un abstruso ropaje de pseudo-información[14]. Naturalmente, eso consolida el divorcio entre intocables cultivadores de la objetividad y retóricos del camelo, asumiendo unos el papel de Elliot Ness y otros el del contrabandista, en una comedia destinada primariamente a que el público se mantenga estupefacto.

Pero la tarea del conocimiento no es compatible con ese caldo de cultivo para una estupefacción recíproca. Al contrario, se impone una reflexividad continua, donde ciencia y cultura se interpenetren, siendo cada una el sentido crítico de la otra. Los paradigmas científicos expresan un cambio en el mundo y en la concepción del mundo, y por eso mismo están sujetos a una constante extensión analógica. En los dos capítulos siguientes espero hacer ver, por ejemplo, que el modelo newtoniano reenvía tanto o más a principios religiosos y de organización política que a una observación imparcial de la naturaleza, y que el concepto de «fuerza» no acaba

---

[13].- Por lo demás, tres temas —física subatómica, crisis de fundamentos en matemáticas e ingeniería financiera— se exponen en forma de anexos a dos capítulos de la primera parte y uno de la segunda. Esto permite que el lector impaciente o intimidado los pase por alto, si bien no recomiendo para nada semejantes atajos, entre otras razones porque los tres temas mencionados resultan tener un fondo casi idéntico.

[14].- Cfr. Sokal y Bricmont, 1999. Son especialmente hilarantes los capítulos sobre Lacan y Virilio. Completando el escrutinio, Sokal y Bricmont podrían haber revisado también el léxico de físicos como Gell-Mann, por ejemplo, cuya teoría —la cromodinámica cuántica— incluye tres «colores», dos «sabores», una «extrañeza» y un «encanto»; *vide infra*, anexo al cap. III, págs. 43-45.

de ser un concepto propiamente *físico,* aunque sobre él se articule todo su esquema.

La extensión analógica es manifiesta ya en Platón y Aristóteles, y una de las ventajas del último pensamiento reside en haberlo expuesto sin vacilaciones. Las ramas no anquilosadas del saber parten de lo que algunos llaman «segunda alianza», cuyos aliados son precisamente las ciencias «duras» y las otras, ciencia en cuanto tal y humanidades, esquema abstracto e intuición concreta. Como el lector comprobará, la idea de *masa* —primero aplicada a materia inerte y luego a conjuntos humanos— es uno de los hilos conductores para la exposición.

Por último, parece oportuno decir que este libro trata de pensar la específica civilización europea. Aunque en los análisis el marco se deslice a comparaciones ocasionales con otras culturas, es ante todo una pesquisa sobre el pasado inmediato y el presente del Viejo Mundo.

Parte 1

2

Lo ideal y lo previsible

¿Cuál es el estado actual de las leyes sobre la materia y el universo?
Las leyes fundamentales de la materia están sujetas
a los principios de la mecánica cuántica.
M. Gell-Mann

En la escuela, el profesor plantea cierto problema sobre un balón que chuta algún futbolista: dadas tales y cuales coordenadas, ¿cuándo llegará a la portería? Da por sentado que esa pelota es un sólido regular e indeformable, surcando un espacio homogéneo, y prescinde de aquello que una cámara superlenta y buenos sensores revelan sobre cualquier proceso análogo. En efecto, ya antes de abandonar su punto de partida la pelota empieza a ceder en la zona donde es alcanzada por el pie, a la vez que se abomba progresivamente en el lado opuesto, y una vez en movimiento nunca deja de ser un objeto irregular (en ese tramo parecida a un globo deshinchado, en aquél a una pelota de rugby, aplanándose en la zona de impacto con el suelo, etc.). Una variación no menos incesante hay en el espacio que atraviesa, afectado por sutiles remolinos, con distintas temperaturas y densidades del aire. Si el problema es dónde estará un balón de fútbol de peso p golpeado con impulso i, la respuesta debe considerar la resistencia ofrecida por una cambiante atmósfera a cada una de sus cambiantes formas.

Como dicha respuesta exige un excelente aparato matemático y experimental, puede considerarse causa última de que en la escuela los problemas pidan soluciones precisas o concretas, aunque procedan siempre idealizando los cuerpos y sus medios. Pero hay algo más, expresable en el hecho de que ningún objeto real acaba de *obedecer*: cuanto más atendemos a sus pormenores menos inerte se muestra. Basta aceptar balones de verdad para que su desplazamiento no ofrezca la trayectoria gradual de una esfera, sino algo más parecido a cierta figura proteica que recorre una senda tortuosa, animada por giros particulares que el medio amplifica o amortigua. De hecho, no hace falta recurrir a un sistema con tantas variables como un balonazo. Se observa ya midiendo el goteo de cualquier grifo, que debería aproximarse a una regularidad tras realizar cierto número de observaciones, aunque hasta hoy —usando dispositivos muy finos y pacientes de medida— no haya sido posible encontrarla. Cada grifo gotea a su manera, y cada manera resulta irritantemente ajena a un orden cerrado.

Por consiguiente, la idealización es en parte pura práctica, y en parte pura teoría. El balón se reduce a esfera —o punto—, y su senda a una trayectoria gradual, para ofrecer una representación *aproximada* de qué pasa al desplazar objetos no abstractos, cosa sin duda imprescindible en arquitectura, ingeniería y otras varias artes. Pero el balón se reduce a esfera o punto para defender también que lo real fue hecho aplicando principios matemáticos, y que lo sensible/perecedero imita una colección de números o arquetipos, eternos y separados de todo desgaste. Por lo mismo, la reducción no ofrece tanto algo aproximado cuanto lo *exacto* en sí, el «original», una tesis defendida con elocuencia por Platón.

Otros griegos no pensaban lo mismo. A su juicio, lo propio del mundo real eran azar y energía, fuentes internas de necesidad, y postular una copia de formas desencarnadas privaba a la naturaleza *(physis)* de hondura. Succionados por el vacío, según Demócrito, los elementos últimos o indivisibles («átomos») entran en una dinámica turbulenta que produce estructura. Pero el idealista y el realista antiguo estaban menos deslindados, pues bastaba no aislar materia y forma, dos nociones muy recientes entonces, que aparecen por primera vez en la obra aristotélica[1]; uniendo ambos aspectos, el mundo físico se presentaba animado de parte a parte, con lugares «naturales» y planetas vivientes. Su dinamismo parecía un proceso de *cumplimiento:* cuando toda materia estuviese penetrada de forma el mundo sería quintaesencia, *in*formación.

1

Un cambio de perspectiva llega con la autoridad que veneran los judeocristianos e islámicos. El nuevo foco creador es omnipotencia y voluntad de gobierno, un dios-rey rodeado por los símbolos de su infinita fortaleza. El lugar de caos —padre del éter, la noche y los días, según Hesiodo— ahora lo ocupan por una parte nada, *nihil,* y por otra tinieblas demoníacas. Sin embargo, este cambio solo arraiga como criterio laico sobre el orden natural cuando el científico empiece a heredar las responsabilidades del clérigo, doce siglos después de que Eleusis —el último gran santuario pagano— haya sido arrasado.

Newton, campeón de esa perspectiva, propone en el prefacio a sus *Principia* «reducir los fenómenos de la naturaleza a leyes matemáticas», pues «toda la dificultad es [...] demostrar los fenómenos a partir de esas fuerzas»[2]. Ya desde Galileo, «leyes matemáticas» y «fuerzas» son una misma cosa. La prueba de su imperio depende de que lo otro («fenómenos de la naturaleza») se deje predecir como juego *exacto* de esas leyes o fuerzas.

Si el clérigo había prometido ortodoxia, el científico promete exactitud. Y para ello no solo necesita reducir —como el geómetra griego— las condiciones de todo proceso. Necesita, además, una aje-

---

[1].- Hasta entonces materia (*hylé*) significa «madera», «leña», y forma (*morphé*) equivale a «figura».
[2].- Newton, 1987, págs. 5 y 6.

nidad radical entre substancia pensante y substancia extensa. Y, en efecto, hay tal incomunicación entre lo uno y lo otro que el simple moverse de los seres vivos sugiere al filósofo del siglo XVII la existencia de glándulas pineales y otros órganos fantásticos, cuya función sería coordinar corpúsculos pensantes y extensos, alma y cuerpo. Es la misma cesura que hay entre el todopoderoso «Dueño» y sus «siervos», entre soberano y súbditos, entre unas leyes/fuerza y las masas sometidas por ellas. Masa e inercia son, de hecho, la misma cosa. Según Newton, substancia pensante significa «pura voluntad»[3]; substancia extensa significa algo que *conserva* su situación (de movimiento o reposo) hasta verse compelido por alguna «fuerza». Aunque sean tres planos —teológico, político, físico—, su eje es la relación entre señor y esclavo, para sí y para otro.

La sujeción de la substancia extensa —o materia— a un estatuto de servidumbre frente a la pensante funda una inercia universal, que presenta los cuerpos como «masas» obedientes a la solicitación de una u otra fuerza. *Vis,* el término que se traduce como fuerza, es sinónimo de *imperium,* la prerrogativa del soberano, y hasta qué punto aplicar ese principio al mundo chocaba con la sensibilidad común lo indica que solo el esfuerzo combinado de varios genios —ante todo Kepler, Galileo y Descartes—logra una formulación correcta del principio inercial: el movimiento será un «estado» como el reposo, mantenido o suspendido por algún motor.

Por su parte, el motor —presión, impacto, arrastre, etc. podría considerarse un efecto de la materialidad misma, como pensaban Demócrito o Epicuro. Pero la gravitación parecía lo contrario de algo material: para empezar, era una *actio distans,* desprovista de contacto (y, por tanto, de posible presión, impacto o arrastre). Era por eso un motor incorpóreo de lo corpóreo, más definible como norma «mate-

---

[3].- Así se lo dice a Leibniz, a través de Samuel Clarke: «Esta razón suficiente no es otra cosa que la mera voluntad de Dios», que hizo a las criaturas para «ejercer su Poder y Sabiduría» (cfr. Rada, 1980, págs. 62 y 63).

mática». Lo básico estaba en su forma legislativa; las cosas no suceden o dejan de suceder: son *forzadas* a cualquier resultado. Aunque llover y fuerza pluvial, caer y fuerza gravitatoria siguen siendo el mismo acto *físico*, el análisis descubre una diferencia entre obedecer y regir, legislado y legislador; es —en términos de la época— el desdoblamiento entre fuerza solicitante y fuerza solicitada. De ahí que las gotas de lluvia no se limiten a caer, sino que caigan inercialmente, con la pasividad absoluta que caracteriza a lo material, sumiso a lo espiritual.

En aquellos años Molière ironizaba sobre semejante tipo de explicación, alegando que el opio adormece gracias a su fuerza dormitiva. Y, en efecto, son postulables fuerzas dormitivas, emotivas, perceptivas, escribitivas y hasta tachativas, aunque sea extremadamente difícil distinguir esas potencias incorpóreas del sueño, la emoción, la percepción, la escritura o el acto de tachar algo escrito. También parece que ciertos diagnósticos son mejor aceptados cuando se arropan en neologismos (a juzgar por la costumbre de tantos médicos), o que la misa produce una unción más genuina cuando se oficia en latín para una feligresía que no entiende dicha lengua (a juzgar por tantos siglos de celebrarla así).

Con todo, la diferencia entre lluvia y fuerza pluvial —o entre gravedad y fuerza gravitatoria— seguirá siendo la que hay entre algo *dado* y algo *supuesto*. Preferir lo supuesto a lo dado, lo invisible al aspecto de las cosas, es más acorde con monoteísmo y mandobediencia que el cosmos griego, poblado por substancias a la vez extensas y pensantes. Y, así, el análisis de las formas físicas quedó supeditado al de las tautológicas fuerzas, aunque nadie aportase argumentos «para pensar que la fuerza tiene un estatuto ontológico más profundo o activo que la *forma*»[4] . Sin ir más lejos, la llamada proporción áurea define objetos como el Partenón, la cruz cristiana, los naipes, las tarjetas de crédito o el edificio de la Asamblea

---

4.- Thom 1985, pág. 118.

General de la ONU, que cumplen un criterio armónico preciso[5]: la parte menor es a la mayor como la mayor a la suma de ambas. Dicha armonía genera también la espiral de los moluscos (véase fig. 1) y otras varias estructuras de lo orgánico y lo inorgánico —por ejemplo, la distribución de las hojas en una alcachofa, las pipas de un girasol o el rizo de las olas—, exhibiendo un proceso que «construye cantidad sin sacrificar cualidad»[6].

Pero la forma hubiese sido un principio interior, inmanente, y Newton descarta de modo expreso que el mundo tenga «alma» en su Escolio General a los *Principia*:

> «Este elegantísimo sistema del Sol, los planetas y los cometas solo puede originarse en el dominio de un ente poderoso, que no rige las cosas desde dentro, como un alma del mundo, sino como dueño. Y debido a esta dominación suele llamársele señor dios, *pantocrator* o todofuerza, amo, pues «dios» es palabra relativa, que se refiere a siervos[7]».

Canon de esa teología política, un principio universal de desanimación o inercia invitaba a prever con «rigurosa exactitud» el movimiento de lo corpóreo, sugiriendo a las sociedades que confiaran en una ciencia matemática como heredera razonable del culto religioso. Contribuía decisivamente a ello que lo llamado «mundo» por el filósofo natural estuviese ya vaciado de espontaneidad. Era una colección de masas dispersas, que podrían considerarse tan pasivas como ordenadas si en sus desplazamientos siguieran una pauta expresable

---

5.- Es la serie de Fibonacci, donde cada nuevo elemento constituye la suma de los dos previos: 1, 2, 3, 5, 8, 13, 21, 34, 55... A partir de 144, cada número dividido por el siguiente mayor arroja 0,618. El travesaño divide el palo horizontal de la cruz cristiana por el 61,8 por 100 de su longitud.

6.- Hoffer, 1975. El texto fundamental sigue siendo el de D'Arcy Thompson, 1942. Justamente lo contrario exhibe la construcción basada sobre fuerzas y masas, donde –merced a la inercia del proceso– lo cualitativo es irrelevante por definición.

7.- Newton, 1987, pág. 618.

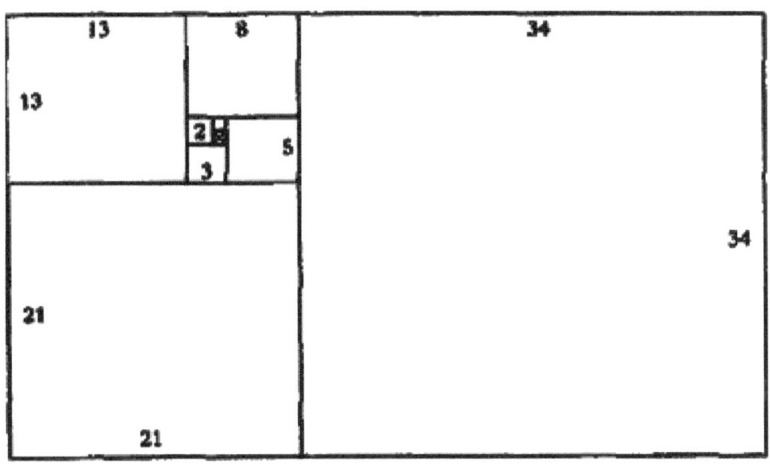

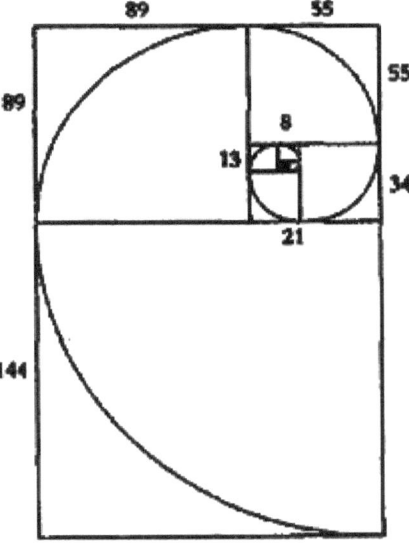

FIGURA 1: Construcción de una espiral según la proporción áurea. Dibújese un cuadrado de lado 1, añádase (siempre en la dirección inversa a las agujas del reloj) otro cuadrado de igual tamaño; luego se construye un cuadrado de lado 2 adyacente, seguido por otro de lado 3, y —siguiendo siempre en la misma dirección— añádanse cuadrados de 5, 8, 13, 21, 34, ... Uniendo los vértices surge la espiral.

como función matemática. Y eso lo cumplió, con escueta elegancia, la famosa fórmula de que los cuerpos se atraen en razón directa de sus masas, e inversa al cuadrado de las distancias. Así se explicaban a la vez la caída terrestre de los graves y el orbitar de los planetas.

Pero la inmediatez física seguía en tinieblas, y someterla a esas leyes no hizo más accesible su realidad. El resultado fue que lo complejo quedó fuera por «caótico», como en el arte geométrico de Euclides, aunque éste y Galileo tuviesen diferentes razones para prescindir del cuerpo real. A los griegos les molestaba ante todo la *desmesura* de cualquier singularidad, y al científico clásico le molestaba ante todo su *independencia*. No en vano unos querían entender, mientras el otro prometía anticipar.

A partir del cálculo —un útil que los griegos tuvieron a mano y no desarrollaron como tal[8], quizá rechazando el empleo de números «irracionales», y desde luego por carecer del 0—, cunde el criterio de que basta *aislar los mecanismos,* y el resto se sigue solo. Redúzcase un fenómeno a partes cada vez más simples hasta las que admitan ecuaciones de solución exacta y única (lineales)[9], y recompóngase luego por suma. Es un método de análisis (del griego *ana-lyo,* «des-atar»), cuyo inconveniente yace en la recomposición, pues lo aislado o desatado se ha hecho más calculable, pero guarda tanta relación con el fenómeno original como un animal vivo y otro diseccionado. Aislar mecanismos solo funciona bien para objetos como el péndulo imaginario de Galileo, que oscila en un perfecto vacío y ni siquiera produce fricción entre su fiel y su pie. En efecto, aceptar siquiera eso (por no decir las distintas densidades del aire, y sus corrientes) introduciría ecuaciones no lineales —*cualitativas*— en su comportamiento.

8.- Se ha postulado un protocálculo ya en Demócrito y Epicuro (cfr. Serres, 1977), que resulta bastante más claro en Arquímedes.

9.- Por ejemplo, la ecuación es lineal, mientras es no lineal. Finalmente, «la no-linealidad aparece en toda suerte de sistemas donde la conducta del todo es cualitativamente distinta de la conducta de la suma de sus partes individuales» (Packard y Farmer, 1985). Como remacha un sabio contemporáneo, «el carácter no lineal es el aspecto con el que el residuo cualitativo aparece en la fórmula numérica de un fenómeno relacionado con la cualidad» (Georgescu-Roegen, 1996, pág. 155).

3

El lote de la intuición

*El problema no es describir la realidad, sino aislar en ella [...]
lo que resulta sorprendente en el conjunto de los hechos.*

R. Thom

La nueva ciencia prometía fundamentalmente prever, induciendo un cambio notable en el significado de *teoría*. ¿Qué se entiende tradicionalmente por esa palabra? Mitchell Feigenbaum ofrece una buena definición indirecta, al decir que «el arte es una teoría sobre el aspecto del mundo para los seres humanos»[1]. Desde sus comienzos —que suelen fijarse en el hallazgo de un porqué para los distintos acordes musicales[2]— *theoreia* es sinónimo de una contemplación privilegiada. Su privilegio o don es penetrar el aspecto sin dejarlo de lado, descubriendo un sentido que brota de él y se mantiene en él, como sucede con la compenetración de figura y fondo, fenómeno y fundamento.

Pero esto pierde vigencia, y teórico ya no será captar lo esencial de cierto campo, o conseguir —como todavía reclamaba Einstein— cierta visión *interna,* sino ofrecer una matriz de cálculo poco desmentida por los hechos, dotada de «alto valor predictivo». A finales del siglo XX es un lugar común, incondicionalmente aceptado, lo que

---

[1].- Cfr. Gleick, 1987, pág. 186.

[2].- Se atribuye a Pitágoras el experimento de tensar una cuerda de lira con distintos pesos, gracias a lo cual descubrió las proporciones de cuarta, quinta y octava.

manifiesta J.C. Slater en su conocido manual de Física: «Un teórico actual solo pide que sus teorías hagan predicciones razonablemente buenas sobre experimentos»[3].

Nada semejante acontece antes de que la actividad científica se convierta en un destacado oficio, cuya consolidación va produciendo cantidades ingentes de puros datos. Apoyado sobre aparatos experimentales progresivamente sofisticados, el acto de teorizar es cada vez más una manera de «someter» grupos de acontecimientos a alguna «legalidad», y cada vez menos algo que ilumine el aspecto del mundo. Aunque cualquier teoría sea un paquete comprimido de información sobre cierto grupo de fenómenos, su objeto ha cambiado; ya no es lo real para una sensibilidad, sino algo que «los experimentos» no invaliden.

Eso ocasiona merma en lo observable mismo, dejando de lado aquella especie de luz o recuerdo que surge al captar la verdad de una cosa. Se descarta como caos, inesencialidad o resultado de observaciones defectuosas lo distinto del pronóstico infalible. Tras haber convertido la medida de un fenómeno en fuerza causante del fenómeno mismo, las nuevas «teorías» desarrollan líneas de trincheras a su alrededor, como bastiones en una guerra cuyas alternativas son someter el universo a leyes matemáticas, o bien conformarse con alguna fe.

1

Ningún ejemplo más simple que el de las llamadas aberraciones lunares, esto es, los desacuerdos que se observan entre su trayectoria

---

[3].- Slater, 1955, pág. 4. Con semejante criterio, la precisión de los calendarios mayas —muy superior a los europeos del momento— habría aconsejado sustituir la astronomía copernicana por el cosmos de la serpiente emplumada. En efecto, sus astrónomos descubrieron modos de prever con gran antelación eclipses y otros fenómenos celestes, usando un cuerpo de reglas que Slater llamaría «teórico». Si Europa no se conformó con dichas reglas fue porque el «alto valor predictivo» debía combinarse con intuiciones extra-numéricas, vinculadas a *entender* lo predicho.

efectiva y aquella que le correspondería si obedeciese estrictamente a mecánica newtoniana. Una razonable explicación —a tantas aberraciones de hecho— es que hay cuerpos siderales aún no descubiertos, o mal evaluados en cuanto a su masa, pues en otro caso el movimiento de la Luna seguiría de modo *exacto* la ley del cuadrado inverso. Si esta revisión no ofrece los resultados apetecidos, parece que quedará en entredicho la teoría. Con todo, pasaron más de doscientos años antes de descartarla por semejante motivo[4], y Lakatos sugiere por qué:

> «Un físico toma la mecánica newtoniana y su ley de gravitación, *N*, las condiciones iniciales aceptadas, *I*, y calcula con su ayuda la trayectoria de un pequeño planeta recientemente descubierto, *p*. Pero el planeta se desvía de la trayectoria calculada. ¿Considera nuestro físico newtoniano que la teoría de Newton hace imposible tal desviación y, por tanto, que —una vez establecida— refuta la teoría *N*? No; sugiere que debe haber un planeta hasta ahora desconocido, *p'*, que perturba la trayectoria de *p*. Calcula la masa, la órbita, etc., de ese planeta hipotético, y luego le pide a un astrónomo experimental que compruebe su hipótesis. El planeta *p'* es tan pequeño que posiblemente ni los mayores telescopios disponibles lo pueden observar, y el astrónomo experimental solicita una beca de investigación para construir uno mayor. A los tres años está listo el nuevo telescopio. Si se descubriera el planeta desconocido *p'* el hecho sería saludado como una nueva victoria de la ciencia newtoniana. Pero no es así. ¿Abandona nuestro científico la teoría de Newton y su idea del planeta perturbador? No; su-

---

4.- Sir John Lighthill, inaugurando un congreso mundial sobre mecánica aplicada, comenta: «Tengo que hablar en nombre de una amplia comunidad. Querríamos pedir excusas colectivamente por haber engañado al público difundiendo ideas sobre el determinismo de los sistemas basados en las leyes de Newton sobre el movimiento, que desde 1960 se han revelado erróneas» (cfr. Prigogine, 1991, pág. 59).

giere que una nube de polvo cósmico nos lo oculta. Calcula la situación y las propiedades de esa nube, y pide una beca de investigación para enviar un satélite que compruebe sus cálculos. Si los instrumentos del satélite (que posiblemente son nuevos y se basan en una teoría poco comprobada) registraran la existencia de la hipotética nube, el resultado sería saludado como una sobresaliente victoria de la ciencia newtoniana. Pero no se encuentra la nube. ¿Abandona nuestro científico la teoría newtoniana, junto con la idea del planeta perturbador y la idea de la nube que lo oculta? No. Sugiere que en esa región del universo hay un campo magnético que perturba los instrumentos del satélite. Se envía un nuevo satélite. Si se encontrara el campo magnético, los newtonianos celebrarían una victoria sensacional. Pero no es así. ¿Se considera esto una refutación de la ciencia newtoniana? No. O se propone otra ingeniosa hipótesis auxiliar o... se entierra[5]».

Entre las últimas manifestaciones de este cinturón protector está la propuesta de que un quark[6] podría desintegrarse en un neutrino, acoplándose con una partícula desconocida. Ello implicaría que el protón —parte esencial del núcleo atómico— es inestable, y que toda substancia física está llamada a desaparecer. Vienen entonces ciertos teóricos a predecir que el protón es efectivamente inestable, y para probarlo sugieren experimentos destinados a medir la tasa calculada de su desintegración. Los experimentos se hacen, y los resultados son muy adversos; el cálculo inicialmente propuesto no puede ser veraz, pues —de serlo—*ya no habría* protones en ninguna parte.

¿Queda entonces descartada la «teoría»? No. Sus propugnadores se ponen a barajar nuevamente números, deciden atribuir mayor masa a la partícula desconocida, y predicen que el protón se desintegrará,

---

5.- Lakatos, 1986, pág. 97.
6.- Sobre los quarks véase *infra*, págs. 48 y 49.

siguiendo una tasa bastante inferior a la antes propuesta. Para evitar nuevos reveses proponen varias tesis alternativas: si no se desintegrase a tal tasa se desintegrará por fuerza a tal otra, mucho más lenta. Y bien, nuevos y costosos experimentos muestran que el protón no se desintegra ni siquiera a una tasa cinco veces inferior a la tesis última. Pero esto tampoco desanima a los propugnadores de la teoría, que exigen experimentos más precisos y continuados, con el previsible beneplácito de laboratorios y experimentalistas. Si se hicieron 300 kilómetros de fotografías para encontrar la partícula ω^-, ¿por qué no hacer varios miles para encontrar la inestabilidad del núcleo atómico, aunque de paso sea preciso crear grandes piscinas en minas de sal a enorme profundidad, y algunos otros desembolsos parejos?

Como comentaba Feynman, en 1983, «no sabemos si el protón se desintegra. Probar que no se desintegra es muy difícil». Los juristas llaman *probatio diabolica* al proceso de demostrar cualquier negación, y es llamativo que algunas teorías llamadas científicas no solo se defiendan con cuentas que salen, sino con cuentas que no salen. Lo que sin duda representa un gran éxito para el pronosticador de la naturaleza es poder exigir que los demás prueben lo contrario de su pretensión. Y así lo reconoce un físico contemporáneo, poco después de obtener el premio Nobel por su contribución a la teoría de las fuerzas electrodébiles: «nuestro progreso depende de que se demuestre que nos hemos equivocado»[7]. ¿Qué transformación subyace a estos cambios?

2

El desfase más flagrante entre teoría y observación acontece a comienzos de siglo, cuando experimentos posibilitados por el hallazgo

---

7.- Cfr. Glashow, 1994 y 1996.

de la radiactividad muestren una conducta del átomo sencillamente imposible en términos de la dinámica clásica, marcada por algo que los físicos del momento no dudan en llamar pautas «locas». Ateniéndose a lo predictivo, Niels Bohr formula entonces un catálogo de reglas repetidas aunque inconexas —del tipo «si tal cosa ocurre cabe esperar tal otra»—, que algo más tarde acaba presentándose como legalidad cuántica.

La gravitación pudo también presentarse como ley —no como mero fenómeno repetido— cuando Newton supo formularla numéricamente, con el deslizamiento de la fuerza a una función matemática, y de la función a una fuerza. Aunque Newton siempre mantuvo que la gravedad no era causa de sí sino efecto de otra cosa (que él trató de hallar en la dinámica del «éter»), sus herederos olvidaron de inmediato esa incómoda opinión[8]. Lo mismo sucedería con el concepto de *campo,* introducido por Faraday y Maxwell como artificio alegórico (por ser «la tensión de una membrana, sin membrana»), ante todo útil para exponer las ecuaciones del electromagnetismo. Bastarán pocos años para que lo alegórico se entienda de modo literal, sugiriendo a Einstein definir la materia como lugar donde «el campo» es especialmente intenso.

Por lo demás, Bohr estaba importando la *Crítica de la razón pura* al terreno de la física fundamental. A su juicio, la situación exigía renunciar a pretensiones de objetividad —empezando por «la relación de causa a efecto»—, pues «nuestro trabajo no consiste en descubrir *cómo* es la naturaleza, sino en qué podemos *decir* sobre ella»[9]. Entre una y otra medición el estado cuántico de un sistema no tiene entidad propia, y es mero resumen de «lo que uno conoce». Más kantia-

---

[8].- En una carta a Richard Bentley que jamás se recordará bastante, fechada el 17 de enero de 1693, Newton comenta: «Una gravedad innata, inherente y esencial a la materia [...] me parece un absurdo tan grande que no creo que pueda incurrir en él nadie con una facultad competente de razonamiento». En los propios *Principia* (comentario a la tercera Regla) había dicho: «No afirmo en lo más mínimo que la gravedad sea esencial a los cuerpos».

[9].- Cfr. Penrose, 1989, pág. 280.

no que Kant (cuyo criticismo decretaba límites irrebasables para la especulación metafísica, pero no para el método científico), Bohr entiende que el equivalente objetivo de los fenómenos subjetivos —lo llamado noúmeno o cosa en sí por Kant— es demasiado hipotético. Bien podría no haber un correlato externo a la experiencia informada del mundo atómico (el llamado nivel cuántico), con lo cual el ámbito de las cosas en sí se reduce a «aspectos complementarios de la experiencia». Eso separa a Bohr de Louis de Broglie y otros colegas de la época, que aluden a «perturbaciones» de la *realidad* por los instrumentos de medida.

En vez de objetos, medidas: la mecánica cuántica era un proceso de cálculo, sin pretensiones de teoría sobre un ente hipotético como el *universo*, que implica cierta totalidad autocontenida, coherente. De ahí que pocos se hayan acercado a Niels Bohr en franqueza, rigor y pesimismo epistemológico. Ofrecía un sistema de reglas prácticas, con atajos justificables desde esa perspectiva[10], que salvaba las paradojas más feroces del momento[11]. Quienes le ayudaron decisivamente en la tarea[12] coincidieron en pensar que dicho sistema era insostenible como teoría, carente de ese acercamiento al interior de las cosas que llamamos *objetividad*. Pero no tardará en presentarse como superteoría, compendio del «más exacto, misterioso y mágico sentido»[13], sugiriendo a físicos actuales —como Stephen Hawking- que «estamos llegando al final en la búsqueda de las leyes últimas de la naturaleza». La ventaja de la superteoría será poder presentar nada en forma de algo, y algo en forma de nada, allí donde haga falta. Con todo, un poco de memoria ayuda a relativizar explosiones semejantes de entusiasmo. Sin retroceder

---

10.- Seres solo virtuales —como el fotón que se intercambian dos electrones—; estar una partícula en dos sitios a la vez; que diferentes partículas no puedan ser diferentes, etc.

11.- Ante todo, la absorción aparentemente inevitable de sus electrones por cada núcleo atómico, hecho que liquidaría radicalmente cualquier *realidad*.

12.- Einstein, Schrödinger, De Broglie, Pauli, Dirac.

13.- Penrose, 1989, pág. 226.

demasiado, William Thompson, más conocido como lord Kelvin, decía en 1898:

«Hoy la física forma, esencialmente, un conjunto perfectamente armonioso, ¡un conjunto prácticamente acabado![14]»

3

Hagamos un último esfuerzo de atención, centrado en los hitos fundadores de la perspectiva cuántica. Las contradicciones observadas en la radiación del «cuerpo negro»[15] —cuyo efecto sería la llamada «catástrofe ultravioleta»— fueron *soslayadas* por Planck en 1900, postulando una constante (h) y una emisión discontinua —a saltos o por «quanta»— de dicha radiación[16]. En 1905 Einstein se toma al pie de la letra el recurso de Planck y aplica esa discontinuidad a la luz, postulando que está formada por gránulos (luego llamados fotones). En 1913 Bohr cuantifica el átomo, y en 1923 De Broglie generaliza sus conclusiones[17]. Es un periodo de grandes hallazgos —rayos X, radiactividad, célula fotoeléctrica, núcleo atómico, rayos cósmicos, etcétera—, que transcurre sin conflicto entre los fundadores hasta el V Congreso Solvay (Bruselas, 1927), donde la presentación de una «mecánica cuántica enteramente construida» —por parte de Max Born y Werner Heisenberg, el segundo un joven discípulo de Bohr— suscita una agria e irreconciliable polémica.

14.- En Deligeorges, 1996, pág. 25.

15.- El cuerpo negro viene a ser un horno calentado a bastante más de mil grados, con un pequeño agujero por el cual escapa parte de la radiación, que se analiza con un espectrógrafo.

16.- La famosa ecuación , donde E representa energía de radiación, v su frecuencia y h una constante (cuyo valor es minúsculo: $6,62 \cdot 10^{-34}$ julios por segundo). Si E se divide por v () se obtienen siempre múltiplos enteros (h, $2h$, $3h$). No obstante, para Planck el cuanto elemental de acción siempre fue un «expediente matemático»; la radiación *no podía* ser discontinua, a su juicio, pues eso contradeciría la teoría del campo electromagnético (continuo).

17.- Las órbitas discretas de los electrones —dirá— son análogas a las ondas estacionarias que resuenan sobre un anillo excitado por diversas frecuencias.

El lote de la intuición

Schrödinger, Pauli, Lorentz y De Broglie se muestran «irritados» y «sumamente desanimados» ante una matematización a ultranza, que desemboca en «una disolución del concepto de realidad física». A Pauli le parece «inverosímil» que magnitudes físicas puedan describirse por medio de un álgebra no conmutativa como el cálculo matricial, donde multiplicar *a* por *b* no produce un resultado idéntico a multiplicar *b* por *a*. Einstein piensa que la supuesta teoría es un «encantamiento» montado sobre el artificio de las matrices[18], «donde las coordenadas cartesianas son sustituidas por determinantes infinitos»[19].

Resistiendo impávidos al aluvión de críticas, Born y Heisenberg contestan que «reducirse a cantidades observables es un método impuesto por las circunstancias», e insisten en que «la mecánica cuántica es intuitiva y completa». Pero su informe al congreso —«La mecánica de los cuantos»— propone un extraño significado para *intuitivo* y *completo*.

> «Esta mecánica es intuitiva porque es consistente: «en este sentido, a una teoría intuitiva tan solo se le debe exigir que no se contradiga a sí misma». En otras palabras, el carácter intuitivo de la teoría es de índole abstracta y lógica: los fenómenos atómicos imponen sustituir las imágenes físicas sensibles por un «concreto» de tipo matemático. Por otra parte, la teoría es completa, puesto que permite predecir sin ambigüedad los resultados de todos los experimentos imaginables en este campo. No se considera completa una teoría por el hecho de que refleje todos los aspectos de lo real, sino porque puede ofrecer respuesta a todos los objetos comprendidos en su campo[20]».

18.- La matriz es una tabla rectangular de números reales o complejos. Chevalley, 1996, pág. 39.

19.- Ibídem, pág. 42. Equiparar intuitivo con no-autocontradictorio proviene del matemático David Hilbert y su escuela «axiomática».

20.- *Ibídem*, pág. 42. Equiparar *intuitivo* con no-autocontradictorio proviene del matemático David Hilbert y su escuela «axiomática». Véase *infra*, anexo al cap. VI.

Aunque Einstein no cede un milímetro, y se burla «del huevo cuántico que ha puesto Heisenberg», es éste quien diseña la ambigüedad venidera[21]. Desde mediados de los años treinta el esfuerzo cuántico se orienta a convertir cada fuerza en una o varias partículas, evitando al mismo tiempo las contradicciones de una física corpuscular con el recurso a un principio de complementariedad, que concibe dichas partículas como ondas, nubes de probabilidad y mediadores de interacciones. Entre los primeros nuevos seres estará el esquivo neutrino, partícula postulada por Fermi para no menoscabar la ley de conservación de la energía, precedido y seguido por centenares de entidades análogas, cuyo origen será siempre salvar una discordancia entre marco teórico y observación.

21.- El «vector de estado» (Ψ), que en mecánica cuántica sustituye a la descripción de posición, velocidad, rotación, etc., de la mecánica clásica, era considerado por Schrödinger una «función de onda» que refleja directamente la realidad. Pero ahora no se plantea como un reflejo del sistema en sí, sino de nuestros datos sobre él, equivaliendo a una distribución de probabilidad en mecánica estadística. Algo más tarde, visto lo insatisfactorio de ambas perspectivas, la ortodoxia cuántica postula que Ψ es algo «intermedio» entre estos dos extremos. Con todo, no se acaba de entender esa tierra de nadie o intermedia, que ni es la realidad en sí ni la estructura de nuestra mente; cfr. D'Espagnat, 1980.

Anexo

Los frutos del puro cálculo

Vivimos por obra y gracia de la invención.
N. Wiener

Anticipando la existencia de cierta partícula es urgente encontrarla, o desmentir la anticipación, y menos urgente —por no decir en segundo plano— aquello que movió a postular ese nuevo ser. Mientras físicos teóricos y experimentales disputan sobre su existencia efectiva se aplaza lo inquietante en sí, el hecho de que la realidad se retoca para defender ciertas ecuaciones. «No me satisface —comenta Einstein a Born en 1953— la idea de poseer una maquinaria que permita profetizar, pero a la que no somos capaces de conferir un sentido claro»[1]. Desde esas palabras, escritas hace medio siglo, no se ha producido una *interpretación* de la mecánica cuántica aceptable para quienes la cultivan: sencillamente, no hay acuerdo en las conclusiones[2].

Buena parte de la responsabilidad es atribuible a progresos en la observación de lo inmenso y lo minúsculo. Obligada a atender datos procedentes de ambos dominios, esa mecánica certifica una escisión entre micro y macrocosmos, que sucesivas generaciones se esforzarán —hasta hoy en vano— por salvar con una teoría unifi-

---
1.- Einstein-Born, 1982, pág. 230.
2.- Cfr. Laloë, 1990, pág. 175.

cada de campos. El microcosmos obedece al criterio del cuanto y sus saltos, sujeto a mera probabilidad; el mundo visible se suponía ligado al determinismo de la mecánica newtoniana, con las correcciones allí introducidas por la relatividad. Curiosamente, también cabe decir lo opuesto: que la mecánica cuántica es determinista en su dominio de lo muy pequeño, y que la probabilidad corresponde al comportamiento de los objetos mayores, gobernados por la teoría clásica.

Un físico podría poner en duda tal escisión, afirmando que la mecánica cuántica ha servido para abordar temas del macrocosmos. Pero hay una coincidencia casi unánime en considerar que esa mecánica resulta defectuosa para lo macroscópico. Por si fuera poco, media un abismo entre la última explicación del mundo —la que Einstein ofrece como una incurvación del espacio/tiempo proporcional a la cantidad de materia/energía y los modelos que se ligan a matrices, números cuánticos y otra parafernalia calculística. Tan banal como negar algunas ventajas de la cuantificación sería negar que ignora, por sistema, cualquier diferencia entre mundo físico y mediciones. De ahí que entre el universo visible y el no visible siga sin haber tránsito, aunque cualquier ser vivo pase fluidamente desde lo microscópico a lo macroscópico, y lo pequeño y lo grande pertenezcan a un mismo universo.

Esta heterogeneidad en el seno de una homogeneidad acontece justamente cuando materia y energía se han mostrado convertibles y, por tanto, cuando ninguna ley de las llamadas fundamentales puede considerarse esencialmente correcta. Más aún, acontece cuando la producción de altas energías en laboratorio ha permitido descomponer el viejo átomo en muchísimas «partículas», y las técnicas de observación inventan sensores de sutileza asombrosa, mostrando un rico juego de interacciones entre ellas.

1

Parecía maduro el momento para no seguir atribuyendo el monopolio de lo real a *leyes*. En otras palabras, para reanudar un diálogo entre el espíritu newtoniano y el aristotélico, cuyo núcleo es una *physis* que va inventándose y que, por lo mismo, resulta tan impermeable a adivinaciones y exactitud como afín a lo cualitativo. Y eso acabarían haciendo, en efecto, el estudio de fenómenos como el desequilibrio termodinámico o las matemáticas de lo complejo. Pero la física fundamental estaba resuelta a descubrir los ladrillos últimos de la materia, y combinando grandes medios con eximios calculistas alimentó la paradoja: al buscar lo simple por excelencia, la partícula *final*, abrió un escenario de filigranas bizantinas, con legiones de partículas aspirantes a ladrillos últimos y ningún hilo que ofreciese conceptos unitarios. Violaba así una venerable regla de economía lógica (la «navaja de Occam»), en cuya virtud la oscuridad de un proceso jamás desaparecerá multiplicando la cantidad de sus agentes.

Primero los cientos de seres exóticos trataron de reunirse bajo el modelo llamado estándar, cuya virtud era «mantener un excelente acuerdo con la observación». Sin embargo, a despecho de ese excelente acuerdo, la construcción: *a)* maneja unas seis docenas de partículas llamadas elementales; *b)* utiliza más de una docena de constantes arbitrarias e incalculables; *c)* no incluye la gravitación; *d)* no trata los demás campos de modo unificado[3]. Su talón de Aquiles son frecuentes divergencias —resultados infinitamente grandes, o ambiguos, de sus propias ecuaciones—, que suprime por el procedimiento llamado «renormalización», donde los productos desairados se evitan multiplicando por un factor y sumando una constante, usando términos proporcionales a las potencias de cierta cantidad o con alguna cosmética análoga.

---

[3].- Sobre la historia de las partículas elementales, cfr. Glashow, 1994, y Gell-Mann, 1995.

Sintiéndose a disgusto dentro de una teoría tan escasamente teórica —tan parecida a una lista de ingredientes con pretensiones de balance, pero con demasiados retoques arbitrarios del contable—, el modelo estándar quiso revisarse con la llamada «teoría de la gran unificación» o modelo SU(3). No obstante, ese constructo: *a)* incluye todavía más partículas distintas como ladrillos «últimos»; *b)* eleva aún más el número de constantes arbitrarias e incalculables; *c)* sigue dejando fuera el campo gravitatorio; *d)* solo trata unificadamente los demás campos considerándolos sometidos a condiciones hipotéticas (tan imposibles de observar cuanto que suponen a veces temperaturas superiores a las producidas por una nova). De «gran unificación» apenas tiene el nombre, y lo vagamente parecido allí a una estructura no viene de las propias cosas examinadas, sino de una rama de la matemática pura conocida como grupos de Lie, cuyo objeto son modos simétricos de combinar conjuntos.

El desasosiego ante lo incompleto, abstracto y poco elegante de ambos modelos suscitó la actual ortodoxia, conocida como cromodinámica cuántica, que se basa en ladrillos últimos de los ladrillos últimos, también denominados quarks. El número creciente de partículas elementales producía bochorno, y postular de nuevo unos elementos (ahora sí) absolutamente últimos pareció una tabla de salvación. A diferencia de otras subpartículas, los quarks obedecen leyes que les hacen inobservables por completo, sugiriendo a una eminencia en este campo que su inobservabilidad es «la forma que tiene la naturaleza de decirnos que hemos llegado al final de la búsqueda»[4].

Pero la cromodinámica cuántica no solo parte de unos simples dudosamente simples, y sin duda hipotéticos: *a)* sigue dejando fuera el campo gravitatorio; *b)* sigue utilizando constantes ar-

---

4.- Glashow, 1994, cap. 11.

bitrarias; *c)* sigue postulando cosas dudosas —por ejemplo, que los quarks deben darse en familias completas— para disponer de un modelo manejable; *d)* sigue demandando un número ridículamente grande de partículas —61 para ser exactos— a fin de cuadrar sus cálculos; y *e)* sigue sin rozar el problema específico de la física fundamental, que es el origen de la *masa*. El barroquismo que hereda del modelo estándar y la (supuesta) gran unificación se complementa aquí con mundano humor, ya que los hiperelementales quarks (18 en total) obedecen a tres colores, dos sabores, una extrañeza y un encanto. Eso sí, son colores, sabores, extrañezas y encantos cuánticos, cuya virtud es no parecerse en nada a los que conocemos por experiencia[5].

2

Esta escueta reseña sugiere hasta qué punto una actividad profetizante puede cumplirse sin rozar una explicación o sentido de lo profetizado. Cabría añadir que en tiempos recientes el indivisible e inobservable quark ha tratado de subdividirse en nuevas ristras de cosas simplicísimas (rishones, estratones, preones, maones, dyones...).

En realidad, la inflación de partículas y subpartículas perfila un círculo vicioso: las falsas estructuras («todos» meramente analíticos, iguales a la suma de sus partes) colapsan en busca de un verdadero fundamento, que al no serlo vuelve a colapsar en otro y otro. El signo de su incompletitud es que cada substrato se va presentando como sencillez final, aunque en vez de esa sencillez final —algo causante de sí mismo— ofrezca catálogos de numerosas cosas no ya distintas

---

[5].- He ahí un caso de extensión analógica inverso al que denuncian Sokal y Bricmont (véase I, 2), donde no es el lego quien usa abusivamente el idioma del especialista, sino el especialista quien usa abusivamente la jerga del lego.

sino sueltas, en su mayoría perfectamente inútiles para dar cuenta de lo que llamamos materia.

Lo llamativo, sin embargo, no es que los esfuerzos fracasen por ahora, pues como dijo Hölderlin: «mucho que sentir, y pocas *certezas, forman en buena medida nuestra suerte*». Lo llamativo es que estos modelos —tan defectuosos hasta para sus propios inventores— alardeen de «funcionar» con niveles muy altos de precisión. ¿Cómo hallar discrepancia entre un sistema de mediciones en cadena y las mediciones mismas? De hecho, las evoluciones de la física fundamental no acaban de explicarse sin recordar que el presupuesto de sus experimentos ha ido aumentando vertiginosamente. Tras unos primeros años llenos de resultados espléndidos, con experimentos que no costaban prácticamente nada, cualquier conjetura sobre el comportamiento de una partícula exótica requiere hoy equipos formados por cientos de especialistas con grado doctoral, miles de operarios y aceleradores capaces de producir billones de electronvoltios, que exigen inversiones no menos billonarias en papel moneda.

Para averiguar, por ejemplo, si existe o no el llamado *bosón* de Higgs (a quien algunos atribuyen nada menos que el origen de la masa en todas las partículas) procede construir una mole con forma de rosquilla, cinco metros de diámetro y una longitud de 70 kilómetros, desembolsando aproximadamente cuatro mil millones de dólares[6]; hace poco, el Congreso norteamericano revocó su decisión de apoyar las obras iniciadas en Tejas para poner en marcha un aparato levemente más modesto, el llamado Supercolisionador/Superconductor (SSC), y una amalgama sindical de constructores y físicos nobelizados —Steven Weinberg, Carlo Rubbia, Abdus Salam— denuncia desde entonces ese sabotaje a la ciencia, que según Gell-Mann representa «un conspicuo revés para la civilización humana»[7]. En las alegaciones presentadas ante el Congreso, las empresas constructoras

---

6.- Cfr. Glashow, 1996, pág. 363.
7.- Gell-Mann, 1995, pág. 143.

mencionaron también el valor ornamental de tales obras, aduciendo que los imperios ilustres legaron a la posteridad grandes monumentos, y los supercolisionadores podrían competir sin desdoro con las pirámides de Egipto o la Gran Muralla china.

3

Tampoco faltan físicos convencidos de que esos aparatos no son un camino de progreso real para el conocimiento. Como nadie niega —por innegable— que seguir construyéndolos mantiene la vitalidad de una amplia gama profesional, lo que se discute hoy es tan solo el nexo entre conjeturas y hallazgos. Conjeturas sobre la física del estado sólido suscitaron el hallazgo de los transistores, que abrió enormes fuentes de conocimiento y rentabilidad mercantil. Conjeturas del joven Einstein sobre radiación suscitaron las células fotoeléctricas, y su famosa fórmula fundó la energía atómica. Conjeturas sobre ingenios capaces de abandonar el planeta, y observar otros entornos, han producido notables progresos en la investigación del espacio, y muy especialmente en lo relativo a la inestabilidad de su materia.

No está claro que en física fundamental las conjeturas hayan promovido avances técnicos remotamente comparables, aunque algunos aparatos desarrollados por los laboratorios de aceleradores se empleen en otros campos. A diferencia de lo que acontecía hace dos décadas, cuando era la disciplina científica estelar, estos últimos años atestiguan cansancio en sus cultivadores más notorios, y vivos deseos de ofrecer resultados espectaculares; tanto es así que los ochenta se describen ya como la era de los falsos hallazgos[8]. A mediados de los noventa la opinión es que «en los últimos diez años no se ha producido ningún descubrimiento sensacional, y los físicos están tan in-

---

8.- Monopolo magnético, masa del neutrino, desintegración del protón, quarks libres, anomalones y un largo etcétera.

quietos sin tema de conversación que últimamente silban la canción "Miénteme mucho"»[9].

Esta rama científica, que nació aplicando la mecánica cuántica al estudio de lo subatómico, tenía como meta explícita desvelar la medida de inercia o des-animación material que el físico clásico llamó masa. Mírese como se mire, nada concluyente ha explicado sobre ello, y hasta cabría decir que no ha explicado cosa alguna, sino solo predicho —en ciertos casos— algunos fenómenos. Para redondear su actual cura de humildad, parece que una proporción cercana al 90 por 100 de la materia cósmica es algo misterioso y oscuro, de índole totalmente distinta a la materia analizada por físicos fundamentales y astrónomos desde los años veinte[10]. Según Prigogine:

> «Lejos de estar llegando al final de la ciencia, como Hawking sugiere, en mi opinión solo estamos empezando a poder producir una visión coherente del universo».

4

Seamos nosotros conscientes de la tensión —a menudo desgarradora— que reina entre modelos y teorías, capacidad predictiva y comprensión racional. La física subatómica constituye un buen ejemplo de ese desgarramiento, y por eso sus dilemas desbordan los límites de un saber especializado. La astronomía geocéntrica de Ptolomeo es tan eficaz predictivamente como la heliocéntrica de Copérnico, y logra incluso describir de modo más armonioso los movimientos del sistema solar gracias a los epiciclos y el punto ecuante, dos argucias geométricas[11]. Pero Copérnico clamaba diciendo que la matemática

---

9.- Glashow, 1994, pág. 383.
10.- Cfr. Krauss, 1992.
11.- Sin romper con el dogma antiguo de la circularidad astral, Ptolomeo logra describir mediante

de Ptolomeo era un simple artificio, construido para defender algo físicamente tan falso como la posición central de la Tierra en nuestro sistema. Retrocediendo sobre ese dilema, cuatro siglos después, Whitehead sostiene la vigencia del argumento copernicano:

> «La dificultad aparejada a la teoría cuántica es que debemos representarnos el átomo como algo que suministra un número limitado de acanaladuras definidas, únicas sendas por donde puede ocurrir la vibración, mientras el cuadro científico clásico no suministra ninguna de esas acanaladuras. La teoría cuántica quiere autobuses con un número limitado de rutas, y el cuadro científico ofrece caballos galopando sobre praderas. El resultado es que la doctrina cuántica del átomo cae en una situación que recuerda fuertemente los epiciclos de la astronomía de Ptolomeo[12]».

A fin de cuentas, llamamos significativa a la experiencia externa cuando hace posible una experiencia interna, de manera que un caudal de datos sobre lo primero sea al mismo tiempo un caudal de información sobre uno mismo, pues solo la combinación de ambas cosas merece considerarse contemplación privilegiada, *teoría*. Sin embargo, nada más lejano a eso que una eficacia profética elevada a veracidad canónica. De ahí que broten nuevos copérnicos, nada inclinados a clausurar el enigma. Uno de los primeros estaba destinado a inventar versiones actualizadas de los epiciclos y el punto ecuante, aunque acabase renegando de su propia obra. Veamos a grandes rasgos en qué consistió su dilema.

---

ciertos círculos (los «epiciclos») toda suerte de trayectorias, incluyendo las triangulares y cuadradas.
12.- Whitehead, 1967, pág. 131.

4

Un testigo incómodo

Ciencia es una manera de distinguir la verdad del fraude y el teatro.
R. Feynman

Ciencia, tecnología, economía y política solo se ligan definitivamente con el Proyecto Manhattan, que para crear la bomba atómica puso en pie el mayor consorcio industrial de los anales humanos. Es el comienzo de lo que Norbert Wiener llama megalociencia, donde la planificación del laboratorio industrial se sobrepone al espíritu del inventor singular, convirtiendo en una «rareza» el estatuto del científico independiente[1]. Dentro del grupo de Los Álamos, encargado de calcular y producir la fisión atómica, destacaba ya singularmente un extrovertido joven de veinticuatro años —aún por doctorar—, que empezó siendo niño prodigio en matemáticas e ingeniería, y que ocuparía un lugar capital en física teórica durante cuatro décadas.

Richard Feynman (1918-1988), que nunca sintió complejo por despreciar la literatura, la música, las artes plásticas, la religión y la filosofía («los filósofos andan siempre fuera, haciendo observaciones estúpidas»), era un perfecto norteamericano de clase media humilde, así como un perfecto aspirante también a genio de los nuevos tiempos, cuando miles de científicos estaban siendo reclutados

---

1.- Cfr. Wiener, 1995, caps. 7 y 8.

para tareas secretas, la ciencia se había convertido en moneda de espías, y —por sus resultados al menos— interesaba crucialmente a la seguridad mundial. Feynman era saludable, descreído, ambicioso, eximio en el cálculo de procesos y rico en intuición física. Abordaba los problemas leyendo solo el mínimo necesario para poder resolverlos a su manera, pues «mi incumbencia —como diría más tarde— es explicar las regularidades de la naturaleza, no los métodos de mis colegas».

Entre sus veinte y sus treinta años el gobierno federal americano pasó de sufragar 1/6 a sufragar 5/6 de la investigación en física de partículas. Gracias al Pentágono empezaron a construirse gigantescos ciclotrones, betatrones y sincrotrones, dentro de un clima que había empezado temiendo a Hitler y desembocaba en el espanto ante una guerra inevitable —e incomparablemente más destructiva— contra Stalin. Fabricar la bomba atómica fue un logro poco menos que milagroso para militares y políticos, que ahora pedían a los físicos cosas acordes con el portento —mecanismos antigravedad, máquinas de tiempo, motores alimentados con arena o agua—, a cambio de tantos cheques en blanco como quisieran. El patriotismo, excitado hasta la exasperación, se fundía con una fe incondicional en la ciencia, representante de una seguridad progresivamente minada por ella misma.

Por otra parte, gloria social y generosa subvención iban de la mano con un sentimiento íntimo de perplejidad y derrota. En el seminario de Pocono (1948), que congrega a toda la plana mayor cuántica —Bohr, Pauli, Fermi, Wigner, Dirac, Bethe, Oppenheimer—, Bohr sigue fiel al criticismo kantiano, y recomienda «ser humildes, contentarnos con nociones formales»; Dirac añade que «no es posible obtener una representación mental del sustrato sin introducir irrelevancias». Quienes se atreven a ofrecer la ansiada generalización y consolidación de la mecánica cuántica son los delfines Schwinger y Feynman —rivales toda la vida, unidos tan solo por el Nobel de

1965—, que presentan las ecuaciones electrodinámicas de forma algo alterada, para manejar cantidades finitas en vez de infinitas.

Aunque Feynman desautoriza después el procedimiento, Schwinger seguirá defendiéndolo como «transición hacia un nivel más profundo». Años de trabajo ulterior les permitirán ofrecer a la comunidad científica una teoría —la electrodinámica cuántica (EDC)—, que es la base del modelo llamado estándar. Feynman inventa los diagramas de su nombre, un procedimiento prolijo para describir hechos en el mundo subatómico, aunque bastante menos prolijo que el camino algebraico de Schwinger[2].

1

En el prólogo a su único libro sistemático, Feynman dice que «la EDC describe a la Naturaleza como entidad absurda para el sentido común, y se halla plenamente de acuerdo con la experimentación. Espero, pues, que puedan aceptar a la Naturaleza como es, absurda»[3]. Sin embargo, no deja de exponer conclusiones sumamente filosóficas: hay una libertad absoluta en los electrones, que se mueven a cualquier velocidad, en cualquier dirección, tanto hacia delante como hacia atrás en el tiempo. En vez de describir órbitas en torno a un núcleo atómico, se conciben como ondas de probabilidad, sin sendas definidas ni pautas fijas para que emitan o absorban fotones. Admitido esto, la electrodinámica se reduce a tres procesos[4]:

---

[2].- El principio es que para calcular la probabilidad de un hecho basta dibujar pequeñas flechas (una para cada alternativa), pues el cuadrado de su longitud expresará la «amplitud» de ese subevento. Sumando y multiplicando dichas flechas se obtiene la «amplitud de probabilidad» (o función de onda) del evento entero. El inconveniente es acumular un número enorme de flechas; describir ocho acoplamientos electrón-fotón, por ejemplo, requiere aproximadamente novecientos diagramas, con unos cien mil términos; luego es preciso establecer a qué corresponde matemáticamente ese catálogo de nudos, y sumar las amplitudes.

[3].- Feynman, 1988, pág. 10. «Mis estudiantes de física no entienden esta teoría. Por eso no la entiendo yo. Nadie la entiende» (pág. 9).

[4].- Feynman, 1988, pág. 85.

Acción 1: un fotón va de un punto a otro.
Acción 2: un electrón va de un punto a otro.
Acción 3: un electrón emite o absorbe un fotón.

Estas acciones, según Feynman, «son todo lo que hay, y de ellas provienen las demás leyes de la física». La acción 1 no plantea especiales problemas de cálculo, ya que la masa de un fotón se supone igual a cero. La acción 2, en cambio, es incalculable sin cierto número —la masa en reposo de un electrón ideal— que no admite medida empírica, y que se introduce para «habilitar una concordancia entre nuestro razonar y el experimento»[5]. La acción 3 exige otro número —la constante de acoplamiento[6]—, sin el cual «los cálculos no salen»; se trata de un número «misterioso y mágico», pues «sabemos qué clase de baile experimental hacer para medirlo con mucha precisión, pero no sabemos qué baile hacer para que un ordenador lo produzca, si no es metiéndolo allí de tapadillo»[7].

Aunque Feynman ha descubierto el procedimiento renormalizador, que permite calcular las acciones 2 y 3 —y recibirá el premio Nobel por ello—, ve allí un recurso de trilero:

> «El juego de enseño y tapo que permite encontrar estos dos números se llama técnicamente *renormalización*. Pero lo ingenioso de la palabra no oculta un proceso tonto. Vernos obligados a recurrir a ese abracadabra nos ha impedido probar que la electrodinámica es consistente en términos matemáticos. Sospecho que la renormalización no es matemáticamente legítima. En cualquier caso, no disponemos de un buen camino matemático para describir la electrodinámica cuántica[8]».

5.- *Ibídem*, pág. 90.
6.- Que es la «amplitud de probabilidad» del propio acoplamiento. Feynman, 1988, pág. 129.
7.- Feynman, 1988, pág. 129.
8.- *Ibídem*, pág. 128.

Con todo, la física cuántica es una construcción matemática, que al romper amarras con el sentido común ve una naturaleza «absurda». Aunque su aritmética pudiera ser ilegítima, es *lo único que tiene,* pues el resto son observaciones dispersas (resultados de experimentos en laboratorio), cuya interpretación depende del marco matemático donde se inserten. Algunos años después aparece la ya reseñada cromodinámica (CDC), que es una extensión de la EDC al campo de las fuerzas fuertes (nucleares), y será necesario de nuevo el recurso a magnitudes misteriosas y providenciales, como la amplitud del gluón. La prolijidad ha ido creciendo, hasta el extremo de que describir cada punto en el espacio-tiempo requiere 104 números.

Algo antes ha aparecido la teoría electrodébil (Weinberg, Salam, Glashow), que extiende la EDC a los fenómenos de desintegración radiactiva y se presenta como «gran unificación», aunque sigue dejando fuera la gravedad. Feynman comenta que «basta mirar sus resultados para ver el pegamento, las "costuras"»[9], pues en vez de superar la unilateralidad de sus predecesoras cose retales de distintas procedencias. No pensará lo mismo la Academia sueca, ni los premiados[10], pero Feynman entiende que el fondo es una desvinculación entre construcciones matemáticas y mundo real, un desfase entre el castillo que se construye sobre conjeturas y el campo empírico:

«Hay flechas provenientes de tantas probabilidades que no hemos podido organizarlas de modo razonable, para descubrir cuál es la flecha final. En los libros se dice que la ciencia es simple: construyes una teoría y la comparas con el experimento; si la teoría no funciona, uno la descarta y hace otra. Aquí hay una teoría definida y cientos de experimentos, pero no pode-

---

9.- Feynman, pág. 142.

10.- Glashow dice: «Es increíble la cantidad de grandes misterios sobre la materia que se han solucionado, y con qué sencillez y elegancia» (cfr. 1994, pág. 133). Al recibir el premio Nobel añade: «Es demasiado tarde para explicar cómo funciona el mundo normal y corriente. Ya se ha hecho. Lo que queda son objetos como neutrinos, muones y mesones K».

mos comparar una cosa y la otra. Es una situación jamás vista antes en la historia de la física. Estamos atrapados, siquiera sea temporalmente[11]».

En contraste con colegas más jóvenes —que celebran una física universal donde todos los enigmas están resueltos, y todos los cálculos se han completado con asombrosa exactitud—, le parece que el estudio de la materia ha enveredado por «un camino inesperadamente oscuro y fantasmagórico»[12]. No acepta que la intuición se descarte como fuente de «irrelevancias», hasta reducir la teoría a distintas formas de barajar ecuaciones, pero tampoco encuentra manera de romper el círculo vicioso heredado.

«Hay un rasgo especialmente insatisfactorio: las masas observadas de las partículas, m. No hay teoría que explique adecuadamente esos números. Usamos números «cuánticos» en todas nuestras teorías, pero no los entendemos: no entendemos qué son, o de dónde vienen[13]».

2

Lo singular de Feynman es hallarse en ambos lados. Por una parte, contribuye decisivamente a la pretensión que se llamará «teoría completa de todo»; por otra, no hay en su generación un crítico tan implacable de semejante línea. Aunque se hubiese formado en la tradición del *funcionamiento* —la del ingeniero, que quiere sacar adelante su ingenio—, siempre dijo que se conformaba con el destino de quien ignora y duda. Cuando un periodista llamó a la teoría estándar

---

11.- Feynman, 1988, págs. 138 y 139
12.- Cfr. Gleick, 1995, pág. 390.
13.- Feynman, 1988, pág. 152.

«elegante y concisa», Feynman repuso que no era ni elegante ni concisa, y ni siquiera unitaria: «Son tres teorías distintas. Solo se ligan añadiendo algo que desconocemos».

Una casualidad le llevaría a conocer al biólogo James Watson, gran héroe primero —tras participar en el descubrimiento de la doble hélice— y gran traidor después, cuando publique un libro sobre las emociones que marcan el quehacer de laboratorios y departamentos. «Se equivocan— le escribe entonces— quienes dicen que la ciencia no se hace así.» Cuando redacta esa carta, en febrero de 1967, Feynman es ya un psiconauta —empleando el término acuñado por Ernst Jünger—, que no se conforma con fumar cáñamo y tomar LSD, sino que pasa largas horas en tanques de privación sensorial, produciéndose intensas alucinaciones. Coincide expresamente con lo que dice John Archibald Wheeler, uno de sus más antiguos amigos, que en colaboración con Bohr definió por primera vez la fisión del uranio:

> «No hay ley distinta de que no hay ley [...] Sucesos individuales. Sucesos que trascienden la ley. Sucesos tan numerosos como incoordinados, que alardean de su libertad ante cualquier fórmula, pero no dejan de fabricar firme forma[14]».

Ya viejo y muy enfermo, una concatenación de casualidades y prestigio convierte a Feynman en miembro de la comisión oficial encargada de investigar la catástrofe de la lanzadera *Challenger,* que el 28 de enero de 1986 estalla con sus siete tripulantes ante los atónitos ojos del mundo entero, clavados a las pantallas del televisor. El consorcio en entredicho es la NASA, y ese entredicho amenaza no solo el honor de la Administración federal, sino la honradez de cientos de proveedores que representan al Pentágono y a las principales empresas del país. El resto de los comisionados apoya un in-

---

14.- En Mehra, 1973, pág. 242. Wheeler inventó la expresión «agujero negro».

forme hagiográfico[15], pero Feynman ha visto sobre el terreno cómo se fabrican y ponen a prueba los elementos de cada lanzadera, y presenta un memorando disidente.

Lo primero que allí descubre es la causa directa del desastre: una falta de elasticidad en los anillos de caucho montados para sellar los distintos cohetes propulsores[16]. Partiendo de su punto fuerte —el análisis de procesos probabilísticos—, Feynman procede a demostrar que la NASA manipula arbitrariamente cálculos; por ejemplo, el riesgo de erosión en los anillos de caucho aparece evaluado en uno por cien mil, cuando a bajas temperaturas es del 14 por 100. A grandes rasgos, motores y piezas vienen a durar *en buen estado* una décima parte de lo previsto. Las probabilidades de un accidente grave no son inferiores al 30 por 100 en cada lanzamiento.

A su juicio, la NASA y los contratistas se vieron obligados a «ignorar la ciencia estadística» por fidelidad a una idea de naves más baratas, por reutilizables. Puesto que esa idea no se puso a prueba con mínima honestidad estadística, el resultado actual era una nave reutilizable —la lanzadera *Challenger*— que tras cada misión necesitaba reparaciones muy caras, sin duda más que emplear un cohete desechable. Eso explicaba, de paso, que las misiones cumplidas hubiesen sido apenas una fracción de las previstas inicialmente, y que sus frutos para la investigación resultasen escasos. Según Feynman, la dinámica empresarial exigió:

Exagerar: exagerar cuán económica sería la lanzadera, exagerar cuántas veces podría volar, exagerar cuán segura sería, exagerar los grandes hechos científicos que descubriría [...] La realidad actual es

---

15.- «Esta Comisión recomienda vivamente que la NASA siga recibiendo apoyo y total confianza de la Administración y la nación, como símbolo de orgullo nacional y liderazgo tecnológico. La Comisión aplaude los espectaculares logros de la NASA en el pasado, y anticipa impresionantes logros venideros.»

16.- Dichos anillos habían mostrado distintos niveles de deterioro en los siete lanzamientos previos, y la compañía encargada de hacerlos ya había desaconsejado hacer el lanzamiento en días fríos. Pero el vuelo había sido aplazado tres veces, pesaban todavía en el recuerdo las deficiencias observadas en un viaje previo de la lanzadera —cuyos tres tripulantes salvaron la vida por los pelos—, y la dirección pedía un éxito rápido.

una especie de ruleta rusa. Si la nave vuela con erosión en los anillos y no pasa nada, se sugiere que ya no hay tanto riesgo para las próximas misiones [...] Pero en una tecnología que aspire al éxito la realidad debe tener precedencia sobre las relaciones públicas, porque no lograremos engañar a la naturaleza[17].

3

Empresas como la NASA —o el superconductor/supercolisionador— definen una convergencia del científico, el técnico, el político y el banquero. Admítase que rara vez los pasos de la humanidad se han consumado sin inseguridad y derroche. No por eso dejará de ser novedoso exagerar lo contrario, presumiendo de seguridad y baratura. Antes restringidas a administrar gobierno y religión, las relaciones públicas penetran en el terreno de la ciencia a medida que ella asume cargas gubernativas y religiosas. En este proceso, cuyo desarrollo abarca el centro del siglo XX, Feynman representa el último calculista prodigioso antes de que el ordenador relegue a un segundo plano esa habilidad.

Sin embargo, Feynman no solo prestó números, método y sistema a la mecánica cuántica. Fue, como reza el epitafio escrito por su rival Schwinger, «un hombre honesto, el intuicionista más destacado de nuestra época». Esa época es la gloria de una tendencia operativa, que culmina la fase legal-profética de la física, y Feynman destacó en el campo de lo operativo —la renormalización, por ejemplo— tanto como en la inquietud por trascenderlo. A mediados de los años cincuenta, cuando era máxima su capacidad creativa, empezaban a llamarse «estables» partículas cuya vida media abarca una billonésima de segundo, mientras un mundo aterrorizado por la bomba que

---

17.- En Gleick, 1995, pág. 428.

él mismo ayudara a crear iba conformándose con no disponer de una «imagen mental» para la naturaleza. Aunque fuese el prototipo de intuitivo rodeado por formalistas, lo cierto es que poca intuición de esa imagen le fue concedida a Feynman.

Esto sugiere hasta qué punto nuestra intuición tropieza con los seres propuestos por la física fundamental, que no se dejan percibir como *cosa* de una u otra especie. Tales *no-cosas* le parecen sin duda ciertas y decisivas a Feynman, pero lo duro llega al tratar de insertarlas en un sistema que sea lógicamente coherente. Por lo mismo, el elemento despreciable en la autocomplacencia de tantos colegas no viene de proponer entes y procesos «absurdos», sino de presentar un horizonte cuidadosamente maquillado como si no lo estuviese. Para armar el tipo de explicación hoy llamado *teórico* lo inexplicable o adverso tiende a anularse con una nueva rotura de simetría, un nuevo número cuántico o algunas dimensiones extra. El trabajo de la ciencia propiamente dicha resulta entonces difícil, pues no solo debe adentrarse en una indeterminación básica, sino distinguir el conocimiento real de trucos y artilugios[18]

18.- Cfr. Schwartz, 1992.

5

La espontaneidad del orden

No me parece que este universo fantásticamente maravilloso [...] se reduzca a un escenario donde Dios contempla a los humanos debatiéndose entre el bien y el mal. El escenario es demasiado grande para ese drama.
R. FEYNMAN

El negocio del futuro es ser peligroso.
A.N. WHITEHEAD

Que modelos predictivos muy precisos sean cualitativamente incompletos —e incluso nulos— no es un privilegio de la física fundamental. La biología molecular, única disciplina quizá comparable en prestigio a ella, es otra rama fiel a principios cuánticos que conmovió al mundo en 1955, cuando Watson, Crick y Wilkins hicieron públicos sus descubrimientos sobre la estructura química del ADN. La doble hélice explicaba cómo ciertas moléculas contienen un código capaz de especificar veintiún aminoácidos y permitir su duplicación, inaugurando lo que se conoce como «dogma biológico»: a saber, que la información fluye de ácidos nucleicos a proteína, no a la inversa. Aunque los biólogos buscaron desde entonces *el* enzima responsable de la duplicación, lo que han ido encontrando es más bien un número enorme de agentes. Algo análogo sucede con la neurofisiología, otro niño prodigio en potencia, que al obstinarse en localizar cerebralmente la actividad mental resucitó los prejuicios del antiguo frenólogo, cuya pretensión era vaticinar el carácter por la forma del cráneo[1]. El propio Crick, centrado hace décadas en ese campo, observa:

> «Dado lo mucho que van aumentando nuestros conocimientos sobre el cerebro ¿cabe esperar una especie de gran paso adelante? Eso puede esperarse siempre, pero las perspectivas no son alentadoras. Ver la simplicidad que subyace encierra extraordinarias dificultades[2]».

Las dificultades se disparan —adicionalmente— cuando lo real debe reconducirse a un juego de fuerzas inmateriales sobre masas inertes, pues «el principio de inercia no solo funda la mecánica, sino la epistemología de la ciencia moderna»[3]. A pesar de ello, plantas y bacterias tienen *mente*, como observó hace décadas Bateson[4], si bien carecen de cerebro. Y en un organismo más complejo el sistema nervioso, el inmunológico y el endocrino sugieren cierta «red cognitiva»[5], tanto extensa como pensante, donde «ser» y «hacer» resultan inseparables[6]. Pero muchas veces las dificultades no derivan tanto del asunto a investigar como de los prejuicios ligados a la investigación, dominados por un «infalibilismo dogmático» (Lakatos) que teoriza sin teoría, despreciando sistemáticamente todo cuanto desborde el esquema ley-predicción, fuerza-cosa forzada.

Peso de la púrpura, o deuda por el éxito, esto coopera sin pausa a una fosilización de sujetos y objetos. A principios de siglo las subvenciones públicas y privadas a la investigación científica no llegaban a un vigésimo de las dedicadas a sostener los cultos de una u otra religión.

1.- Hegel comentaba —en la *Fenomenología*— que el espíritu resulta ser un hueso.
2.- Crick, 1980, pág. 228.
3.- Monod, 1973, pág. 31.
4.- Bateson, 1979.
5.- Varela, Thompson y Rosch, 1991.
6.- «Ser y hacer —dicen Varela y Maturana— son inseparables en los sistemas vivos, y ese es su modo específico de organización» (1980, pág. 49).

A finales de siglo, cuando la proporción se ha invertido espectacularmente, resulta en principio tan ambiguo vivir de la ciencia como vivir de predicador: solo cada trayectoria profesional indicará si ese concreto individuo eligió buscar conocimiento o impartir catequesis.

Aunque incontables personas se licencian cada año en «ciencias», olvidan casi de inmediato el álgebra que aprendieron, aparentemente ajenas por completo al motivo de tal cosa. Como el clérigo tras recibir órdenes mayores, en vez de estudiar dogma deberán enseñarlo o aplicarlo, y todo cuanto recuerdan es su diploma genérico ante el resto de los humanos: haber sabido —otrora— escribir latín, o resolver integrales triples. De ahí una catástrofe pedagógica en cascada, donde quienes muchas veces no entienden una materia[7] transmiten su irritabilidad crónica a innumerables pupilos. La asignatura que más horas lectivas y de estudio exige resulta ser la que menos se aprende, y la que antes se desvanece de la memoria. Todo ese esfuerzo podría emplearse en otras ramas del saber, si no fuese porque podrían estudiarse con provecho *otras matemáticas,* adaptadas al estudio de sistemas no idealizados y al estado actual de la técnica. Veamos cómo.

1

El cálculo —centro de los actuales planes de estudio en enseñanza media y superior— es un modo de medir[8] que nos escinde aún en científicos y legos. Para el infrecuente matemático vocacional —que combina algoritmos como el pintor colores—, es un terreno que exi-

---

7.- Así sucedió al imponerse en el bachillerato español la abstracta —y objetable— teoría de conjuntos (véase *infra,* cap. VI, 1). Desbordados por la tarea, muchos docentes reforzaron la tendencia de innumerables alumnos a memorizar soluciones, hasta que el hecho alcanzó grados escandalosos, e impuso un cambio en el plan de estudios.

8.- Concretamente, un modo de medir cambios de velocidad, alcanzando un límite de diferencias infinitamente pequeñas (el «diferencial»), y representando el desplazamiento sobre un eje de coordenadas y abscisas como cierta curva, donde es posible trazar tangentes a cada punto (las «derivadas»), para averiguar luego el área comprendida entre cualesquiera de ellas (la «integral»).

ge laboriosidad y criterio. Para una inteligencia como la del hombre común —cuyo elemento espontáneo es lo complejo— resulta un territorio menos apasionante, que se convierte en puro galimatías cuando faltan buenos maestros al comienzo. Para calculadoras de bolsillo —cuyo elemento es la simplicidad binaria—, lo difícil para el entendimiento humano común (precisar la relación entre diferencias infinitamente pequeñas) resulta elemental, y se realiza en décimas o centésimas de segundo.

Añádase que el cálculo exige drásticas reducciones[9]. Su campo son fenómenos expresables *linealmente,* con funciones o curvas simples, periódicas, graduales. Como la naturaleza desemboca sin cesar en ecuaciones no-lineales, donde se halla en juego la cualidad, el calculista no solo tiende a maquillar las aristas de cada problema (con *pequeñas* oscilaciones, *suaves* ondas, *mínimos* cambios de temperatura), sino que «lineraliza» las ecuaciones de antemano, ya al plantearlas, omitiendo pura y simplemente su versión no-lineal o cualitativa[10]. Eso implica seguir una tendencia opuesta a patrones visualizables, culminada en la *Mecánica analítica* de Laplace, donde el autor se congratula expresamente de no incluir «figura o ilustración» alguna en todo el texto[11].

Justamente lo contrario puso en marcha Henri Poincaré a finales del siglo XIX, inventando una matemática presidida por metáforas visuales —la topología— que viene a ser una geometría elástica, trazada como sobre folios de goma. Aplicando su método al insoluble problema de los tres cuerpos (concretamente el sistema dinámico formado por la Tierra, la Luna y el Sol), Poincaré *vio* por primera

---

9.- Por ejemplo, los *Principia* de Newton son incapaces de calcular una dinámica orbital con más de dos cuerpos, y el famoso problema de los tres cuerpos sigue sin ofrecer solución exacta. La ecuación de onda —piedra millar de la mecánica cuántica— solo puede resolverse exactamente para el caso más simple (el hidrógeno, que posee un solo electrón).

10.- Cfr. Capra, 1998, cap. VI.

11.- Es la misma orientación que Dirac defiende en el prólogo a su *Mecánica cuántica* (1930), alegando que «las leyes fundamentales [...] actúan sobre un substrato del que no podemos formarnos ninguna idea mental».

vez la forma general implicada en sus trayectorias, demostrando al mismo tiempo cómo lo en principio más simple puede producir un *orden* caótico:

> «Cuando uno trata de describir la figura formada por estas tres curvas [descubre que] constituye una especie de red, trama o malla infinitamente espesa; ninguna de las curvas puede cruzarse a sí misma, pero se repliega de un modo muy complejo para pasar por los nudos de la red un número infinito de veces. Uno queda sorprendido ante la complejidad de esta figura, que ni siquiera puedo intentar dibujar[12]».

Vislumbraba así lo que hoy se denomina un atractor extraño, inaugurando también un modo de reducir cierta imagen tridimensional a dos dimensiones (la «sección de Poincaré») y, con ello, el marco para una matemática potencialmente capaz de abordar procesos no idealizados. Usando técnicas actuales, obsérvese la estructura que dibuja un péndulo giratorio activado por sacudidas eléctricas regulares, tras recorrer un millar de órbitas. El corte o sección transversal permite ver la parte interna de esa estructura (el «atractor»), completando lo que Poincaré entrevió (véase fig. 2).

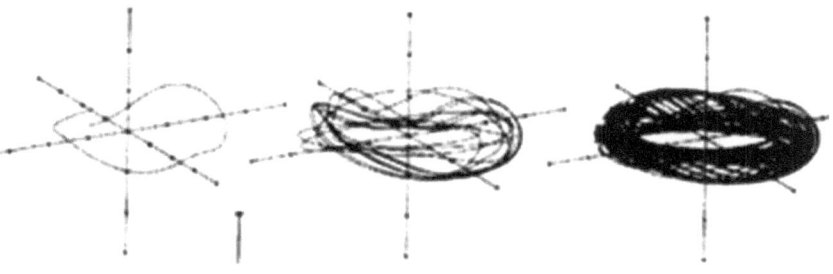

12.- Cfr. Stewart, 1989, pág. 71.

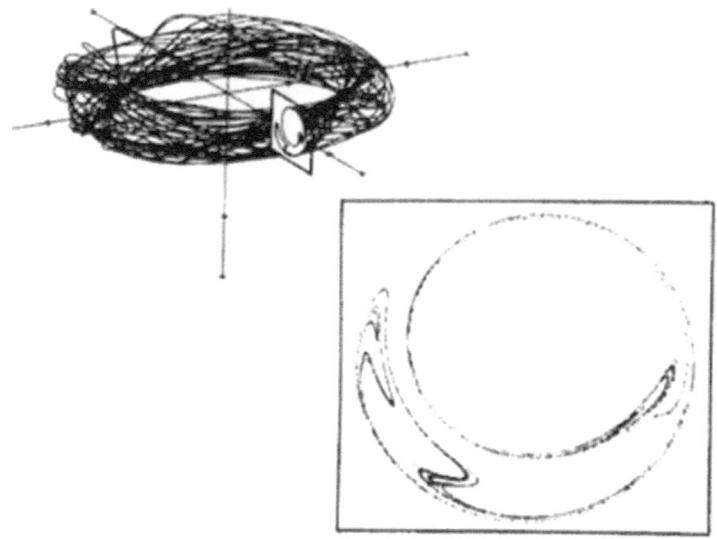

Figura 2: Atractor extraño revelado por una sección de Poincaré, aplicada a las evoluciones de un péndulo giratorio.

Los descubrimientos de Poincaré no concitaron interés hasta bastante más tarde, en una comunidad científica que pronto se centró en el desarrollo de la relatividad y la mecánica cuántica. Tampoco suscitaron interés otros hallazgos de contemporáneos suyos, que estudiaban trayectorias refractarias a todo intento de derivación e integración. De esa índole es la curva descubierta en 1910 por Helge von Koch, un matemático sueco (véase fig. 3).

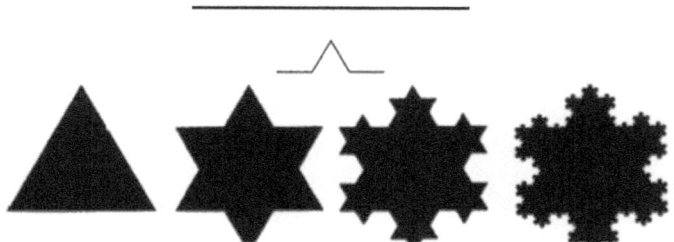

Figura 3: Generador (parte superior) y desarrollo (fila inferior) de la curva de Koch.

2

También llamada *copo de nieve,* esta curva multiplica por cuatro tercios su longitud en cada transformación. A pesar de ello, nunca desborda el área de un círculo trazado en torno al triángulo original, ofreciendo así un modelo de lo que Mandelbrot denomina «infinito interno». Esos objetos, y otros análogos[13], abrieron un campo que acabó desembocando en el nacimiento de la geometría fractal, pero —como sucediera con los hallazgos de Poincaré— la respuesta del establecimiento científico fue poco entusiasta. Peor aún, se interpretó como un intento de lograr que «los conceptos matemáticos fundamentales pierdan su significado», con figuras «extravagantes» e incluso «patológicas»[14], además de «completamente ajenas a la física»[15]. En realidad, desafiaban el tranquilo reinado del cálculo diferencial sobre la naturaleza, al desplegar funciones continuas sin derivada (curvas no rectificables o sin tangente a ninguno de sus puntos), y por eso mismo resistentes al análisis. Charles Hermite, uno de los matemáticos destacados del XIX, indica hasta qué punto no están en juego reparos teóricos, sino una cuestión de conciencia. Dirigiéndose a Stieltjes, otro célebre matemático, declara haber «abandonado con espanto y horror esta lamentable epidemia de funciones sin derivada»[16].

Lo que el apriorismo ofrece —el diploma acreditativo de su impecabilidad— es *exactitud,* y semejante pretensión se desmorona cuando los objetos aparecen en su existencia efectiva, sin ser aislados y esquematizados previamente. No en vano la dinámica de fluidos se con-

---

13.- Como los polvos de Cantor, la curva de Peano, o la alfombra de Sièrpinski.

14.- Cfr. Mandelbrot, 1997, págs. 18 y 88.

15.- «En la geometría del movimiento browniano me vi forzado a considerar la noción de curvas continuas no diferenciables [...] contempladas entonces como piezas de museo completamente ajenas a la física», comenta Wiener todavía en 1954 (Wiener, 1995, pág. 142).

16.- Carta del 20-v-1893; cfr. Hermite, 1905, vol. II, pág. 318. Weierstrass había definido en 1861 una función continua no diferenciable, ahondando la crisis de fundamentos iniciada por el desarrollo de geometrías no euclidianas.

sideraba hasta hace muy poco un tema de estudio para ingenieros y peritos, indigno de matemáticos puros o físicos. Entes de aspecto prolijo para el profano —digamos el icosaedro o el dodecaedro— son tan apaciblemente sencillos para el geómetra euclidiano como una simple nube aislada, o el pequeño remolino en el recodo de un río, rebosan una arrogante hipercomplejidad, sumiendo su arte en desconcierto. Puesto que no hay modo de someter esas realidades a medida precisa, y de encerrar su comportamiento en una ecuación determinista, son técnicamente seres amorfos o disformes, «monstruos».

Un *donut* es un monstruo, y la circunferencia una figura divina, sin duda porque la circunferencia guarda proporciones exactas (como la razón de radio y perímetro), mientras la rosquilla ostenta proporciones *an*exactas, en buena medida infinitas. Sucede entonces que la exactitud se cumple para lo exacto, como A se cumple para A, y cada vez que oímos a Galileo servirse de la expresión «exactamente» para calificar el resultado de un experimento —cosa tan habitual en él— cabe pensar que o bien presumía o bien deliraba. Salvo usando metáforas, ningún experimento confirmará «exactamente» nada, y mucho menos con aquel instrumental de clepsidras, bolas de cañón y tablones recubiertos de cuero pulido para semejar planos geométricos.

Esta exactitud —tautológica o metafórica, nunca real[17]— determina el lado «monstruoso» del objeto físico, y el significado vigente hasta hace muy poco para *caos*. En vez de concebirse al modo premonoteísta —como fuente de una espontaneidad autoconstituida—, caos representa oscuridad y espanto. Una naturaleza no purificada idealmente es caótica en el sentido de degradación,

---

17.- La pretensión de Galileo no ha dejado de informar a sus correligionarios, y aunque no haya dos gotas de agua iguales, ni dos giros de rueda idénticos, debemos creer, por ejemplo, que «todos los electrones del universo (alrededor de 10^{80}) giran *exactamente* a la misma velocidad» (cfr. Glashow, 1994, pág. 73). Finalmente, lo que se niega es la diferencia o principio individuador. Como observó uno de los padres del cálculo infinitesimal, el único modo de que un cuerpo se individualice es que difiera en sí de cualquier otro (cfr. Leibniz, 1966, II, 27). Pero solo puede diferir *en sí* cuando se autoproduce, difiriendo por lo mismo *de sí*, como algo que no es lo que es, y que es lo que no es, sometido a devenir. Sobre esta diferencia interior o no comparativa, propia del objeto, en contraste con el sujeto, *vide* Escohotado, 1997, págs. 180-187.

pues todo lo que no sea periódico, monótono, corre hacia su agotamiento. Formulado desde la teoría del calor, puro, caos es idéntico a muerte térmica, un estado sin luz ni otra acción, sumido en frialdad absoluta. Dante Alighieri lo habría incluido como último círculo de su *Inferno,* si no hubiese tardado varios siglos en nacer la termodinámica clásica.

3

De esos siglos, que jalonan el ascenso de la ciencia matematizada a su gloria social, proviene también que caos se contraponga a orden, y no a *cierto* orden. Tal como el Rey Sol decía que el Estado era él, el orden idealizado dice que el orden es él. Y si coincide punto por punto con él, ¿cómo no se ha hundido en la disgregación el mundo real, tan lleno de *donuts* y otros innumerables monstruos, un mundo que —por añadidura— tiene la insolencia de hacer brotar órdenes como la vida? ¿No será más bien que los procesos caóticos simbolizan desorden —en vez de simbolizar creatividad— porque ridiculizan las pretensiones de exactitud?

Parte de esas pretensiones fueron demolidas ya por la física relativista y la cuántica. Al mostrar que los cálculos de Newton sobre el sistema solar no habían sido muy inexactos por una mera casualidad —la distancia relativamente pequeña del Sol a sus planetas—, ya que omitían un factor tan capital como la velocidad de la luz (c), Einstein instaló en el seno del mundo ideal una magnitud física precisa, y por primera vez en la era moderna topamos con algo que podría ser distinto en otro universo: una verdad *de hecho,* tras tantas tautologías o verdades *de razón.*

Viendo que aspectos esenciales del modelo atómico nunca se habían medido directamente, y bien podrían no ser medibles,

Heisenberg formuló el principio de indeterminación[18]. Era en parte para justificar una realidad física «absurda», pues con arreglo a dinámica newtoniana los electrones habrían perseguido —desde siempre— su estado de mínima energía, cayendo en espiral sobre el núcleo atómico y clausurando de raíz toda actividad en el universo, así como el universo mismo. Al concebirlos de forma complementaria (como partículas puntuales y como «nubes de probabilidad»), el principio de indeterminación salvaba esa aporía. Lo nuevo era reconocer que el comportamiento de partículas subatómicas solo iba a admitir profecías de tipo *estadístico*, dando paso a un cálculo de probabilidades que pronto ofrecería niveles inauditos de precisión, como los once decimales del número de Dirac.

Era un cambio, ciertamente. Con todo, ni la física relativista ni la cuántica ponían en cuestión el dogma de una materia pasiva, regida por inmateriales fuerzas o leyes. Y como las certezas habían dado paso a probabilidades, algunos arguyeron que la mecánica cuántica era el armazón vago (estadístico) de una precisa mecánica *x*, aún por descubrir: aunque la indeterminación afectase al observador, no excluía el punto de vista del Creador (mecánica *x*). Por su parte, el Creador no especulaba frívolamente, sino que producía un universo básicamente reversible o periódico. El reino físico seguía siendo un agregado de masas, sustancialmente privadas de espontaneidad, *predestinado*, a pesar de que su comportamiento no pudiéramos calcularlo aún. Para asegurarlo estaba la fe en el propio demiurgo, ahora algo más *alma mundi* panteísta y algo menos Amo newtoniano, pero relojero aún para ruedas y muelles inertes.

---

[18].- Iluminar con luz de alta frecuencia (o bien con medios electrónicos) somete el sistema a alteraciones en su cantidad de energía o momento, e iluminar con luz de baja frecuencia —que produce alteraciones mínimas en el momento— no ofrece resolución suficiente para conocer su situación. De ahí una disyuntiva permanente a nivel subatómico entre carga y posición de las partículas.

4

Harán falta todavía algunos años para que la indeterminación empiece a concebirse como impredecibilidad objetiva. Usando la expresión de Feynman, «el observador no puede saber... *y la Naturaleza tampoco*». La naturaleza lo sabrá actuando, lo mismo que el observador observando, porque cada objeto físico es un foco de poder creativo. Este cambio se gesta a mediados de los años sesenta, y tiene por divisa un concepto —el de auto-organización— que tres investigadores desarrollan prácticamente a la vez y sin saber el uno del otro, en campos tan distintos como la física del láser, los ciclos catalíticos de enzimas y la termodinámica[19].

Hermann Haken estudió por qué la amplificación de una onda luminosa no solo produce en ciertas condiciones —las de los diversos tipos de láseres[20]— una avalancha ulterior de amplificaciones, sino el tránsito de una mezcla «incoherente» o desordenada de ondas (como las de cualquier bombilla, que emite luz en distintas frecuencias y fases) a una luz muy pura o monocromática, «coherente». El paso de lo incoordinado a la coordinación dependía de ser un sistema distante del equilibrio, cuyo intercambio con el medio produce una selección espontánea cuando la intensidad del bombeo exterior de energía alcanza cierto valor crítico; en ese momento, con ayuda de los espejos situados en cada extremo de la cavidad, se eliminan las frecuencias y fases distintas de la luz emitida en la dirección del eje principal. Haken llamó a dicho proceso auto-organización, añadien-

---

19.- Una vez más, el precursor destacado es Norbert Wiener, que dedica el último capítulo de su *Cibernetics* (1948) a «sistemas auto-organizados», refiriéndose específicamente a ondas cerebrales y otros fenómenos de homeostasis.

20.- El láser (abreviatura de *Light Amplification through Stimulated Emission of Radiation*) es un fenómeno que puede producirse con materiales cristalinos, líquidos, gaseosos, químicos y hasta con dos piezas de semiconductores. Su estructura básica es una columna larga y estrecha de material activo, que termina en ambos extremos con pequeños espejos enfrenta-dos. Ya sus primeras formas —construidas a principios de los años sesenta— produjeron rayos de muchos miles de vatios, capaces de vaporizar el diamante y los cuerpos más resistentes al calor.

do que los sistemas alejados del equilibrio ofrecían el modelo de un nuevo campo de estudio —la «sinergética»—, donde elementos en principio aislados de algún sistema se reconducen a una conducta unitaria o coherente, sirviéndose de su propia inestabilidad para generar nuevas formas de orden[21].

Por esas fechas, el bioquímico Manfred Eigen llegaba a conclusiones prácticamente idénticas estudiando los enzimas, principales catalizadores[22] del metabolismo vital. En sistemas abiertos a flujos de energía, Eigen observó que distintas reacciones catalíticas pueden combinarse en «ciclos» o bucles de realimentación, capaces de catalizar los del ciclo siguiente creando «hiperciclos» o redes complejas. Dichos hiperciclos —correspondientes a niveles evolutivos prebióticos, ligados al reino en principio inorgánico[23]— no solo se reproducen, sino que corrigen errores reproductivos, conservando y transmitiendo información compleja. Son sistemas estructuralmente estables precisamente en función de su lejanía con respecto al equilibrio químico, cuya auto-organización les permite persistir en medios muy diversos, rodeados incluso por moléculas con mayor eficacia reproductiva[24].

También por esos mismos años, a mediados de los sesenta, ultimaba el químico Ilya Prigogine una revolución todavía más profunda

---

21.- Haken, 1983. Para una monografía sobre la historia inicial del concepto, Paslack, 1991.

22.- Son «catalizadoras» aquellas substancias que al incorporarse a un sistema alteran su tasa de reacción sin ser consumidas en el proceso. El hierro, por ejemplo, cataliza la síntesis del amoniaco. Presente en forma líquida, sólida o gaseosa, el catalizador puede acelerar o inhibir una reacción, o decidir cuál predominará en caso de reacciones alternativas.

23.- Hablamos de polímeros, substancias compuestas por moléculas muy grandes, que incluyen minerales como el cuarzo, o ingredientes de seres vivos como celulosa, ácidos nucleicos y proteínas.

24.- Eigen y Schuster, 1979. Prigogine observa: «Solo cierto tipo de sistema puede resistir los continuos "errores" producidos en las poblaciones autocatalíticas, y es un sistema de polímeros estructuralmente estable ante cualquier "polímero mutante". Este sistema está compuesto por dos tipos de moléculas. El primero corresponde al tipo "ácido nucleico", donde cada molécula es capaz de reproducirse y cataliza una molécula del segundo grupo. El segundo, que es de tipo "proteínico", cataliza la auto-reproducción de una molécula del primer grupo. Esa asociación transcatalítica [...] accede entonces a una supervivencia estable, resguardada de la emergencia continua de nuevos polímeros con mayor eficacia reproductiva» (Prigogine y Stengers, 1984, págs. 190 y 191).

y cargada de consecuencias para la idea tradicional del orden. Se habían reunido como al azar las piezas dispersas de un rompecabezas, proponiendo una imagen del universo mucho más cercana al realismo que al idealismo, llamativamente saturada de intuición física.

5

He ahí un giro radical, síntoma de salud en la ciencia. Su origen no es un *revival* animista —de raíz popular o académica— ni algún melifluo espiritualismo filosófico, sino el esfuerzo de ciertos investigadores por trascender los círculos viciosos del mundo reducido a leyes y masas inertes, habilitando nociones para abordar sin sesgo lo concreto. Físicos y matemáticos ya eran los principales filósofos de la humanidad desde mediados del siglo XIX, y que en el último tercio del XX algunos hayan sido capaces de desarrollar un nuevo paradigma indica que siguen siéndolo. La llamada ciencia del caos nace en disciplinas donde avanzar demandaba un renacimiento conceptual que persiguen matemáticos como Smale, Thom o Mandelbrot; meteorólogos como Lorenz; físicos como Haken, Feigenbaum, Ford o Libchaber; biólogos como Eigen y May; demógrafos como Brian Arthur; economistas como Sargent, Wilson o Kirman; químicos como Prigogine. Aislados unos de otros al comienzo, cuando el gremio percibe su orientación recela a tal punto que dos genios ya a primera vista —Mandelbrot y Prigogine— hallan dificultades para doctorarse, no llegan a numerarios de Universidad y sobreviven investigando para IBM y Solvay.

El nuevo paradigma corresponde también a otra civilización, que con mayor o menor hipocresía desecha absolutismos políticos y religiosos, así como el destino de heredar cada cual su cuna. En vez de ese régimen —que era quien reclamaba un cisma entre espíritu y materia, pensamiento y extensión—, proliferan Estados aconfesionales, gobiernos elegidos por sufragio de todos, intensa movilidad social. Mundos distintos engendran modelos distintos, y aunque lo observable dependa de la teoría, el teórico depende de lo vivido. Y lo vivido es el proyecto de que las sociedades se auto-organicen, de abajo arriba en vez de arriba abajo, como hasta entonces, a pesar de que esa meta resulte saboteada sin pausa. La meta apuesta por un nuevo tipo de organización, inédito en territorios con densidad demográfica muy alta, que llama a entender de otra manera los procesos físicos.

Thom, por ejemplo, volcado sobre la forma como factor dinámico, agrupa los «monstruos» topológicos en siete desarrollos universales[25], a la vez que ofrece una construcción —la teoría de catástrofes— para abordar sus transformaciones. Libchaber, examinando fases precoces de turbulencia en un material superfluido (helio a milésimas de grado del cero absoluto), constata que los sensores ofrecen medidas alternativas en vez de lineales, pero que las sucesivas bifurcaciones dibujan una cascada tan infinita como rica en estructura interna, donde cada nueva frecuencia respeta ciclos precisos[26]. Es este tipo de objeto lo que ahora emerge a la luz del día, como una tromba de singularidad que arrasa el museo de sermones sobre A igual a A. Su conducta es errática para cualquier ecuación determinista, aunque —a diferencia de los seres idealizados— expone una constante génesis de realidad. Las singularidades irrumpen cuando el saber se ha hecho capaz de abordarlas sin el viejo *horror confusionis,* simplemente refinando métodos de análisis, y eso acontece también cuando las sociedades piden una reconciliación entre lo concreto y lo abstracto, inaugurando aspiraciones de autogobierno.

25.- Pliegue, frunce, cola de golondrina, mariposa y ombligos (elíptico, parabólico e hiperbólico).
26.- Libchaber, 1982.

6

Sin embargo, faltando ingenios capaces de realizar miles de operaciones aritméticas en un abrir y cerrar de ojos, buena parte de lo que sabemos sobre procesos no lineales estaría aún aguardando descubrimiento. Aunque los ordenadores de hoy serán pronto descartados, por troglodíticos, su capacidad para procesar números ha permitido formidables lujos de cálculo y representación, que propiciaron hallazgos como la constante de Feigenbaum o la propia geometría fractal. Destaca en ellos una capacidad para estimular la intuición simulando situaciones, con resultados mucho más rápidos y seguros que el experimento a la antigua. La pantalla de un ordenador, por ejemplo, permite *ver* algo semejante a nuestra conducta ante decisiones conflictivas, cuando al simular un proceso disipativo —compuesto por muchos movimientos opuestos— muestra cómo acaba reconduciendo sus dimensiones a una sola; el matemático puede usarla para contemplar la conducta de una función, del mismo modo que el químico sigue los pasos de una reacción mirando sus probetas.

También es cierto que digitalizar fenómenos no lineales depende de reglas, y éstas de programadores. Pero lo mismo sucede con cualesquiera otros modelos matemáticos, y la ventaja del ordenador reside en una mezcla de rapidez, paciencia y precisión. Sin esa amalgama lo caótico habría seguido simbolizando simple desorden, en vez de lo que propiamente es: una dinámica excluida hasta entonces por limitaciones de los calculistas, y por decreto de la autoridad académica. Lo primero que llega con ellos son operaciones de cartografía logística[27], donde las funciones se estiran y pliegan ofreciendo una

---

[27].- También conocidas como «transformación del panadero» o herradura de Smale. Stephen Smale, pionero en la vinculación de topología y sistemas dinámicos, es otro de los gigantes en la construcción del nuevo paradigma. En 1966, cuando recibió la Medalla Fields (el Nobel de los matemáticos), estaba siendo investigado por el Comité de Actividades Antiamericanas como una de las cabezas del movimiento anti-Vietnam, y se hallaba sometido a interrogatorios por el KGB en Moscú, a raíz de su presencia en un congreso internacional de matemáticos, donde aprovechó una entrevista televisada (sobre su pacifismo militante) para condenar la falta de libertades políticas en la Unión Soviética.

manera de convertir magnitudes en figuras. Las ecuaciones, tradicionalmente resueltas mediante una fórmula (solución «analítica»), pudieron abordarse con las prolijas listas de números que satisfacen sus variables, y trasladarse luego al llamado espacio-fase[28], una técnica donde los sistemas exhiben sus respectivos atractores. El péndulo ideal galileano, por ejemplo, dibuja una simple elipse; un péndulo afectado por fricción dibuja otra forma (véase fig. 4).

Sistemas dinámicos más complejos, como el péndulo de Ueda, activado por un circuito eléctrico no-lineal, ofrecen ya un atractor extraño o caótico (véase fig. 5).

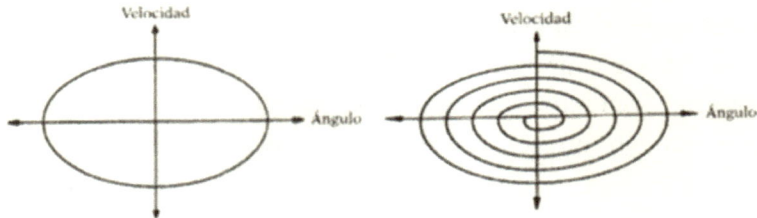

FIGURA 4: Movimiento de dos péndulos.
Izquierda, péndulo ideal galileano. Derecha, péndulo afectado por fricción.

FIGURA 5: Atractor de Ueda.

28.- El espacio-fase —originalmente desarrollado a finales del siglo XIX por J. W. Gibbs, en sus *Principios elementales de mecánica estadística*— especifica la conducta de una partícula atendiendo a posición (un vector de tres componentes) y velocidad (otro vector con tres componentes). «Podemos representar ese estado por tres puntos, cada uno de ellos en un espacio tridimensional, o por un solo punto en un espacio de seis dimensiones, formado por las coordenadas y los momentos» (Prigogine y Stengers, 1984, pág. 247).

6

Azar, forma y autonomía

Las cosas operan sobre sí mismas, una y otra vez.
M. Feigenbaum

Guardémonos de conceptos que solo sirven para ser definidos.
H. Lebesgue

Tras milenios de ser usadas para descubrir *leyes* que gobiernan sobre una naturaleza fundamentalmente pasiva, las matemáticas descubren los *atractores* o focos activos internos de cada sistema físico. En vez de limitarse a despejar incógnitas en sistemas lineales idealizados, emplean una técnica iterativa[1] donde las funciones se realimentan por el procedimiento de volver sobre ellas mismas. A fin de cuentas, la iteración es una variante del campo que Haken llama «sinergética», un procedimiento auto-organizativo. Atendamos a algunas aplicaciones de esta perspectiva.

El biólogo Robert May[2] estaba estudiando el crecimiento de una población animal cuando desborda el punto llamado crítico o de acumulación. Representada gráficamente, la conducta de esta ecuación es un sistema lineal de estado continuo, que superando cierto parámetro deja de ser lineal y se bifurca en dos valores o puntos; al elevar dicho parámetro vuelven a bifurcarse, cada vez

---

1.- La iteración (del latín iterare: «repetir») es un proceso para obtener soluciones por realimentación, como al multiplicar continuamente x por una constante k, y se representa con el signo →, en ese caso sería . Cuando la variable x se restringe a valores entre 0 y 1 obtenemos, por ejemplo, la llamada ecuación de crecimiento —usada para describir la evolución de poblaciones—, que se representa como .
2.- Cfr. May, 1976.

más deprisa, hasta que el sistema deviene caótico, produciendo infinitos puntos que ensombrecen el gráfico. En el improbable caso de que el matemático tradicional hubiese llevado sus cálculos tan lejos, se detendría aquí: aparentemente, no hay nada ulterior salvo una oscuridad homogénea.

Pero si la ecuación no se abandona lo que aparece es bien distinto; en ese azaroso polvo retornan ciclos estables, que son como ventanas de orden y, convenientemente ampliadas, exhiben una notable semejanza con el conjunto del gráfico. Las bifurcaciones —lo errático mismo— se doblan en periodos donde alternan regularidad e irregularidad, mostrando que ese proceso tiene una estructura intrincada e infinitamente profunda. Acostumbrados a su representación esquemática —en la cual crece, decrece o permanece idéntica, sin desdoblarse en alternativas a cada paso—, la conducta probable de esa población revela inauditas dimensiones de libertad y necesidad. Filosóficamente hablando, la armonía oculta (tras el oscurecimiento inicial) se revela superior a la manifiesta.

El hallazgo más antiguo de esta índole aconteció en 1960, cuando un matemático dedicado a la meteorología, Edward Lorenz, pudo comprimir la dinámica de convección (el movimiento de un fluido al calentarse) en tres ecuaciones[3]. Le tomó tiempo comprender que no eran lineales —y, por tanto, integrables—, aunque tuvo la feliz idea de recurrir a un ordenador para que imprimiese el cambio de esas variables por intervalo. Sus siete primeros valores fueron erráticos[4], y como tras cien y mil pasos los números seguían saltando con caprichosa viveza, usó cada grupo para especificar cierto punto en un espacio-fase.

3.- Cfr. Lorenz, 1963.
4.- 0-10-0; 4-12-0; 9-20-0; 16-36-2; 30-66-7; 54-115-24; 93-192-74.

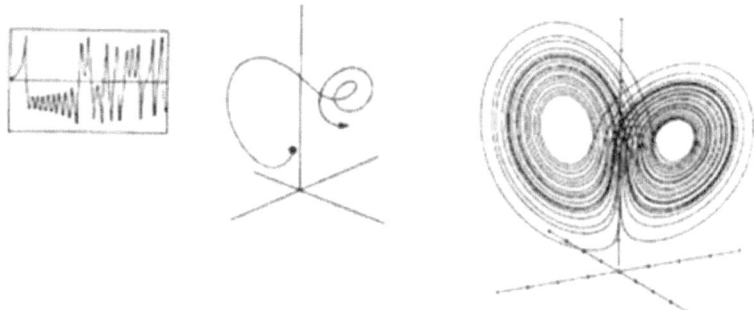

Figura 6: Atractor de Lorenz.

El flujo de las cantidades expresaba gráficamente el comportamiento del sistema, y —como cualquier científico de su época— Lorenz estaba seguro de que se detendría en algún lugar (signo de que había alcanzado un estado estable), o bien acabaría describiendo un bucle cerrado (signo de que iba a repetirse periódicamente). Con todo, en vez de eso la pantalla puso ante sus ojos el primer atractor extraño, una imagen tridimensional a medio camino entre el rostro de una lechuza y las alas de una mariposa que vemos en su génesis: trasladado a un plano (izquierda), llevado al espacio-fase (centro) y más desarrollado (derecha). La transición de un ala a la otra muestra inversiones en la dirección de giro del fluido.

La interpretación de esta figura parece clara. El sistema en cuestión —la dinámica conectiva, madre del clima— es un caos estructurante, donde cierto movimiento de complejidad infinita se mantiene vuelto sobre sí, autocontenido o de alguna manera «atraído» por una forma. Jamás se fuga de ciertas lindes (expresadas por la página del gráfico), jamás se repite (ninguna línea intersecta o se superpone a otra), y jamás alcanza un estado estable. Que no hubiera nunca una recurrencia de puntos o series de puntos indicaba desorden absoluto; pero el hecho mismo de que faltase cualquier recurrencia indicaba un tipo nuevo de orden, muy superior en finura estructural. Era al fin una manera de entender la meteorología terrestre, con sus veleidades y fronteras. Y, de paso, era un modo de traer a colación sistemas vetados por el dogma de una materia inerte. Como el propio Lorenz comprendió, la dinámica de convección mostraba una sensibilidad tan extraordinaria a condiciones iniciales que el aleteo de alguna polilla en Singapur puede producir un tornado en Tejas. Eso se llamaría desde entonces «efecto mariposa».

1

Unos quince años después Benoit Mandelbrot descubría los fractales, inaugurando una geometría que —en sus propias palabras— «no distingue, a propósito, entre conjuntos matemáticos (la teoría) y objetos naturales (la realidad)»[5]. Basada en «forma, azar y dimensión efectiva», esa geometría resulta incomparablemente más afín al mundo físico que la euclidiana, a la vez que inaugura una nueva zona o región de lo real, con figuras que son a la vez objetos en sentido estricto, a medio camino entre puro caos y orden a priori. Quedaba así suspendida la cesura entre idealización matemática y universo concreto, «dando por fin contenido a la promesa que encierra la palabra geometría»[6].

5.- Mandelbrot, 1987, pág. 168.
6.- Ibídem, 1997, pág. 17.

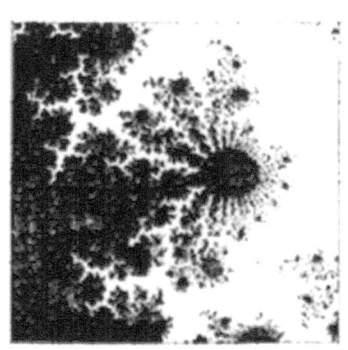 

FIGURA 7: Gráficos sucesivos obtenidos por el equipo de Mandelbrot.

«Apareció una tosca estructura, que fue ganando detalle a medida que mejoró la calidad de la computación. Las "moléculas" flotantes con forma de pulga ¿eran islas?, ¿o acaso estaban ligadas al cuerpo principal por filamentos demasiado sutiles para detectarse? Era imposible decirlo».

(GLEICK, págs. 224 y 225).

Las cosas de incalculable complejidad llamadas fractales[7] tienen siempre en común presentar longitudes infinitas dentro de áreas finitas —algo extrañamente parecido a lo que llamamos libertad, o infinitud concreta—, así como una sencillez no menos abrumadora. Su estructura se resuelve en una sola propiedad (la autosemejanza), combinada con una constante de escala (la dimensión de Hausdorff), que mide el grado de irregularidad en cada caso. Pero la sencillez de estructura no solo coexiste con una formidable complejidad formal, sino que afecta también al modo de hacerse visibles estos objetos. Tómese un número complejo, multiplíquese por sí mismo y súmese el número inicial; tómese el resultado, multiplíquese por sí

---

[7].- Del latín *fractum*: «quebrado».

mismo, súmese el inicial... y así sucesivamente. Esta iteración irá produciendo puntos que saltan erráticamente sobre el gráfico, hasta dar paso a visiones progresivamente nítidas de ese mundo nunca igual y nunca distinto del todo. En 1979, cuando Mandelbrot recelaba de fallos cometidos por sus programadores, tenía ya ante los ojos el objeto primario —una figura extrañamente parecida a un ácaro—, pero faltaba resolución en la imagen. Solo poco a poco, a medida que mejoraba la computación, fue desplegándose un cuadro de asombrosas singularidades (véanse láminas en color).

2

Espirales suntuosas y delicados arabescos, sin distancia entre figuración y figurado, donde un objetivo puede alejarse o acercarse sin límite, porque lo descrito tiene la densidad del continuo en detalle y en conjunto. A diferencia de las representaciones, y las meras ideas, cada fractal es un *objeto*. Precisamente la relación entre detalle y conjunto hace manifiesto que la distancia entre dos lugares cualesquiera resulta infinita, por próximos que parezcan en alguna de sus instantáneas. Comparadas con las monótonas y esquemáticas curvas clásicas, los fractales dibujan a la vez lo quebrado y lo sinuoso, el sólido cristalino y la viscosidad del fluido, las melladas grietas de una línea de costa, el engarce de gemas en un collar, el ritmo del latido cardiaco o respiratorio, la turbulencia desplegándose como un gusano múltiple, los poros y nervaduras de una hoja. El procedimiento es iterar a una función, sin saber de antemano si la constante —el número inicial elegido— pertenecerá al grupo de Mandelbrot o será una magnitud que se fuga del gráfico[8], algo que solo se averigua ensayando.

8.- Eso depende de que se encuentre «encerrada» en el llamado plano de Argand (un matemático francés que en 1806 geometrizó la representación de números complejos); cfr. Penrose, 1989, págs. 89-94.

En vez de despejar cierta incógnita el procedimiento iterativo exhibe una *conducta*, dejando que cierta función describa algo real, y pasando por eso mismo de una estática a una dinámica. Una dinámica de formas/números sin duda caótica, aunque demasiado coherente en sí, y con demasiadas resonancias en nuestra conciencia. Como descubrió otro investigador, Michael Barnsley[9], esta dinámica surge sin necesidad de usar números complejos, simplemente recurriendo a una aleatoriedad bautizada como «juego de caos». Basta disponer de papel, lápiz y una moneda con cara y cruz, fijando ciertas reglas para el resultado de cada lanzamiento; si sale cara, por ejemplo, el punto se desplaza 6 centímetros al noroeste, y si sale cruz se mueve un 25 por 100 hacia el centro. Tras tirar unas cincuenta veces la distribución azarosa de puntos empieza a dibujar una forma, que se irá perfilando más y más con sucesivos lanzamientos. Usando un ordenador para simular la emergencia de cara y cruz, uno de los objetos que Barnsley obtuvo fue la imagen progresivamente nítida de esta hoja de helecho (véase fig. 8).

Figura 8: Juego de caos.

9.- Cfr. Barnsley, 1985.

El fenómeno puede interpretarse suponiendo que iterar azarosamente ciertas reglas captura datos sobre alguna forma, y en vez de mostrar el resultado de un proceso determinista muestra el límite de un proceso azaroso. A partir de tales o cuales reglas, es la propia naturaleza quien parece inmersa en un constante juego de azar, que desarrollará hojas de helecho, pezuñas de algún cuadrúpedo, cierto tipo de cacto o los meandros de un delta. El núcleo de estas operaciones es el nexo entre un invariante formal, una iteración de reglas arbitrarias y pura suerte. Al combinarse con esas reglas, el azar produce nubes de puntos atraídos por alguna forma objetiva. Comparada con la información necesaria para despejar una ecuación, la requerida para iterar funciones es ridículamente breve.

Donde el antiguo paradigma postulaba un mecanismo de relojería, el nuevo postula fertilidad del azar; donde aquel suponía el imperio de fuerzas, éste exhibe una dinámica de formas, y donde alardeaba de rigurosa exactitud, maneja ahora constantes de escala, como corresponde a objetos que despliegan distancias infinitas dentro de áreas finitas. La tríada clásica —necesidad, fuerza, exactitud— ha pasado a ser caos, forma y dimensión.

3

La exposición más densa y profunda de estos cambios en la perspectiva científica es obra de Ilya Prigogine, espíritu enciclopédico —químico, matemático, filósofo, músico— que profundiza en la termodinámica del desequilibrio, proponiendo el concepto de estructuras disipativas y una reinterpretación del tiempo. Hasta Prigogine ningún científico «duro» pone en duda *la pasividad* de la materia, y mucho menos con el propósito explícito de «insertar en ella la vida, y al ser humano en la vida»[10]. Sin embargo, sus investigaciones muestran que lo llamado hasta entonces *equilibrio* es sencillamente hetero-organización, una característica de sistemas cerrados donde no hay flujos de materia/energía entre ellos y un medio. Su proyecto de una «segunda alianza» —la de las humanidades y el saber fisicomatemático—, presupone «un nuevo diálogo del hombre con la naturaleza», y parte de que:

a) lo legal y reversible es una extrema rareza en el mundo físico;
b) el caos como muerte térmica es propio del equilibrio (lo legal-reversible), mientras el desequilibrio funda básicamente coherencia;
c) transiciones de caos a orden son regla universal, siendo su resultado una auto-organización de materia;
d) la irreversibilidad convierte el azar molecular en información (complejidad), fundando objetos que tienen a su alcance muchos —en vez de un solo— estado estable.

El caso más sencillo es el fenómeno de Bénard, donde una corriente turbulenta distribuye en figuras hexagonales la capa superficial de cierto líquido, produciendo una forma compleja de organización. Mucho más llamativa es la reacción de Belusov-Zhabotinski, también llamada de los relojes químicos, donde —en vez de mezclarse— dos líquidos (uno azul y otro rojo) oscilan periódicamente de un color homogéneo al otro, probando que el sistema actúa como un todo, con moléculas que se comunican a gran distancia, en vez de atender a mera contigüidad. Este tipo de comportamiento, que antes se pensaba exclusivo de sistemas biológicos, caracteriza también a lo inorgánico. De hecho, está implícito en fenómenos tan nucleares como la magnetización: el trozo de metal es libre para orientarse positiva o negativamente, pero para

---

10.- Prigogine, 1983, pág. 24.

ello es preciso que cada átomo suyo haga la misma elección, y postulando el principio inercial —una materia indiferente a todo cuanto no sea su propia pasividad es en extremo enigmático *cómo*.

> «En situaciones alejadas del equilibrio, la materia adquiere nuevas propiedades, tales como «comunicación», «percepción» y «memoria». Pequeños efectos permiten pasar de una conducta a otra, mediante bifurcaciones secundarias. [...] El tiempo ya no es un parámetro introducido para la comunicación entre diversos observadores, sino que se relaciona con la evolución interna del sistema[11]».

Recordando un pensamiento de Whitehead («todo lo que existe *se crea*»), Prigogine niega abiertamente el objeto físico como apoyo inerte de fuerzas conservadoras. Las estructuras disipativas son singularidades inmersas en caos térmico y molecular, que fundan un orden fluctuante amplificando ciertas bifurcaciones. Eso las lleva a organizarse intercambiando movimientos con el medio, y a entrar en un desequilibrio que implica evolución activa. Un ejemplo inmediato es el remolino que crea el desagüe de cualquier recipiente: aunque el líquido fluye, una forma —la espiral turbulenta— se mantiene estable. He ahí una estructura disipativa elemental. En contraste con las masas clásicas —aisladas, amorfas, manipulables hasta lo infinito—, las estructuras disipativas evitan una y otra vez el equilibrio, y al hacerlo desarrollan «sensibilidad»[12]. De ahí que las leyes físicas solo puedan admitirse como pautas probabilísticas, que coexisten con lo «intrínsecamente aleatorio» sin la menor interferencia recíproca. La inestabilidad «destruye la equivalencia entre el nivel individual y el nivel estadístico, al extremo de que las probabilidades cobran una

---

11.- Prigogine, 1983, pág. 218.

12.- Las moléculas del líquido, indiferentes o no correlacionadas antes del desagüe, rompen esa indiferencia al comenzar dicho proceso, estableciendo vínculos de corto y largo alcance.

significación intrínseca, irreductible a una interpretación [como la clásica] en términos de ignorancia o aproximación»[13].

En vez de sufrir su medio sin percibirlo, ni ser percibidas, entran en procesos de intercambio donde la disipación es una correlativa antidifusión (como al calentar hidrógeno y nitrógeno en cajas comunicantes), que produce *irreversibilidad*[14]. Sin irreversibilidad no hay *probabilidad* en sentido propio. Pero no se trata solo de probabilidad sino de *autonomía,* «pues cambios extremadamente débiles en el medio externo pueden llevar a comportamientos internos completamente distintos, abriendo la posibilidad de que el sistema se adecue al mundo externo»[15].

Desde el concepto de estructuras disipativas la flecha del tiempo es una rotura de simetría, que marca cierta dirección (de atrás adelante, y no al revés). Aunque esa rotura introduce desequilibrio, el desequilibrio introduce también complejidad, forma, en vez de limitarse a destruirla. De ahí que el tiempo sea básicamente *invención*[16] y no marco eterno[17].

«La renovación de la ciencia es en gran medida la historia del re-descubrimiento del tiempo. Tras nosotros queda la concepción de la realidad objetiva que reclamaba que la novedad y la diversidad fueran negadas en nombre de leyes inmutables y universales [...] El futuro ya no está determinado, no está

13.- Prigogine, 1983, pág. 218.

14.- «La irreversibilidad crea una diferenciación: el interior del sistema resulta distinto del exterior, tal como el interior de un sistema viviente posee una estructura y una composición química completamente distinta a la del mundo exterior» (Prigogine, 1991, pág. 86).

15.- Prigogine, 1991, pág. 89.

16.- Bergson, recordado expresamente por Prigogine, había dicho en *La evolución creadora*: «el tiempo es invención, o no es nada». En *Lo posible y lo real* añadió: «El tiempo aplaza, o más bien es aplazamiento. Debe ser por eso elaboración».

17.- Aunque no lo mencione, esta constatación le viene a Prigogine de Wiener, cuya *Cibernética* se abre con un capítulo llamado «Tiempo bergsoniano y tiempo newtoniano». Allí leemos: «El autómata moderno existe en la misma modalidad de tiempo bergsoniano que los organismos vivos» (Wiener, 1985, pág. 70).

implícito en el presente. Esto significa el fin del ideal clásico de omnipotencia. El mundo de los procesos donde vivimos no puede rechazarse como si lo constituyeran apariencias o ilusiones determinadas por nuestro modo de observar[18]».

4

Combinando perspectivas diversas, la nueva orientación revisa lo que estos últimos siglos han llamado *orden*. La física clásica nace de aislar sistemas en sí no aislados, tratándolos como trayectorias únicas, desplegadas a golpe de inercia. Sin embargo, eso ya no es sostenible para la alternancia efectiva de orden-desorden en un universo como el que conocemos, donde lo periódico, inerte y estable aparecen como fantasmas de una ideología precisa, montada sobre las soluciones únicas que corresponden a cuantificar procesos. Al contrario, lo que brota por todas partes son los muchos estados posibles derivados de una no-linealidad generalizada, que flexibiliza hasta grados antes impensables el devenir. Canon de la ortodoxia tradicional, *El sistema del mundo* de Laplace invitaba a construir la realidad superponiendo movimientos simples, al estilo cartesiano, mientras ahora «es la totalidad quien desempeña el papel determinante»[19].

Pero el rechazo del criterio clásico trata solo de evitar una petrificación. Dice sí a aquello que la tradición científica afirma justificadamente, y dice sí también —investigándolo— a aquello que niega o excluye por errático. No otro es el sentido de que se abra a lo quebrado, aperiódico, sintético, abrupto, turbulento, activo, complejo, autoproducido, infinito dentro de cada finitud. Ahora se entiende que o caos no es eso o bien solo interesa lo caótico, pues bajo semejante nombre caen el concreto universo donde existimos y un poder cos-

---

18.- Prigogine, 1983, págs. 218 y 219.
19.- Prigogine, 1991, pág. 76.

mogónico que debe considerarse la principal fuente de presencias. En definitiva, si hay ser —y no más bien nada— el peso de semejante realidad le incumbe en mayor medida al desequilibrio que al equilibrio, a lo irreversible que a lo reversible.

A nivel inmediato, el nuevo paradigma zanja un largo divorcio entre físicos y matemáticos[20], y modera una tendencia asfixiante a la especialización —con superexpertos en zonas progresivamente mezquinas, analfabetos para lo demás—, dado el horizonte interdisciplinario que plantea cualquier sistema abierto. También modera el abismo cuántico entre grande y pequeño, pues esos procesos generan un flujo continuo de información, que convierte mínimas incertidumbres en pautas globales, y salva el vacío entre macro y microescalas. Joseph Ford, uno de los primeros en sistematizar los cambios, define el caos como dinámica liberada de cadenas; por lo mismo, evolución es caos con realimentación, bucles iterativos de aleatoriedad[21]. Tras siglos de asociar estructura con equilibrio (caso de los cristales), y desorden con no-equilibrio (caso de la turbulencia), la turbulencia se muestra como un fenómeno altamente estructurado, que inserta números enormes de partículas en movimientos coherentes. El hecho nuevo —e inaceptable de raíz para la concepción clásica— es que el universo del no-equilibrio sea un universo coherente, que la inestabilidad de las estructuras sea compatible con duración y evolución.

5

Como amalgama de necesidad y azar, todo cuerpo real es caos determinante a la vez que cosa determinada, irreversible. Mirado de cerca, contiene siempre procesos aperiódicos y bifurcados. No es menos

---

20.- Fechable desde que Dubois Reymond puso sobre el tapete las funciones continuas y no diferenciables de Weierstrass, en 1875; cfr. Mandelbrot, 1997, pág. 583.

21.- Ford, en Barnsley y Denko, 1985.

cierto que esas fluctuaciones aleatorias van abriendo ventanas de regularidad, y observan cierto ritmo en la cascada de su desdoblamiento[22]. Guardémonos, en consecuencia, del equívoco que opone caos a *determinación*, rasgo típico de un compromiso con el orden legal-lineal-inercial, volcado sobre el apriorismo. Es ese constructo —de espectro angosto y monótono por definición— lo que se derrumba de fuera hacia dentro, a medida que va superándose el sistemático aislamiento de cada sistema, y en vez de lanzarse a profetizar el investigador intenta describir la conducta de objetos concretos.

Y eso nos devuelve al tema inicial, que eran algunos abusos en el empleo del verbo *teorizar*. Los esquemas profetizan tras haber codificado qué cosas parecen prohibidas (por «leyes de la naturaleza»). Las teorías deben expresar algo más, algún tipo de visión —pormenorizada y abstracta al tiempo—, que no le falta al paradigma de los órdenes caóticos. De hecho, a ese paradigma le sobra tanta intuitividad como le falta, por ejemplo, al modelo estándar o al de «gran unificación». Y poco tiene de arbitrario, ya que fluctuaciones aleatorias y leyes eternas piden formas distintas de relato.

Quizá no basta tomar en cuenta el azar como límite (provisional o no) de nuestro conocimiento. Por respeto a la magnitud de lo ignorado, y al modo de producirse, podría considerarse un «derecho intrínseco de la naturaleza»[23]. Ahora que tratamos de empezar a medirlo, distinguiendo allí grados y formas, reparamos en que el científico clásico veía *mero* azar, mientras hoy se nos sugiere como un orden más profundo o menos aparente, que brota de una apertura consustancial al reino físico. Ese troquel —el de que eventualmente lo real sea solo *probable*, y la probabilidad en sí exista— funda tensión hacia el cumplimiento, inaugurando para el objeto la vía de romper su indiferencia (como masa) y adecuarse a un verdadero mundo (como cuerpo).

22.- Hoy llamado «universalidad» o constante de Feigenbaum; cfr. Feigenbaum, 1979.
23.- Cfr. Wagensberg, 1985, cap. 3.

«Para nosotros, físicos convencidos —escribía Einstein muy poco antes de morir—, la diferencia entre pasado, presente y futuro es solo una ilusión.» Cuarenta años atrás había dicho a un colega: «Usted cree en un Dios que juega a los dados, y yo en una ley y un orden completos». Aunque pueda haber veracidad en esas alegaciones, no dejará de haberla en lo opuesto: una substancia inestable, volcada sobre actos básicamente inventivos. La fragua del azar presenta una objetividad que se organiza operando una y otra vez sobre sí misma, sin la rémora de un esquema identitario[24]. Volver a decir, con Hesiodo, que en el principio fue caos equivale a pensar que en el principio fue la vida: una vida de libertad, donde la inteligencia es inmanente.

24.- A diferencia de los *objetos*, que son sin necesidad de ser reconocidos, los *sujetos* están volcados sobre alguna identidad (real o ilusoria) que pide reconocimiento. De ahí que éstos presenten la acción como efecto de un sí mismo, y aquéllos el sí mismo como acción; cfr. Escohotado, 1997.

Anexo

Las trivialidades del rigor

> *¿Por qué no admitir honestamente la dignidad del conocimiento falible contra el escepticismo cínico, en vez de hacernos la ilusión de que podremos remendar, hasta hacerlo invisible, el último desgarrón en la tela de nuestras intuiciones «últimas»?*
>
> I. LAKATOS

Como vimos, la actividad científica no es indiferente a modas —entendiendo por moda una periódica sensación de aburrimiento ante lo usual. Con todo, ni cambios de paradigma ni tránsitos de una escuela a otra suelen cuestionar la pureza del saber matemático, que se presenta como una virgen hija de otra virgen. Se diría algo transhistórico, que representa una garantía única pero suficiente contra el error. No es una precaria balsa como el resto de la experiencia, a la deriva entre dudas y sectarismo, sino la roca austera e inconmovible que sostiene una razón libre de ídolos. Puede por eso decirse que la naturaleza del conocimiento científico es superior —y distinta— a la naturaleza del acervo mítico. Como dijo lord Kelvin, «la matemática es la única metafísica aceptable».

Semejante suposición sostiene a la Ciencia con mayúscula. No obstante, si miramos de cerca el ser siempre igual a sí mismo que sería la matemática (del griego *mathéma*, «cosa aprendida»), vemos enseguida que es también saber mundano, ligado a nociones no formalizadas. Estudios sobre diversas aritméticas —por ejemplo la china, la griega clásica y la helenística[1]— así lo ponen de manifiesto. La

---

1.- Cfr. Lizcano, 1993.

resta , por ejemplo, repugna a Euclides como intento de sustraer algo positivo *(A)* de nada *(0)*; sin embargo, en Extremo Oriente los textos dicen, desde bastante antes, que un número positivo (*zheng*) restado de nada (*wu*) se hace negativo (*fu*), indicando que . Las magnitudes negativas se ligan a una lógica previa, y pueden verse postergadas de modo indefinido mientras reine cierta ontología, o reconocerse desde siempre allí donde el lugar de la identidad es ocupado por una idea de oposición fluida, articulada en torno a un centro hueco como el Tao.

En su perspectiva, y en su pormenor, los primeros principios de Euclides, los trigramas del *I Ching*, o los ingeniosos expedientes del alejandrino Diofanto cuentan cosas sobre usos, componendas y, en general, concepciones del mundo. Unos, dados a lo práctico, carecen de «palabras vacías» —nombre que dan los matemáticos chinos a conceptos abstractos—, mientras otros insisten en trazarse tantos aprioris como les sea posible; otros, por último, se comportan eclécticamente, al estilo helenístico, amando de igual modo la norma regulativa genérica y el expediente que se revela útil. Aquello transhistórico por principio, lo neutro o imparcial en sí, arrastra siempre un universo de determinaciones adicionales ligado a la idiosincrasia de cada época, a la sombra de algunos individuos geniales y a una constelación favorable de circunstancias[2].

Pero no hace falta recurrir a civilizaciones o épocas distintas para llegar a una relatividad. La matemática occidental lleva siglo y medio sumida en una «crisis de fundamentos», que solo recientemente —y gracias en buena medida a la emergencia del nuevo paradigma— ha experimentado signos de alivio. Ya en 1826 —el mismo año en que Bolyai y Lobatchevsky descubren la primera geometría no euclidiana— el noruego Abel, gran teórico de las ecuaciones en su tiempo, escribía:

2.- Cfr. Lizcano, 1993.

«Es incuestionable la tremenda oscuridad que encuentra uno en el análisis. Carece de todo plan y sistema, y el hecho de que tantos hayan podido estudiarlo es notable. Lo peor del caso es que nunca ha sido tratado rigurosamente. En todas partes encuentra uno esa triste manera de concluir lo general partiendo de lo especial[3]».

Hasta entonces se daba por supuesto que la geometría de Euclides constituía *la* idea del mundo real, y que sus operaciones permitían representar imparcialmente objetos y hechos físicos. Esto va haciéndose cada vez menos sostenible, a medida que la matemática deja de vincularse a una precisa aplicación (explicar los fenómenos naturales), y aventurándose en altos vuelos como la teoría de conjuntos y números transfinitos. En vez de descansar sobre una practicidad, se entiende que tiene su esencia «en la libertad» (Cantor) y en «el honor del espíritu humano» (Jacobi), giro que viene de asumir dos evidencias básicamente nuevas: 1) matemática y verdad de la naturaleza son cosas distintas; 2) las estructuras más abstractas y arbitrarias suelen acabar resultando sumamente útiles para físicos y otros científicos naturales; sin ir más lejos, el tratado sobre las secciones cónicas —obra de Apolonio de Perga, un geómetra de la época helenística—, inicialmente dirigido a euclidianos exquisitos, se convirtió en manual para balísticos del Renacimiento como Tartaglia y, poco después, en base inmediata de la dinámica newtoniana.

La matemática heredaba así el compromiso de la metafísica, al ritmo en que la ciencia natural iba asumiendo el de superar cualquier fe. Pareció imprescindible entonces poner rigor en la casa propia —sin seguir concluyendo «lo general a partir de lo especial»—, una empresa asumida por Cauchy y sus sucesores, aunque el propio esfuerzo por aclarar, sistematizar y pulir suscitó nuevas grietas en los

---

3.- En Kline, 1992, vol. III, págs. 1250 y 1251.

cimientos. Ya no había una frontera nítida entre lo lógico y lo ilógico, porque no se cumplía el comportamiento esperado de funciones y series; unidad, simetría, completitud —exigencias tenidas por mínimas— se estrellaban con una pléyade de extraños descubrimientos (curvas continuas pero no diferenciables, series de funciones continuas con suma discontinua, o faltas de monotonía a trozos, «monstruos» de otros varios tipos), y algunos entendieron que la respuesta racional sería axiomatizar la matemática en general.

1

Axioma, que significa «dignidad» y «pretensión» en griego clásico, es otra de las palabras transformadas por Aristóteles en concepto científico, y se emplea a partir de entonces como principio deductivo o postulado inicial de cierto saber[4], que se apoya sobre su autoevidencia. En contraste con lo profundo, lo complejo o lo denso, el axioma ha de ser transparente y supremamente sencillo. Prestar rigor al saber matemático exigía poder deducir cualesquiera teoremas de axiomas previos (como «todo número natural tiene un y solo un sucesor», «dos puntos distintos generan una y solo una recta», etc.), y a ello se aplicaron ciertos teóricos con ahínco, pensando que si la empresa era coronada por el éxito habría una ciencia «llamada a guiar todo conocimiento»[5].

En otro caso cundiría el escepticismo, fruto de «al menos tantas dudas como en cualquier otra parte de la filosofía», dice un joven Bertrand Russell[6]. Esa mezcla de temor (a lo que Russell llama «confusión y perplejidad reinante») y de optimismo (ante el camino em-

---

[4].- Aristóteles menciona «ser imposible que una cosa sea y no sea al mismo tiempo», y «algo ha de ser o bien afirmado o bien negado» *(Metafísica* B, 2, 996*b* 28-997*a* 11).
[5].- Hilbert, *Axiomatisches Denken*; cfr. Kline, 1992, vol. III, pág. 1354.
[6].- Russell, 1901, pág. 79.

prendido) se retrotrae a Frege, para el cual los axiomas son «piedras angulares, establecidas según un fundamento eterno, alcanzables pero no modificables por la mente humana»[7]. No obstante, lo temible venía del propio progreso, pues con la poderosa teoría de conjuntos —una noción que Cantor definió originalmente como «colecciones de objetos distintos de nuestra intuición o pensamiento»— habían irrumpido varias contradicciones, presentadas eufemísticamente como paradojas. De ahí que no debiera usarse ninguna propiedad de los conjuntos, sugirió Zermelo en 1908, si no estuviera garantizada por un axioma.

Con todo, los resultados de este programa defraudaron mucho. Por una parte, importantes aspectos del análisis y el álgebra abstracta dependían de introducir principios objetables, como el axioma de «elección». Por otra, la axiomática caía en una circularidad, que acabó llamándose definición *impredicativa* de los conceptos; por ejemplo, al definir un conjunto M y un objeto m de manera que m es un miembro de M, aunque solo se define por referencia a M[8]. Desde luego, cabía desterrar todo lo impredicativo, aunque ese remedio curaba la enfermedad matando al paciente, pues hay definiciones de este tipo en buena parte del análisis. Dichas «paradojas» trataron de solventarse entonces afirmando que la matemática mana de la lógica formal, como quisieron demostrar los *Principia* de Russell y Whitehead, publicados en 1925. Pero ese vasto tratado no contentó a nadie[9], incluyendo —algunas décadas después— a sus propios autores: quería salvar lo contradictorio en teoría de conjuntos con una artificiosa —y complicadísima— teoría de tipos, y propuso un nuevo axioma objetable (el de «reductibilidad») para

---

7.- Frege, 1893, pág. 16.

8.- El vicio lógico no es fácil de evitar. Si definimos la clase de todas las clases que contiene más de cinco elementos hemos definido una clase que se autocontiene como elemento. Finalmente, no es lógicamente legítimo definir un elemento en términos de su colección completa.

9.- «Pone a prueba nuestra fe apenas menos que las doctrinas de los primeros Padres de la Iglesia», observó Weyl (cfr. Kline, 1992, pág. 1582).

salvar el escollo opuesto al análisis por las definiciones circulares o impredicativas[10]. Por otra parte, se objetó que tanto los postulados como las consecuencias de la lógica formal son proposiciones arbitrarias, desnudas de realidad, que en vez de contenido solo tienen forma; reducir la matemática a la lógica equivalía a suponer que tampoco aquélla tiene contenido propio.

2

Contra esta idea se alzó el intuicionismo, que cobra carta de naturaleza académica con un texto de Brouwer de significativo título: *Sobre la infiabilidad de los principios lógicos*. Para el intuicionista la matemática es una actividad mental espontánea, que tiene como contenido construcciones regidas por principios evidentes. De ahí que sea forzoso descartar cosas tan nucleares como el principio del tercero excluido (algo es P o no-P, P es verdadero o falso), y el propio concepto de infinito, que solo puede existir en potencia. Eso suponía negar los conjuntos infinitos en acto —cuyos elementos están presentes *a la vez*— que irrumpen desde Cantor, y muchos teoremas del análisis clásico. Además de verdaderas o falsas, las proposiciones podrían ser también «indecidibles», y en todo caso parecía un camino estéril tratar de perfeccionar la forma lógica, porque el progreso solo llegará modificando los fundamentos teóricos. Lo esencial es poder *construir* cada objeto, en vez de probar su existencia mediante postulados y reducciones al absurdo[11].

Sin embargo, ni Brouwer ni Weyl ni otros intuicionistas lograron producir la nueva matemática salvo en algún campo muy acotado, y al precio de construcciones tan prolijas y oscuras como

---

10.- Cfr. Lakatos, 1987, caps. I y II.

11.- «En línea con la física —alegó Weyl— una matemática verdaderamente realista debería concebirse como una rama de la interpretación teórica del único mundo real, y debería adoptar la misma actitud sobria y cautelosa que muestra la física hacia las extensiones hipotéticas de sus fundamentos» (Weyl, 1949, pág. 235).

las previas. Eso sugirió el retorno a una axiomática combinada con logicismo, que se denominará escuela formalista. David Hilbert, su mentor, quiso hacer una metamatemática presidida por la «consistencia» o no-contradicción, y para demostrar la viabilidad del proyecto apuntó al primer cimiento: la aritmética de los números naturales; si eso resultaba factible, pasaría a demostrar la consistencia de la geometría. Pero en ese momento apareció Gödel —su más aventajado discípulo—, probando que el sistema formalizador está afectado de incompletitud, y debe incluir en lo indecidible proposiciones intuitivamente verdaderas; en otras palabras: que la metamatemática hilbertiana es incapaz de demostrar siquiera la consistencia de la aritmética elemental. Como observó Weyl, el resultado sugiere que tanto Dios como el Diablo existen; uno porque la matemática es consistente, y el otro porque su consistencia resulta indemostrable.

Los esfuerzos por legitimar el conocimiento matemático como saber infalible habían lanzado a una regresión aparentemente infinita. Y, como observa Lakatos, detener la regresión solo se logró al precio de una trivialización lógica, representada por los propios axiomas y un vocabulario finalmente reducido a «relación» y «clase». En efecto, únicamente lo trivial aspira al estatuto de cosa infalible, mientras cualquier trabajo matemático concreto supone una incursión en terrenos de mayor o menor profundidad especulativa, a la vez que empíricos o semi-empíricos. Lo banalmente verdadero exigió construir formidables embrollos conceptuales (como la teoría ramificada de tipos), modelos de oscuridad en sí mismos, probando «cuán sofisticada puede ser la trivialidad»[12]. Esto se observa bien en la trayectoria de Russell, que a principios de siglo escribía: «la matemática se mantiene firme e inexpugnable contra todos los dardos de la duda cínica»[13], y en 1959 —desengañado de los axiomas lógicos— recuer-

---

12.- Lakatos, 1987, pág. 39.
13.- Russell, 1901, pág. 71.

da: «la espléndida certeza que siempre había esperado encontrar en la matemática se había perdido en un laberinto desconcertante»[14].

Semejante regresión tiene alguna analogía con el esfuerzo —algo posterior, y ya reseñado— por hallar los ladrillos o soportes últimos de la materia, cuyo efecto ha sido hasta ahora un laberinto no menos bizantino. Cuanta más capacidad tienen los métodos matemáticos menor es su auto-evidencia, como sucede en física teórica[15], pues lo indudable y lo significativo no son complementarios. Manejar pensamientos desprovistos de toda ambigüedad —la ambiciosa pretensión básica— no solo firma un compromiso con lo banal, sino con atajos y vericuetos todavía menos justificables. Así, el afán axiomatizador acabó descubriendo que debía recurrir a esquemas falibles (y no menos prácticos o casi-empíricos), con lo cual su cura para la «perplejidad y la confusión» volvió a sembrar esos ánimos, aunque ahora para moderar la tendencia hacia sus contrarios. El detonante había sido descubrir geometrías no euclidianas, quebrando una confianza milenaria en la unidad y realidad de los objetos matemáticos. Fluctuante entre lo práctico y lo teórico, esa trayectoria la resume Kline, al concluir su monumental historia del pensamiento matemático:

> «Los comienzos tuvieron una base intuitiva y empírica. El rigor se convirtió en una necesidad con los griegos, y —aunque se lograra poco hasta el siglo XIX— por un momento pareció alcanzado. Pero todos los esfuerzos por perseguir el rigor hasta el final han conducido a un callejón sin salida, donde ya no hay acuerdo sobre qué significa realmente. La matemática sigue viva y con buena salud, pero solo mientras se apoye en una base pragmática[16]».

14.- Russell, 1959, pág. 212.
15.- Cfr. Bernays, 1965.
16.- Kline, 1992, vol. III, pág. 1599.

3

¿Acaso cada concepción del mundo es una especie de burbuja que crece y colapsa, manteniéndose impermeable a las demás? Aplicado a fondo, ese criterio piensa que no hay algo como *el* hombre, ni nada acorde con un espíritu humano general, aunque sí cree que hay musulmanes y paganos, arios y no arios. Haciendo valer lo relativo, postula en realidad un determinismo apoyado sobre etnias o civilizaciones, que sigue excluyendo lo no mecánico del caso: el azar constante, y la permeabilidad de todo cuanto sucede.

Minar el prejuicio de la matemática como «pura verdad» —haya o no una incomunicación entre civilizaciones—, se basa en la conveniencia de no cerrar prematuramente nuestras cuentas con lo real. Frente a aquello puro, simple y traslúcido está lo efectivo, complejo y coloreado; esto último tiene mil motivos para considerarse substancia primera del planeta, origen principal de sus eventos, y no como un velo engañoso de cambios y semipermanencias que la razón aparta al descubrir el álgebra, inaugurando así un cielo de proporciones eternas y exactas. Lo real tiene en propio un lote de pluralidad y desequilibrio: una evanescente película separa el discurso del sobrio y el del ebrio, el del sueño y el de la vigilia, el que sienta generalidades y el que expone detalles. Abstracción viene de un término (el griego *apháiresis*) que significa «restar, sustraer», porque su acto es lo inverso de esa suma que producen la sensibilidad y su hermana mayor, la intuición.

En las *Estratagemas de los reinos combatientes,* un texto chino del siglo I, aparece cierto instructivo diálogo:

— ¿Cuánto produce la agricultura?
— El décuplo de la inversión inicial.
— ¿Y la venta de jade?
— El céntuplo.

— ¿Y poner a un príncipe en el trono?
— ¡Eso supera todo cálculo![17]

La matemática corona el imperio científico, y de ello se siguen incalculables rendimientos. El más tangible es el imperio mismo, con su combinación de ramas corporativas y credo. Del credo forma parte, por ejemplo, la proposición que define la recta como distancia más corta entre dos puntos, exhibida como modelo evidente de verdadero hallazgo (juicio sintético a priori). Pero —tratándose de líneas— corto y simple son sinónimos, con lo cual viene a decirse que recta es una distancia no curva o quebrada entre dos puntos[18]. Ahora bien, esa es la distancia simple o, para ser sinceros, *recta*. Con idéntico fundamento, definir lo níveo como modalidad del blanco es un juicio sintético a priori.

Cuando Kant propone esa definición de la recta como modelo de aserto no tautológico, prácticamente todos los matemáticos occidentales piensan que el espacio euclidiano es *el* espacio, y la propia *Crítica de la razón* pura cree que la geometría de Euclides refleja la estructura básica del entendimiento humano. Será preciso esperar más de un siglo, desde entonces, para que no solo la geometría sino la aritmética se revisen a la luz de nuestra concreta experiencia. En efecto ¿qué sentido tiene aplicar los conceptos de cantidad e igualdad al mundo real? ¿Acaso añadir una gota de aceite a otra produce dos gotas? ¿Acaso añadir dos gotas de agua a otras dos produce cuatro gotas? ¿Dónde hemos percibido algo realmente numerable, e idéntico a cualquier otra cosa? ¿Cuándo puede abordarse la adición material como suma aritmética? En el opúsculo *Contar y medir* quien se hace estas preguntas es Helmholz, el Einstein del siglo XIX, y su respuesta resulta incómoda para el logicismo: no alguna idea o axioma,

---

17.- Cfr. Levi, 1991, pág. 28.
18.- Hegel analiza la proposición en su Ciencia de la lógica (lib. 1, cap. 2, n. 1: «Operaciones de la aritmética: las proposiciones sintéticas de Kant previas a la intuición»).

sino solo la «sensibilidad» garantiza que los objetos de una colección física son idénticos (hasta cierto punto), y descriptibles mediante un número. Solo una verificación empírica puede asegurar que dos cosas iguales a una tercera son o no iguales entre sí; dos sonidos, por ejemplo, pueden parecerle idénticos al oído de un tercero, aunque sean distintos (para el oído de otro, o para un oscilógrafo). En cualquier caso, contar y medir solo lo sugiere *una parte* de la experiencia, y concretamente aquella donde más que observar algo interesa preverlo. La consecuencia inevitable de prever es hacer abstracción, y el mundo restado, abstracto, incluye siempre lo definido en la definición, porque ni quiere ni puede abandonar el círculo .

4

A partir de cierto tamaño[19], como descubrió el botánico Robert Brown ya en 1827, toda partícula (orgánica e inorgánica) suspendida en algún fluido ignora del modo más irritante no ya una trayectoria finita sino la vertical, y por eso mismo cualquier cosa semejante a una caída; en vez de recorrer los pocos centímetros que la separan del fondo de un recipiente describe siluetas quebradas de kilómetros, que en millonésimas de milímetro —midiendo *parte* de sus oquedades y salientes— suponen distancias siderales. Quintaesencia de caos, las sendas aleatorias del movimiento browniano plantean bellas paradojas a sus investigadores, como que la velocidad (o cuando menos la aceleración) de cada partícula deba ser infinita, según propone el modelo de Wiener[20].

19.- En torno a un radio de 0,5 micras. Cfr. Perrin, 1970.
20.- Cfr. Wiener y Paley, 1934, cap. 10. Usando un ejemplo chusco e insuficiente, supongamos que

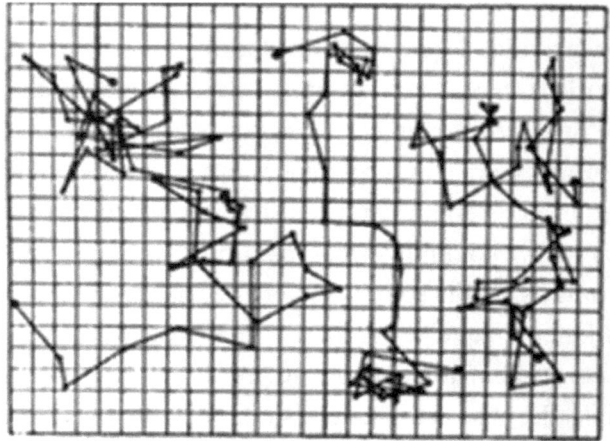

FIGURA 9: Vuelo browniano de persistencia media *(A)*.

La conducta de estas partículas no es un proceso matemático sino físico, mostrado aquí en forma plana. En *(A)* el microscopio detecta las posiciones sucesivas, que van siendo unidas por segmentos. En *(B)* sucede lo mismo, aunque la «deriva» es superior, y en vez de puntos discretos aparece la senda. Si la senda se mirase usando instantes doble o cuádruplemente próximos, cada salto sería reemplazado por dos o por cuatro.

Semejante cuadro nunca estuvo ante los ojos del teólogo y el metafísico tradicional. Nos llega gracias a otra orientación del conocimiento, hecha en buena medida de ingeniería, que aspira a superar lo teológico y lo metafísico con una visión menos parcial, donde en vez de ritos y conceptos intuitivos se usan métodos y experimentos fiables. Es por eso tanto más necesario que ni los métodos ni los experimentos acaben siendo ceremonias orientadas a insistir en la forma y validez de tal o cual disciplina.

---

hay gazpacho en la nevera, sin ser tocado durante un día, y en el recipiente cristalino vemos que el agua y parte del aceite forman una lechosa banda superficial, mientras unos 2/3 de materia más densa descansan en la base del bol. Metemos entonces un cucharón y remezclamos. Con arreglo a dinámica lineal, para que se sumen los impulsos de cada molécula y el gazpacho deje de ser una mezcla heterogénea necesitaremos x tiempo. Pero bastan dos o tres giros del cucharón para que la mezcla se haga homogénea, lo cual supone x partido por algo.

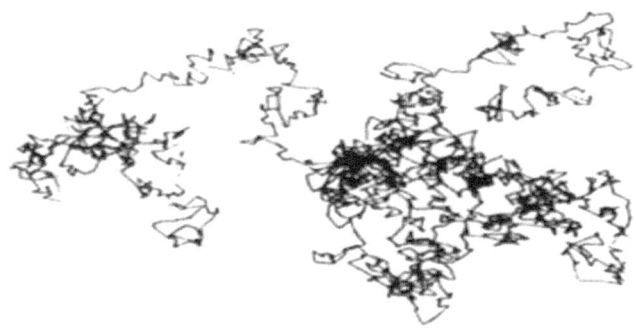

Figura 10: Vuelo browniano de persistencia muy baja *(B)*.

Y más que nunca hoy, donde las proporciones se invierten: cuanto más nulo es el efectivo saber incorporado a alguna, más espacio dedica a declarar su arraigo en el procedimiento experimental, su rango científico. A nivel académico, abundan los casos donde la parte destinada a mostrar que aquella precisa rama es pura ciencia abarca el programa entero de la disciplina, dejando al arbitrio de algún alma caritativa posterior —o a la diligencia del pupilo— prestar algún contenido a esa cáscara vacía. Si le quitamos al método lo que tiene de nuda fe en *La* ciencia, el residuo ofrece siempre un rito que va adaptándose a sucesivas modas.

Quizá el más anacrónico de esos ritos —por subsistir intacto desde el siglo xix— sea que la enseñanza científica emplee la mayor parte del tiempo pidiendo soluciones a problemas-trampa, en vez de exponer fundamentos y vías de investigación, únicos problemas auténticos a los cuales habrá de enfrentarse quien pretenda cultivar esos saberes. En la práctica, dicha orientación suscita sin pausa cierta combinación de sadismo y masoquismo, donde el profesor atormenta a sus alumnos con exámenes centrados en exigir soluciones aparentemente imposibles o muy difíciles (reproduciendo sus propios infortunios durante el pupilaje), y suele transformarse en estatua de sal cuando un pupilo despierto formula alguna pregunta pertinente.

7

El valor de la ciencia

Los científicos nos equivocaríamos suponiendo que modelizar es la única aproximación, cuando permanece abierto el camino de comprender desde dentro (interpretar). Esa conciencia interna fundamenta la comprensión de mis congéneres, a quienes reconozco como de mi propia especie, y con los cuales me comunico a veces de modo tan íntimo como para compartir júbilos y tristezas.

H. Weyl

No sin fundamento, los historiadores del quehacer científico destacan las raíces religiosas en el paso de la cosmovisión aristotélica a la newtoniana[1]. El mundo-reloj que se abre paso con Galileo es una construcción que remite al omnipotente relojero, y su confianza en una inteligibilidad radical del universo deriva de una previa confianza en el legislador divino. Como observaba Whitehead, la convicción de que todo evento puede conocerse al modo clásico acompaña a un demiurgo muy preciso, construido desde la energía personal de Jehová y la racionalidad de un filósofo griego[2].

A mi juicio, en este proceso queda todavía por destacar el condicionante *político*. La herencia de la ciencia clásica no es solo un dios único que fija en ecuaciones el devenir de la naturaleza, sino un mundo corpóreo des-animado, expuesto como mera masa en trance de agregación y disgregación mecánica, donde lo rector son entes desencarnados y por eso mismo trascendentes, las llamadas

---

[1].- Una buena introducción es Burtt, 1952.
[2].- Cfr. Whitehead, 1967.

«fuerzas». No me parece, pues, arbitrario traducir la *vis* galileana y newtoniana por su paralelo gubernativo, y hablar allí de *merum imperium* o poder omnímodo del Príncipe, pues lo que en definitiva se obtiene es un cosmos-súbdito regido por las reglas inapelables de cierto soberano, aislado de sus vasallos como un emperador en su inexpugnable castillo. Como en el esquema de Hobbes, el conjunto de los seres sucumbiría en un cataclismo inmediato si cada uno se condujese de modo espontáneo, en vez de conformarse con el rol de sombra administrada por un Leviatán providente, única entidad en sentido propio. El orden viene de fuera a dentro, jamás a la inversa.

Del mismo modo que para el soberano los individuos son o leal pueblo o turba sediciosa, la construcción clásica redujo la dinámica a mecánica, imponiendo un universo idealizado donde en vez de singularidades, bifurcaciones y turbulencias hay sólidos regulares e indeformables, describiendo trayectorias lineales prefiguradas por las secciones cónicas. De ahí que lo objetivo sea la Ley, sostenida por el juego de las nunca mejor llamadas «fuerzas», aunque eso suponga conformarse con una objetividad ilusoria, válida tan solo para el álgebra y la fe; lo que exhibe como prueba de adecuación al mundo real es la exactitud en el cálculo de un movimiento reducido a traslación espacial, sin pararse a examinar hasta qué punto la presunta exactitud está viciada por esa previa simplificación del horizonte, y por la tendenciosidad de aquellos instrumentos con los que pretende ser investigado.

Del mismo modo que el soberano hace abstracción de lo que opinen sus súbditos, el constructo newtoniano hace abstracción de la cualidad para atenerse solo a la cantidad, porque su incumbencia no es el cuerpo como fuente de sentido, sino como masa inercial, sometida desde siempre y para siempre a alguna potencia incorpórea. Del mismo modo que el soberano considera eterna su égida, esa mecánica trata el tiempo como magnitud reversible, reduciendo todo cambio a una mera apariencia de tal: no hay otra irreversibilidad que su dominio. Del mismo modo que el soberano exige acatamiento incondicional, desterrando toda espontaneidad como contumacia o petulancia; esa mecánica empieza y termina en un mundo formado por autómatas ajenos a la innovación. En vez de cuerpos hay masas, en vez de singularidades hay número, en vez de interacción hay leyes.

1

Es estimulante que la evolución del pensamiento científico no se haya detenido en una crítica superficial de tales postulados. Modelo de logro teórico, el ordenador ha reconvertido las matemáticas en algo empírico, comparable al cepillo del carpintero y al buril del grabador. Cualquier computadora realiza en segundos operaciones de cálculo que ocuparon cientos o miles de horas a interminables estudiantes, condenados a seguir la nerviosa tiza esgrimida por un docente que llenaba pizarras sin fin, convencido de exponer así la quintaesencia del intelecto.

Reconocidas como no integrables, la inmensa mayoría de las ecuaciones ya no se plantean como un asunto a «resolver». Se tratan en forma iterativa o auto-organizadora, dejando que el proceso haga su camino *(iter* significa precisamente eso, camino), en vez de clausurarlo mediante alguna «solución». Mandelbrot descubrió que bastaba iterar ciertos números complejos para poder percibir objetos reales, y el espíritu de la investigación se desplaza ahora desde la meta clásica, que es reducir movimientos a leyes numéricas, para centrarse en el nexo de formas y números, siguiendo intuiciones abiertas por la geometría fractal o la constante de Feigenbaum, que captura el ritmo de las bifurcaciones descritas por sistemas caóticos y semicaóticos. Sencillamente, ya no se trata de que el mundo sea adaptado o reducido a *una* matemática, sino de que la matemática pueda abordar procesos *físicos*.

Está en entredicho el propio concepto de trayectoria simple (expresada cuánticamente como «función de onda»), pues en vez de ello es preciso considerar colecciones de trayectorias, que ya no satisfacen la ecuación original de Schrödinger sobre funciones individuales de onda[3]. Ayudados por el formidable salto en capacidad de computación, los matemáticos del futuro tienen ante sí el desafío de convertir su análisis en algo más parecido a una síntesis, donde en vez de dividir y dividir un sistema hasta obtener fragmentos abordables por su simplicidad pueda narrarse ese sistema como el todo irrepetible que es: un todo no analítico sino siempre superior a la suma de sus partes. Una computadora de dimensión doble procesa más información que dos computadoras de dimensión simple, y esto puede postularse de cualquier complejidad. Para la matemática el reto es ceñirse a sus aplicaciones prácticas, o poder aventurar conceptos teóricos. Lo evidente es que no puede basarse en sí misma, y que —como observa Thom «en ningún caso tiene derecho a dictar algo a la realidad»[4].

El paso de una ciencia basada sobre lo inerte-abstracto a una ciencia de lo disipativo requiere distinguir entre variables «aritmomórficas» y variables «dialécticas», en los términos de Georgescu-Roegen, pues la representación matemática de procesos lineales equivale a cuantificar, mientras la representación matemática de procesos no lineales equivale a calificar:

> «La lógica matemática tradicional solo funciona con una clase restringida de proposiciones, como «la hipotenusa es mayor que un cateto», y cae en absoluta impotencia ante proposiciones como «las necesidades determinadas culturalmente son más elevadas que las biológicas» [...] Pero las entidades que cambian cualitativamente son por necesidad dialécticas [...] La

---

3.- Este es, en buena medida, el argumento desarrollado por Prigogine en su último libro, *El fin de las certidumbres*.
4.- Thom, 1985, pág. 110.

probabilidad asociada con los fenómenos naturales es dialéctica porque su espina dorsal, el azar, es una noción dialéctica, ya que azar supone irregularidad, pero —a diferencia de la casualidad intermitente— esa irregularidad es regular[5]».

2

Caos y orden *no* son dimensiones antitéticas. Los procesos impredecibles crean un orden comparable (por no decir muy superior) a los espectros de franja estrecha que exhibe cualquier sistema simplificado. Además, gran parte de los fenómenos mundanos ni son puramente deterministas ni puramente aleatorios. La naturaleza presenta «estructura» por doquier, con una vitalidad que funda espacios intermedios constantes. Progresando en matemáticas de sistemas dinámicos, tales tierras de nadie pueden ofrecer su sentido sin sesgo. Eso implica acercarnos a cosas dotadas de complejidad intrínseca —y, por tanto, autónomas—, pero no con el ánimo del controlador frustrado, sino con el asombro y la curiosidad del conocimiento. Los sistemas físicos muestran su riqueza al combinar fluctuaciones y estabilidad, cosa que descarta desde dentro la escisión entre activo y pasivo, real e ideal[6].

Lo propio de estructuras disipativas —trátese de un gas, un cadáver, un planeta o un genoma— es que la energía disipada (entropía) se convierta en información (complejidad), operando como catalizador lo irreversible del tiempo. Las glaciaciones periódicas del cuaternario, por ejemplo, son algo que ni obedece a una distribución media de cambios (siguiendo la ley de los grandes números) ni se

---

5.- Georgescu-Roegen, en Szenberger, 1994, págs. 159-162.
6.- Los virus, por ejemplo, son en principio sistemas cerrados que mantienen la estabilidad de un cristal, sin necesidad de intercambio alguno con el medio; pero solo pueden reproducirse hospedándose en una célula, que representa su contrario: un sistema abierto e inestable.

explica por modificaciones en la actividad solar o la órbita terrestre. Sin embargo, usando ciertos atractores fractales es posible simular un proceso coincidente con ellas, y como el clima representa una complejidad intrínseca esa simulación ofrece al menos la gráfica de un comportamiento aleatorio, sin abonar la fe en que sea un objeto pasivo o predecible en sí. Es la diferencia entre algo que se presenta en trance de ser, frente a algo que se presenta *antes* de ser, obediente a una u otra predestinación.

Poco antes de 1950, gracias a los trabajos de Norbert Wiener y Claude Shannon, el concepto de entropía se vinculó al de información: el grado de orden de un sistema se mide por su cantidad de información, y el grado de desorden por su cantidad de entropía. Una vez planteada la información como entropía negativa o neg-entropía, las complejidades intrínsecas empezaron a concebirse también como intercambio de informaciones. Si un mensaje se ciñe a lo esencial, su contenido en información es máximo y su ruido mínimo. Pero el flujo de mensajes entre emisor y receptor depende de éstos tanto como de su entorno, con lo cual la redundancia o repetición —prototipo de ruido interno— es muchas veces el único recurso para superar otro ruido, esta vez de fondo. Como no hay mensaje sin error —no hay señal que llegue íntegra a su destino—, la alternativa de cualquier comunicación es comprimir (prescindiendo de redundancias) o extender (siguiendo el camino opuesto).

Ahora bien, la información relativa a objetos ideales es comprimible en extremo, mientras sucede justamente al revés con objetos reales; para que cualquier ordenador componga un número muy largo, digamos que formado por siete mil sietes, basta la instrucción *escríbase mil veces 7,* y para que dibuje una parábola basta la ecuación. Sin embargo, para traducir una palabra del habla común (por ejemplo, el vocablo inglés *serendipity*[7]) hacen falta muchas instrucciones,

---

[7].- *Serendip* es el nombre de una isla mencionada por Horace Walpole en un relato de 1754, cuyos habitantes suelen descubrir cosas no buscadas gracias a «buena suerte y sagacidad». A juicio de algunos,

mucho menos breves, e incluso entonces la traducción resultará mediocre. Si en vez de una palabra tomamos series azarosas de estados o posiciones (siguiendo la conducta de cualquier singularidad) el problema se torna diabólico: no hay manera de generar esas series con instrucciones menos largas que ellas mismas; su información es incompresible, sin duda porque no dibuja redundancias o repeticiones.

3

Comprender viene de *comprehendere* («abrazar»), y varios siglos de ciencia físico-matemática han ligado lo comprensible y lo compresible, fundando el criterio de que cuanto no admita compresión no admitirá entendimiento[8]. Pero ciencia no es solo el control que proporciona calcular sistemas idealizados. De hecho, una serie no compresible contiene mucha más información que cualquier sistema redundante de señales. Aplicarse a investigar dinámicas caóticas se hace, precisamente, por afán de verdadero conocimiento, en nombre de la alegría que produce obtenerlo. Y aunque el conocimiento no sucumbe por coexistir con un espíritu crítico, ese espíritu se pudre de raíz cuando un híbrido de corporativismo y simplificación reina sobre la realidad, pretendiéndola tan única como abstracta.

La pregunta cada vez más estentórea de estos últimos años —¿*es la ciencia un mito?*— no admite ya la respuesta convencional, que distingue eras míticas y posmíticas. Los mitos son formas singularmente densas —musicales y pictóricas a la vez— de ligar algo hasta entonces desligado, usadas por el espíritu de cada cultura para expresar certezas y actitudes. Lejos de ser el antimito, la ciencia es un

---

ese nombre proviene de Sinhaladvipa, antigua denominación de Ceilán (cfr. Wiener, 1995, pág. 47). Una forma correcta de traducir el término es el neologismo *serendipia*: facultad de hacer hallazgos tan felices como imprevistos.

8.- Cfr. Wagensberg, 1985, págs. 56-62.

mito grandioso, hermoso, digno de venerarse como norte supremo, donde se concentra una meta potencialmente común no ya a tales o cuales culturas, sino a nuestra *especie,* porque custodia un fuego que es luz interior a la vez que atención a la luz exterior, y llama a ser imparcial en el juicio. Una actitud semejante enriquece a cualquier grupo humano. Con todo, allí lo admirable es la magnanimidad de reconocerse frágil, individual, sin codiciar una exclusiva de lo verdadero que transformaría su objeto en cadáver.

Este es quizá el sentido último de la actual reforma, donde comprensión no es ya sinónimo de compresión, y recobra su valor lo aperiódico. El fósil que todavía se enseña como actividad científica paga sus rentas con pretensiones de precisión y anticipación, cada año más erosionadas por la experiencia. Tan erosionadas están, en realidad, que teoría ha dejado de significar algo parecido a intuición, y certeza ha pasado a significar probabilidad. Ciertamente, no es posible calcular —ni con escuadra ni con métodos infinitesimales— aquello que va inventándose a golpes de energía y suerte, en procesos de auto-organización.

Al mismo tiempo, la corporación académica —sobre todo en sus ramas menos matematizables— se aferra al viejo paradigma como un hambriento a su pan. Algunas ramas de la economía, la psicología y la sociología —que nacen marcadas por la prodigiosa complejidad de sus respectivos objetos— pretenden hacerlos calculables o unívocos con burdos aparatos numéricos, encarnados por tests, sondeos y otras variantes encubiertas de influencia[9]. Y aunque toda aspiración predictiva implica recortes en lo real, esa reducción alcanza su colmo tratándose de cosas como la hacienda, el ánimo o la sociedad, que piden ser *descritas* tan fielmente cuanto sea posible, en vez de suponerse sujetas a leyes calcadas sobre las de la antigua física, para

---

9.- «La utilidad de amplios muestreos estadísticos en condiciones de amplia variabilidad es engañosa y espuria. De ahí que las ciencias humanas sean un mal campo de verificación para la técnica matemática; tan malo como la mecánica estadística de un gas para una entidad cuyo tamaño fuese del orden de una molécula, donde las fluctuaciones que despreciamos desde un punto de vista más amplio serían asunto del máximo interés» (Wiener, 1995, pág. 50).

ser así materia de profecías (vocadas, como todas las demás, al autocumplimiento).

Salir al paso de la matemática como inmaculada verdad resulta inútil para verdaderos matemáticos y físicos, que son quienes han demolido el concepto clásico del orden. Pero es urgente para la vasta legión de educadores y becarios acogidos a la profesión científica, cuyo catecismo positivista se funda en ella. Remozado hace más de medio siglo por el Círculo de Viena, ese devocionario gremial asegura que la ciencia está más allá del mito porque prevé con exactitud —cosa inexacta—, y que sus premisas se basan siempre en una verificación (cosa no menos inexacta). Imbuido de semejante ideología —como de verdad revelada lo está quien es ordenado ministro por alguna iglesia—, el profesional de la ciencia cae en la miseria del meta-mítico, que cree en la materia como un materialista y a la vez trata de idealizarla constantemente, reduciéndola a masa inerte.

Detrás late siempre la ordenanza «someted la Tierra», hoy diversificada oferta de control sobre tal o cual campo, que borra la frontera entre amar el conocimiento y prever —o condicionar— un proceso. Dado que Tierra somos también nosotros mismos, hora es de que esas lindes se desempolven, y lo segundo se entienda como *técnica*. Por pasmosos y útiles que sean los frutos del ingenio técnico, fuente privilegiada también de intuiciones científicas, someter la Tierra nunca agotará el proyecto de conocerla; «reducir los fenómenos de la naturaleza a leyes matemáticas», como propuso Newton, nunca derogará el arte de describirla sin reducción, tal cual es (o somos).

En definitiva, allí donde el poder pretende jubilar al saber, erigiéndose en principio absoluto de la ciencia, irrumpe un mito enmascarado —y por eso mismo ruin— que es el de lo divino como voluntad o controlador cósmico, símbolo fundacional de la tiranía religiosa y política. No conviene, por eso, olvidar que la mayor parte de nuestra ciencia es *descriptiva* —saber de botánicos, zoólogos, lingüistas, geólogos, astrónomos, etc.—, y que las ramas caracterizadas por su «alto valor predictivo» tropiezan con dificultades colosales para ser mínimamente fieles al mundo de nuestra sensibilidad, al *sentido*. Están hoy como congeladas en su curso, a la espera de que intuiciones físicas propiamente dichas rompan el círculo vicioso de una realidad reducida, cuya validez depende de ser anticipable.

4

Hace bastante más de veinte siglos, Epicuro —un aristotélico con ideas propias— formuló una teoría atómica considerada absurda por los fundadores de la ciencia clásica, pues entendía que todo átomo tiende espontáneamente a desviarse del equilibrio siguiendo un principio de declinación *(clinamen)*. Odiado como quizá ningún otro pensador antiguo por la autoridad eclesiástica, apenas algunas líneas quedan de su extensa obra, que —entre otros— incluía libros sobre física y geometría. Pero la fortuna salvó del incendiario fervor el gran poema de Lucrecio, su principal discípulo latino, llamado *Sobre la naturaleza de las cosas,* y gracias al trabajo de Michel Serres la física epicúrea ha podido reconstruirse con un grado notable de aproximación. Constatamos entonces que arranca de un protocálculo diferencial —cuyas bases sienta ya Demócrito, aunque solo será desarrollado algo más tarde por Arquímedes—, y expone una teoría sobre la génesis de la turbulencia *(diné,* «torbellino»). Si nadie entendió ese hallazgo fue porque empezaban las edades oscuras, y el posterior renacimiento científico quiso formalizar una mecánica de sólidos, mientras el epicureísmo daba por supuesta una dinámica de fluidos.

Azar y necesidad, átomos y vacío, unidos por una agitación fluctuante como la turbulencia, que ciertas veces trenza hacia dentro y otras disemina en espiral. El origen es una corriente cualquiera, derramada en láminas paralelas, que la declinación riza siguiendo un principio de *turbo* o remolino, donde se inventan las estructuras. El movimiento es líquido, aéreo; la declinación hace que ese flujo laminar se desvíe siguiendo un ángulo mínimo o diferencial *(clinamen* reenvía a *clisis,* nombre del ángulo en Euclides), tan pequeño como el que describe la tangente a un punto de una curva. El resultado de ese cono mínimo son cascadas y cataratas, creativas y destructivas, eco amplificado de las volutas sucediéndose. Obra de «Venus prolífica», un caos-nube y un caos-caudal desequilibran perpetuamente la balanza, asegurando que las almas puedan conmoverse, y la naturaleza nacer.

Pero la declinación —colmo de la incoherencia científica, hasta hace muy poco— parte del diferencial o infinitésimo, mostrando así cómo un mismo concepto puede generar indeterminismo o determinismo, según se aplique a fluidos o a sólidos. El protocálculo de Demócrito y Arquímedes no contempla trayectorias esquemáticas, sino turbulentas, mientras su versión moderna —inaugurada por Newton y Leibniz— hará lo opuesto, presentando los fenómenos como líneas simples, regulares, periódicas.

La carga ideológica aparejada a lo simple, regular y periódico es aquello que —de modo muy esquemático— querrían haber expuesto estos capítulos sobre el orden «natural». Desde primaria fuimos educados para creer esa precisa versión, tan calcada de lo que pide el militar a sus reclutas cuando hora tras hora, día tras día, grita la instrucción de orden cerrado. Lo novedoso, ahora, es precisamente que sucumbe en nombre de la veracidad y el progreso científico, de su portal hacia dentro, sin depender de rebeliones románticas. Fue un ensanchamiento de la razón, y no una reivindicación de lo irracional, aquello que inauguró el estudio de sistemas abiertos; y, tras pensar lo decretado impensable, sus pioneros regresan llenos de hallazgos, con una comprensión más generosa del mundo. El pavoroso caos, amenaza que cohesionó a tantas generaciones, es sencillamente el orden natural de las cosas, su lado *económico* o gestionado desde sí.

Precedidos por esos pioneros, nos queda asumir el cambio de paradigma a nivel político y ético. Mientras físicos y matemáticos redescubren que el mundo material no es masa inerte, sino *poiesis*, autocreación, las instituciones siguen calcadas sobre reglas inerciales, construidas desde la hegemonía del incorpóreo amo sobre el corpóreo siervo. En el modelo aún vigente prima un orden impuesto desde fuera en perjuicio del que brota y podría brotar desde dentro, y esto cuando la entidad del cambio llama a revisar las pautas de acuerdo social, los criterios de mejora y empeoramiento, las definiciones de libertad.

La ruina del esquema clásico viene de una inteligencia que tropieza con lo elemental y sale huyendo[10]. Recluido en el interior de una estufa —según parece para «no distraerse con las apariencias»—, Descartes dedujo que todo era dudoso menos el «yo pienso», y de ahí al idealismo posterior, con la propuesta de «concebir la substancia como sujeto», apenas media un paso. Sin embargo, la dinámica del caos implica concebir otra vez el sujeto como naturaleza, devolviendo al ser —como diversidad y unidad autofundada, como complejidad eminentemente real, como gratitud y dispensación— todo aquello que el puritanismo, la trivialidad o el dolor atribuyeron a la nada, o reservaron a la ley de seres trascendentes.

10.- Lo «elemental» es descrito por cada tiempo. Nuestra época tuvo quizá su escriba privilegiado en el más que centenario Ernst Jünger. «Al hacer su inventario de la situación la persona singular soberana habrá de distinguir las cosas que no merecen ningún sacrificio de aquellas otras por las que hay que luchar. Estas últimas son las cosas inalienables, la auténtica propiedad» (Jünger, 1988, pág. 162).

Parte 2

8

El parto del «pueblo»

Allí donde lo que se pretende es atacar la propiedad en cuanto Idea, la consecuencia necesaria será la esclavitud.

E. JÜNGER

Cuanto más enorme sea la muchedumbre, más perfecto resulta ser su gobierno. Es la ley suprema de la Sinrazón. Allí donde recogemos una amplia muestra de elementos caóticos [...] ha estado latente una forma de regularidad insospechada y extremadamente hermosa.

F. GALTON

Si tras revisar los presupuestos de la ciencia tratamos de ver el presente a la luz de nociones como estructuras disipativas, atractores extraños y no extraños, etc., se hace evidente que no es posible establecer una correspondencia puntual entre hechos históricos hipercomplejos y conceptos que explican fenómenos como las celdillas de Bénard o los relojes químicos de Belousov-Zhabotinski. Pero el paradigma de los órdenes caóticos mira de otra manera el despliegue de elementos y procesos que conduce hasta el hoy, unas veces —las más— en términos simplemente metafóricos, y otras permitiendo captar de modo semi-directo o directo las pautas primarias de transición. Si no anda descaminada, la evolución epistemológica engrana con la histórica o general, ofreciendo unas veces figura y otras fondo para las transformaciones.

En Europa, el fin del Medievo supuso pasar de un equilibrio básicamente estacionario y cerrado («feudal») a un sistema básicamente abierto[1], animado por contactos que se ligan a descubrimientos geográficos y técnicos, y a políticas de conquista, colonización y comercio ultramarino, en cuya virtud ciertas zonas alcanzan enseguida valores críticos, y rompen ese equilibrio. Las fluctuaciones dan paso a bifurcaciones, aparecen nexos a larga distancia que convierten microestados en macroestados, y la disipatividad de cada sistema se canaliza por distintos cauces. Como constataremos bastante más tarde, a finales del siglo XX, unos conducen a formas extremas de desestructuración, mientras en otros el flujo de materia-energía suscita estructuras cada vez más complejas. Durante la primera fase, que comienza a finales del XVIII y se mantiene durante todo el XIX, el atractor primario es un Estado-Nación bifurcado en varias ramas —que ejemplifican bien Inglaterra, Norteamérica y Francia— cuya conducta resulta muy asimétrica, en función de su respectiva estabilidad o inestabilidad.

Sin embargo, el Estado-Nación es una especie de atractor doble, cuyo núcleo alberga otro sistema —potencialmente mucho más complejo y dinámico, que pronto ofrece signos de querer universalizarse y sentar los principios de su propia autonomía, inaugurando así una era de revoluciones. Hasta entonces nuestra historia había sido crónica de individuos —ilustres o execrables—, de dioses, ciudades y reinos, no de ese yo plural que los griegos llamaban *demos*, «pueblo». Derrotados los ingleses en sus colonias americanas, rendida en segundos una fortaleza tan inexpugnable como la Bastilla, la ruina del rey-dios hizo que ese yo plural fuese origen y fin de todo en política, legitimidad absoluta. Solo faltaba que el nuevo soberano se resolviese a obrar, pues durante milenios había sido —como observaba Hegel— «la parte del Estado que no sabe lo que quiere».

---

[1].- El proceso comienza en el siglo XII, cuando la alianza entre reyes y burgos empieza a sobreponerse al poder nobiliario y eclesiástico, movimiento que culmina genéricamente en el Tratado de Westfalia (1648), donde la religión se subordina al Estado según el principio *cuius regio eius religio*.

Siguió un periodo abierto a que encontrase su voluntad, y cambiara el mundo, lo cual resultó sencillo mientras el enemigo fueron casas reales, nobles de sangre y clero. Tan sencillo, de hecho, que prácticamente todas las constituciones darían por supuesta esa identidad colectiva donde se funda el querer mayoritario, la voluntad «popular». Entre los compromisos que firman unos terratenientes virginianos, en 1779, y aquellos que dos siglos después Pol Pot impone como república camboyana los adjetivos y sustantivos varían poco: el «pueblo» se gobernará soberanamente, desterrando como traidores a quienes defiendan el liberticidio del Viejo Régimen. Con todo, las escasas variaciones en la letra salvan grandes diferencias en el espíritu. Esto se lee entre líneas en unas palabras de Mao, al presentar la Constitución de 1949:

> «El poder político del pueblo exige fortalecer el aparato del Estado del pueblo, que se refiere primariamente al ejército del pueblo, la policía del pueblo y los tribunales del pueblo, para defensa de la nación y para proteger los intereses del pueblo».

1

La forma más simple de entender semejante resultado es presentarlo como una traición a los principios revolucionarios, perpetrada por sucesivos carniceros y demagogos. Visto así, que la meta original —consagrar unos derechos humanos, irrenunciables y perpetuos— acabara transformándose en pretexto para lo contrario vendría de que aparecieron algunos malhechores, como cuando un barco se desvía de su rumbo porque lo abordan piratas. Pero aquí los piratas son indiscernibles del pasaje, y nunca hubo rumbo distinto de una identidad global que iba inventándose: la del «pueblo» implicado en cada caso. A ambos lados del océano se preparaba la industralización, con el abandono del campo y las antiguas formas de supervivencia en el gran éxodo hacia fábricas y ciudades.

Quienes sacaron adelante la revolución en Estados Unidos eran ante todo gentes prósperas y cultas. Eso suponía un margen de estabilidad rara vez alcanzado dentro del no-equilibrio, y sugiere que —al menos hasta su guerra de secesión— el «pueblo» americano no se condujo como un atractor extraño, sino como un atractor más próximo al ámbito lineal, pues los factores caóticos singulares que se ligan a un régimen de libertad expresiva no se habían visto catalizados por la irrupción de un proyecto como la *voluntad general*. Nada horrorizaba más a los Padres Fundadores de Estados Unidos que el lema roussoniano de *une volonté Une,* y vemos así a un redactor de la Constitución, Madison, declarar:

> «Es de suma importancia en una república no solo mantener a la sociedad a salvo de la opresión de sus gobernantes, sino mantener a cada sector de la sociedad a salvo de las injusticias del resto [...]. No hay república mientras no se salvaguarden los derechos de la minoría [...] frente a las cábalas de intereses de la mayoría[2]».

En Francia, abrumada por miserias materiales y espirituales, sus adeptos abarcaban un espectro social mucho más amplio, y el país siguió sintiendo escalofríos ante su *canaille,* que había contribuido a la revolución tan generosamente o más que cualquier otro estamento, pero asustaba por su falta de raíces y sus secretas esperanzas de redistribuir bienes; básicamente en eso había consistido el Gran Miedo que se apoderó de casi todos, medio año antes de ser derrocado Luis XVI, durante el gélido invierno de 1788-1789. Una década más tarde —imitando a la baja plebe romana de las épocas próspe-

---

2.- The Federalist, núm. 51.

ras, que a cambio de enrolarse obtenía una parte del botín militar—, buena parte de esa *canaille* fue llamada por Napoleón a servir armas imperiales, y acumuló medallas en muchas guerras. No por ello dejó de ser un estamento anómico, llamado en última instancia a la disciplina del banco de taller, donde —como en otros países de precoz andadura industrial— acabaría vertebrándose como una clase insatisfecha con las clases, una anti-clase.

Aun así, el sector más activo resulta ser no tanto la anti-clase (obrera) como la extra-clase (lumpen o populacho), que —atendiendo a elites intelectuales tan minoritarias como dispares[3]— cataliza movimientos de largo alcance, y acabará siendo el principal aliado de las revoluciones totalitarias. Su inquietud estalla en conflictos de amplitud creciente, que siembran París de barricadas a partir de 1830[4], y acaban provocando la Comuna de 1871[5], cuya Semana Sangrienta superará en número de víctimas al Terror de los jacobinos. Los pensadores que inspiran esas rebeliones suelen preconizar vías pacíficas, pero los jefes prácticos se calcan a imagen de Blanqui, insurrecto por excelencia, que preconiza conquistar cada Estado con las armas y un puñado de audaces.

El gobierno francés, que experimenta turbulencias y saltos irregulares desde la convocatoria de los Estados Generales hasta el estallido de la primera gran guerra, es un sistema mucho más inestable que el norteamericano o el inglés, si bien en toda Europa —y especialmente en las zonas industrializadas— hay condiciones explosivas comunes. Una parte del atractor político (el Estado-Nación) segrega como cemento el *patriotismo,* y acabará llevando a la gran carnicería de 1914-1918; la otra parte —correspondiente al «pueblo» en sí— produce sucesivos conatos de alianza entre desclasados y clase proletaria, con

---

3.- Incluyen nihilistas, socialistas, anarquistas, cooperativistas y hasta neocristianos.

4.- Se trata de un proceso que cubre buena parte de Europa. En España las revoluciones liberales producen el alzamiento de Riego (1820) y poco después el de los Cien Mil Hijos de San Luis (1823).

5.- Instigada por la derrota en la guerra franco-prusiana (1870), que supuso para Francia perder Alsacia-Lorena.

invocaciones a una vida nueva. El joven Marx desprecia ese comunismo, entendiendo que es miope, brutal e incapaz de superar lo *privado:*

> «Quiere prescindir de forma *violenta* del talento, etc. La *posesión* física inmediata representa para él la finalidad única de la vida [...] Este movimiento de oponer a la propiedad privada la propiedad general se expresa, finalmente, en la forma animal que quiere oponer al matrimonio la *comunidad de las mujeres*. He ahí el secreto a voces de un comunismo todavía grosero e irreflexivo [...] Negando por completo la *personalidad* del hombre es justamente la expresión lógica de la propiedad privada, que es esta negación. La *envidia* general y constituida en poder no es sino la forma escondida en que la *codicia* se establece y, simplemente, se satisface de *otra* manera[6]».

2

Remediar los males del pueblo de otra manera —sin conformarse con sus fugaces zarpazos como populacho incendiario— fue el expreso objeto de la Asociación Internacional de Hombres Trabajadores, también conocida como Primera Internacional, fundada en Londres, a finales del verano de 1864, por una veintena de personas —entre otras, cierto infiltrado, agente secreto del gobierno prusiano—, cuyos nombres apenas conserva el recuerdo. Entre sus méritos estaba apelar a una realidad no nacional, cuando por todas partes el patriotismo seguía siendo el mejor banderín de enganche para movilizar a personas y grupos. Sus Normas Provisionales proponían, en esencia, que «la emancipación económica de la clase trabajadora es el gran fin, al cual todo movimiento político debe estar subordinado como medio»[7].

6.- Marx, 1968, pág. 14.
7.- Cfr. Berlin, 1998.

Hasta ese momento los humanos habían trabajado en lo suyo (como el campesino y los hombres libres) o eran esclavos. Pero justamente entonces —cuando la esclavitud iba ilegalizándose en todo el planeta— una cantidad formidable carecía de todo «suyo», y se veía lanzada a trabajar para patronos sin la responsabilidad del viejo dueño[8]. Aquello que unía a los individuos de esta clase no era conocer ciertos oficios, tener raíces comunes o cualquier otra positividad, sino una suma de negatividades. Su origen estaba en las muchedumbres que fueron hacinándose en torno a los nuevos centros fabriles, prestas a cambiar la compañía y el empleo ruralmente previsibles por el móvil azar de la urbe, soñando con adquirir lo desplegado en escaparates cada vez mayores, y rara vez capaces de acercarse a ese sueño; los más desprovistos de gracia o suerte rodearían a distancia la parte bien iluminada de cada ciudad como un *bidonville* africano, adelantado siglo y medio a su existencia.

Sin embargo, estas negatividades contenían el germen de su propia superación, ligada al propio poder transformador del trabajo. Los sindicatos —que brotan con fuerza incontenible desde mediados del siglo XIX— pasan del sabotaje en la fábrica a reclamar derecho de huelga, y de éste al sufragio, apoyando no solo a su clase, sino a otras partes del cuerpo social. Capaces de sostener el medio y largo plazo, renuncian muchas veces a reivindicar aumentos salariales mientras los gobiernos admitan la incorporación gradual del trabajador al proceso político, reivindicando más bien educación primaria gratuita y obligatoria, cierto grado de atención médica y, ante todo, que se consagre el principio *una persona, un voto,* cuya eventual entroniza-

---

8.- El amo antiguo solía estar obligado a proveer unos mínimos (techo, alimento, descanso periódico y cierta atención médica). Nerón, por ejemplo, prohibió la costumbre de abandonar a esclavos inútiles en una isla del Tíber, amenazando con castigos graves en caso de reincidencia. Octavio Augusto ordenó que todos los esclavos de Vedio Pollion fuesen emancipados, al ver que éste ordenaba matar a uno de ellos por haber cometido una pequeña falta (cfr. Dión Casio, *Hist.*, LIV, 23, y Séneca, *De ira,* II, 40). Lo mismo se observa en las colonias americanas, cuando el gobernador o virrey está investido de poderes absolutos. Como observa un erudito, allí donde el gobierno no es enteramente «arbitrario» (empezando por la Roma anterior a los césares, y terminando por las colonias inglesas de América) ningún magistrado «interfiere en la administración de la propiedad privada» (Smith, 1982, pág. 523).

ción alterará los fundamentos del sistema. A diferencia del irredentista —ante todo seguidor de Marx y Bakunin—, los reformadores socialdemócratas y socialcristianos se concentran en una nueva beneficencia, alfabetización y sufragio universal.

3

Portavoz de esta clase insatisfecha con las clases, cuyos intereses aparecían desligados de cualquier nación o imperio, la Internacional pensaba que las metas del conjunto de la humanidad son en principio compatibles, y que mediando buena fe podrían hallar satisfacción. Su hipótesis era que todos somos seres provistos de razón, capaces de cooperar sin conflicto. La decisión de hacerlo marcaría el fin de la prehistoria, el comienzo de la historia propiamente dicha. Ahora bien, no habría realmente «pueblo» mientras la sociedad vacilara ante el paso decisivo: en vez de explotarse unos a otros, todos colaborarían para producir márgenes de cómoda subsistencia.

¿Y qué harían el resto del tiempo? El resto del tiempo pescarían, dormirían la siesta, cortejarían o se entregarían a cualquier cosa inspirada por deseos autónomos[9]. Reducido el trabajo alienado a mínimos sociales —para proveer al mantenimiento de niños, viejos y minusválidos—, las técnicas, las ciencias y las artes se asegurarían sostenidos progresos. Esa meta universalizable solo exigía que ciertos bienes —los llamados «conflictivos» por Aristóteles, pues «cuantos más tenga un hombre menos ha de tener otro»— no siguieran siendo objeto de propiedad privada. Mirado a esa luz, hasta el cruel intermedio capitalista acababa siendo benéfico, pues consumando la explotación había invocado el proceso de

---

9.- Más realista que otros reformadores, Kropotkin calcula en 1902 que —para proporcionar una vida cómoda a todos— los miembros de cada comuna deberán trabajar entre cuatro y cinco horas diarias durante dos décadas.

superarla, mediante un comunismo no incendiario y grosero, sino gradual y científico, orientado a combatir organizadamente la deshumanización. Puesto que casi todas las personas cultas y responsables sentían asco ante la «hipocresía» del mundo burgués, las cosas se presentaban a mediados del siglo pasado con sencillez y contundencia:

> «Este comunismo es como completo naturalismo = humanismo, y como completo humanismo = naturalismo; es la verdadera solución del conflicto entre el hombre y la naturaleza, entre el hombre y el hombre, la solución definitiva del litigio entre existencia y esencia, entre objetivación y autoafirmación, entre libertad y necesidad, entre individuo y género. Es el enigma resuelto de la historia, y sabe que es la solución[10]».

A diferencia del amo y el siervo, que en principio son individuos distintos, la Internacional apeló a una Humanidad que en principio solo se halla aquejada por conflictos internos, como en una dolencia se independizan algunas células del resto. Y el conflicto social interno, la escisión, venía de que las sociedades padecen gobiernos tiránicos —en este caso, el de la clase capitalista—, bajo una denominación u otra. De ahí que los déspotas sugiriesen remedios heroicos, que si para un cuerpo aislado consisten en sajar, sudar, ayunar e ingerir fármacos tóxicos, para el cuerpo social se resumían en cumplir el lema de la paz colectiva *(libertad, igualdad, fraternidad)*, aunque fuese a sangre y fuego. ¿No era incompatible esa paz con seguir admitiendo una producción *social* y una apropiación *individual*? Instrumento inventado por la evolución para evitarlo, el proletario encarnaba un agente nuevo, comprometido con lo contrario del privilegio. Del mismo modo que un tumor devorará al organismo donde crece si éste no encuentra

---

10.- Marx, 1968, pág. 143.

una unidad superior, capaz de reprimir su secesión, el «pueblo» nacido del desarrollo industrial perecería a manos de sus contradicciones si no aplicaba el antídoto comunista. Solo una sociedad sin clases podría ser *solidaria,* y por eso mismo *sana.*

No se trataba de hacer que los hombres fuesen menos egoístas, o de que obraran por motivos de excelencia moral. Deberían ser más egoístas si cabe —decía Marx—, pero pensar y obrar como científicos evolucionistas, reconociendo en la Dictadura del Trabajador un destino objetivamente determinado. Factores físicos elementales, como los que causan terremotos y vientos, socializarían los medios de producción, promoviendo un salto cualitativo en la vida humana. Visto subjetivamente, el arbitrario valor de la cuna cedería paso al valor proporcional del trabajo, al merecimiento, y no para cosa distinta de abolir el trabajo enajenado mismo.

Entonces gobernaban los propietarios, y desde la perspectiva revolucionaria se daba por supuesto que había una clase coherente en sus decisiones o dotada de conciencia, capaz de sacar adelante la cura revolucionaria allí donde se le presentase ocasión. Lo básico era que al Nuevo Hombre le sobraban los rentistas, tanto como cualquier otro aspirante a vivir de los demás, y salvo los parásitos —sin duda, muy amenazados por ese proyecto—, el resto únicamente arriesgaba perder sus cadenas. La estrategia sería fortalecer el Estado hasta vencer de modo irrevocable a los reaccionarios, y luego abolirlo. Tal como el ser humano enajenó su esencia atribuyéndola a Dios, la sociedad civil había enajenado su esencia atribuyéndola al poder estatal. Sin duda, en un primer momento sería necesario trabajar sobremanera, pero a medio y largo plazo habría una inmensa cantidad de bienes disponibles, permitiendo el bienestar de todos.

4

Desde el otro lado, este programa parecía algo a caballo entre una maldición y el disparate absoluto. Burke clamaba ya en 1790 contra el «capricho» que se opone al orden milenario, basado en un escalafón de rango y propiedades, alegando que libertad, igualdad y fraternidad eran eufemismos para sedición, arbitrariedad y revancha. Cien años más tarde —hacia 1900— ha habido abundantes experiencias de explosiones sociales feroces, y los obreros viven considerablemente mejor. Esto es cierto sobre todo en Alemania, donde la socialdemocracia consigue crear una especie de burbuja proletaria a cubierto de sobreexplotación, y también lo es en Francia, Inglaterra y otros países, aunque en medida algo menor. De hecho, el movimiento socialista tiene tal éxito en buena parte de Europa que ya no parece imposible llegar a acceder al gobierno por vías graduales y pacíficas. Sin embargo, es ahora —poco antes de la primera gran guerra— cuando el discurso de la socialdemocracia exhibe tintes de máximo radicalismo[11]: la conciencia proletaria de clase implica una guerra sin cuartel contra el burgués, un enemigo a la vez general y específico, que solo será convencido de su vileza por una derrota en el campo de batalla. Antes había sido el pueblo contra la Corte y la Iglesia. Ahora es el proletariado contra la burguesía, que al nivel de sus próceres parece tímida y a fin de cuentas débil, expuesta a una creciente recesión económica.

Al alcanzar valores críticos, que aceleran el desequilibrio, se disocian el deber del *trabajador* y el del *patriota*. Aunque estén afiliados al mismo sindicato, y propugnen las mismas reformas, el Estado-Nación puede decretar una movilización militar que vista a esos individuos con uniformes distintos, y les lance a matarse unos a otros[12]. De

---

11.- Cfr. Berlin, 1998, págs. 179-243.
12.- Los historiadores suelen conferir más peso específico en el estallido del conflicto a causas como la rivalidad entre algunas naciones europeas, la nula expansión colonial de Alemania, la necesi-

ahí que en vez de una guerra sin cuartel contra el burgués brote primero la Gran Guerra, protagonizada por tropas básicamente proletarias y campesinas, pórtico a una suma inaudita de violencia. Señor de los actos, el exterminio se hace interior y exterior, supremamente eficaz, crónico; entre frente y retaguardia deja de haber diferencia, como deja de haberla entre disparar al blanco y disparar a la cabeza. El Estado-Nación se sobrepone al «pueblo», cortando sus correlaciones de largo alcance y reduciendo durante algunos años el campo de actividad a matar o morir.

Para cuando terminen las hostilidades, la exangüe población de los países vencidos no renuncia a una bandera nacional, aunque sí a la previa ideología dominante, encarnada por el gobierno. En realidad, está a punto de dejar de ser «pueblo» sin saberlo, porque un nuevo Estado-Nación despunta, y será esencialmente antiliberal. El baño de sangre no vendrá de querer imponer nuevos dioses, nuevas fronteras o nuevos impuestos; es, en principio, un conflicto entre comunistas y acaparadores (algo después entre arios y no arios, estetistas y rojos). Sin embargo, las energías que los contrincantes aportan son aún más aniquiladoras que los fundamentos del fanatismo religioso, donde el infiel puede redimirse abrazando formalmente alguna fe. Abrazar la fe socialista es reeducarse en el trabajo, renunciar a propiedad y oficio, obedecer a nuevas instituciones y principios.

Antes y después de la Gran Guerra, los detractores del programa redistributivo disponían de recursos casi ilimitados. Sus partidarios eran más numerosos, en cambio, y simplemente sindicándose mostraron que podían entorpecer e incluso paralizar la dinámica de acumulación; a su favor estaba también el espíritu del

---

dad de conquistar nuevos mercados y la descomposición del imperio austro-húngaro. Sin embargo, estas circunstancias coadyuvan a una finalidad incomparablemente más densa, que es *domar* al Trabajador, encauzando su titánica capacidad transformadora del mundo. La obra capital en este sentido es *Der Arbeiter*, el tratado de Jünger (1932). Un documento no menos excepcional sobre los años previos a la primera gran guerra se encuentra en *Los Thibaut*, la novela de Roger Martin du Gard.

mundo, que sin esfuerzo reclutaba para el fervor revolucionario a buena parte de las personas más destacadas por talento y virtud, no solo entre obreros y marginales, sino en todas las clases. Socializar las fuentes de riqueza, abolir el Estado e inaugurar una duradera paz social parecían cosas enteramente factibles. En esencia, la filosofía marxista venía a decir que el universo era una materia autoconstituida, propugnando un criterio que —siendo científico de raíz— contrastaba con el espiritualismo alambicado de la academia filosófica.

Frente a un principio semejante, el contrarrevolucionario nunca se pareció tanto a un enemigo de la dignidad humana, movido a sufragar una guerra sucia basada en el soborno, los ataques indiscriminados y otras modalidades de alevosía. Y el antídoto revolucionario a la guerra sucia del contrarrevolucionario fue la *línea,* una forma de reunir ortodoxia y practicidad que cuadraba el círculo[13]: puesto que el bien común no triunfaría sin un pequeño núcleo capaz de conformarlo e imponerlo, una facción arrastraría a todo el resto hacia el autogobierno, para disolverse al punto; lo sectario de su composición, y lo pasivo del pueblo —aún abstracto, indeciso—, quedarían anulados en sus recíprocas miserias, a la vez que potenciados en lo positivo. De ahí que la línea no fuera *una* línea, sino *la* línea *general*

Partiendo de ese esquema, Lenin triunfa donde menos se esperaba, en un país casi desprovisto de proletarios. Pero el «pueblo» ha ido sufriendo contracciones sucesivas; primero solo excluía a monárquicos y clericales, mientras ahora se reduce a un selecto comité ejecutivo, sujeto a cierto Secretario General, encargado último de gestionar «masas». En vez de ciudadanía hay masas, herederas de las desaparecidas clases. Y no hay nada peyorativo en ser masa o regir sobre masas. Al contrario, pues lo opuesto a masa no es autonomía,

---

13.- Desde este momento el cientifismo marxista se transforma en una especie de positivismo platónico. Ya en 1905 el marxista Lunarcharski presentaba a las fuerzas productivas como el Padre, el proletariado como el Hijo y el comunismo como el Espíritu Santo (cfr. Wetter, 1963).

discernimiento o libertad, sino oligarquía y social-traición[14]; el estatuto de inercia y mera aglomeración, inherente a lo másico, se presenta como garantía de objetividad y naturalidad.

5

Ahora una población despojada de estructura, simple producto de densidad por volumen[15], asume en principio la tarea de gobernar el mayor país del mundo, y exportar esta dinámica a muchos otros. Durante medio siglo largo será apoyado por una alta proporción de quienes troquelan la cultura en todo el planeta. Como comenta Lenin, el tránsito no puede suprimir cierto grado de opresión, si bien será una opresión mitigada —«mucho más fácil, natural y viable»—, que puede realizarse sin gran derramamiento de sangre, pues se trata de oprimir a la *minoría,* no a la inversa como hasta entonces. Para él la revolución en la URSS depende ante todo de la revolución mundial; para Stalin será la revolución mundial quien ante todo dependa de la URSS.

En la práctica, el «pueblo» debía hacerse real, operante, y en ese trance se reduce hasta desaparecer del mapa político. Si bien aspiraba a abolir el Estado para darse nacimiento, sería abortado —y posteriormente embalsamado— por el aparato previsto para asegurar su parto. Cuando pueda poner en práctica la cura revolucionaria —fuente de cohesión, salud y tranquilo ocio— necesitará resucitar

---

14.- Canetti deriva la masa de «una inversión en el temor a ser tocado» (1986, cap. I). Como animales y humanos rechazan espontáneamente el contacto material con extraños, la masificación de un grupo supone que —en vez de reivindicar su espacio— aparezca en sus miembros un impulso hacia la «junteidad», no solo manifiesto en soportar la presión del número, sino en obrar como un solo y dócil individuo.

15.- La responsabilidad de esta desestructuración no puede atribuirse en justicia a Lenin, que siempre consideró imprescindible una estratificación —con diferencias sociales, nacionales y profesionales—, sino a sus epígonos, inmersos en el proyecto de una dominación absoluta. A Lenin se debe, por ejemplo, que la Constitución soviética conceda expresamente un derecho de secesión a sus distintas Repúblicas. Pero Lenin es también el inventor del «terror rojo», versión agravada del jacobinismo.

una guerra civil indefinida, donde no solo se oponen propietarios a no-propietarios, sino no-propietarios entre sí. Su unidad inaugura modalidades interminables de escisión.

Así, el proyecto de destruir la maquinaria estatal construyó una maquinaria estatal nunca vista, que en manos del nuevo censor —ahora comisario popular— convertiría las pesquisas ideológicas de los inquisidores medievales en un juego de niños; el responsable de barrio delegó en responsables de manzana, que delegaron en responsables de casa, que delegaron a su vez en responsables de piso, y dentro de cada vivienda pareció útil (e incluso vital) tener al menos un oído responsable también, porque consolidar la revolución implicaba que política y policía borraran sus límites, como cuando dos paños destiñen o dos trazos se superponen. Eje de todas las referencias, el enemigo se agigantó hasta lo infinito.

Aparecieron titánicos planes de alfabetización y salud, por ejemplo, para que nadie padeciera incultura o enfermedad por falta de recursos económicos, mientras la censura de publicaciones reducía al absurdo la capacidad de leer, y los desvelos por la salud pública se acompañaban por el manejo más irresponsable de energías y desechos. Como ya habían mostrado los jacobinos, el comité de salud pública era en realidad un comité de salvación pública, y la salvación resulta compatible con todo tipo de tormento, mientras acabe salvando. Siglos atrás había dejado de tener acogida el mensaje de quemar a algunas personas por su bien, dándoles ocasión de arrepentirse en última instancia (pues buena parte de los humanos ya no creían en las bondades de una vida celestial, purificada); ahora brota el mensaje de reeducar a los descarriados para habilitarles una vida terrenal digna, colectivizada, y el suplicio alcanza niveles insólitos de refinamiento. Uno de cada tres, mejor uno de cada dos individuos, debía espiar para la revolución, amenazada siempre por todas partes. La policía es, en abrumadora proporción, policía secreta.

Y, naturalmente, era cierto que la revolución estaba amenazada por todas partes. Sin ir más lejos, el peligro era la propia sociedad, venerable en general aunque minada por traidores, deseosos de consumar autónomamente sus empresas particulares. Solo una parte muy pequeña, compuesta por individuos ajenos al afán de prosperar en libertad, debía hacer frente a muchedumbres presas aún en dicho afán, y hasta esa minoría selecta se hallaba expuesta a constantes tentaciones. Consolidar la familia humana, punto de partida del proceso revolucionario, había desembocado en una ubicuidad de desertores y caínes, que desde dentro y desde fuera saboteaban constantemente el proceso, con lo cual solo hubo manera de mitigar el estado de guerra interior y tensión exterior transformando la prometida abolición del Estado en fundación de un Estado total. Para superar la diferencia entre el todo y la parte estaría la parte/todo, el Partido.

Restaurado el gobierno absoluto en cada territorio, y devuelto el pueblo al estatuto prerrevolucionario (aquella parte del Estado que ignora su verdadero bien), la idea bolchevique de totalidad será el estandarte de una segunda oleada salvífica, abanderada por nazis y fascistas. La hermandad se percibe desde el ascenso de Stalin y Hitler a posiciones hegemónicas. Urgidos por Ulbricht, entonces secretario general, los comunistas alemanes apoyan y votan al partido nazi[16] desde mediados de los años veinte, considerando que republicanos y socialdemócratas son su adversario «objetivo»; de hecho, la mitad de las SS hitlerianas originales provienen de antiguas células comunistas, decepcionadas por las promesas del Komintern y fascinadas por un Conductor teutónico. Como observó Mussolini, «la masa no tiene que saber, debe creer».

La Administración —reducida antes a asuntos exteriores, hacienda y fuerzas armadas— se derrama ahora sobre las artes en ge-

---

16.- Cuyo nombre original es Partido de los Trabajadores.

neral, las ciencias, el empleo del tiempo, la moral, la medicina, el deporte y muy especialmente el manejo de masas mediante técnicas propagandísticas. Radio y cine, los inventos más recientes, son un complemento providencial para desfiles militares, manuales de espíritu revolucionario y otros medios orientados a exaltar el impulso titánico del trabajador, presto a dar el Gran Salto Adelante.

6

La higiene mental, también conocida como lavado de cerebro, merece un breve apunte. Aunque emplea algunos suplicios tradicionales[17], es ante todo un vigoroso instrumento de propaganda, que aprovecha la disociación interior provocada por una adhesión sincera al proceso revolucionario[18]. En los famosos juicios de Moscú, que se celebran entre 1936 y 1938, los acusados son los revolucionarios más respetados por el país, con hojas gloriosas de servicio a la causa, largas estancias en prisiones zaristas y heroicos comportamientos durante la guerra civil y la posterior reconstrucción. El fiscal jefe, Vychinski, inicia la requisitoria así[19]:

El pueblo exige una sola cosa: que los traidores y espías —que han intentado pisotear las flores más perfumadas de nuestro jardín

---

17.- Interrogatorios interminables, drogas creadoras de malestar o estupor, descargas eléctricas, golpes que no dejen huella, amenazas a los seres queridos, aislamiento en condiciones atroces, promesas de que confesar los cargos provocará un indulto para el reo o su familia, etc.

18.- Merleau-Ponty, un convencido marxista-leninista, observa en *Humanismo y terror*: «La tragedia llega a su punto culminante cuando el oponente está persuadido de que la dirección revolucionaria se equivoca. Entonces no hay solo fatalidad, sino un hombre enfrentado a fuerzas exteriores *de las que es secretamente cómplice*, porque no puede estar ni a favor ni en contra de la dirección del poder». Idéntica situación padece otro fervoroso marxista-leninista, el ingeniero Anton Ciliga, a quien el gobierno soviético pide que se acuse de sabotaje para justificar fallos en uno de los Planes Quinquenales. Aunque quien se lo pide sabe que no es responsable de nada parecido —en realidad, se trata de un extranjero que trabaja en la Unión Soviética por puro altruismo—, el comisario político le dice: «Si apoya la revolución, como pretende, demuéstrelo con sus actos: el Partido necesita su confesión» (cfr. Arendt, 1998, pág. 388). *El cero y el infinito*, la novela de Koestler, sigue siendo el libro ejemplar sobre ese clima moral.

19.- Las actas del juicio pueden consultarse en Broué, 1969.

socialista— sean fusilados como perros sarnosos, sin excepción.

Por lo demás, hay pleno acuerdo entre los acusados, que no se defenderán alegando inocencia ni acusando a la acusación. Se les imputan simpatías con el trotskismo, pero todos los reos declaran haber profesado siempre gran desprecio hacia Trotsky (a quien solo temían), así como una fervorosa veneración hacia Stalin, únicamente torcida por el ánimo de lucro y la ambición personal de cada uno; si no hubiesen querido cobrar emolumentos del espionaje nazi y fascista, o erigirse en dictadores, ninguno habría caído en el «aventurerismo». El brillante Bujarin, uno de los favoritos de Lenin, rehabilitado medio siglo después por la *perestroika*, declara: «Estoy de rodillas ante el país, el Partido y todo el pueblo. La monstruosidad de mis crímenes no tiene límite. Todo el mundo ve la sabia dirección del país, asegurada por Stalin». Zinoviev, orador legendario y número dos del aparato en tiempos de Lenin, confirma su confesión de ingratitud: «Lo que nos condujo hasta aquí fue un odio sin límites contra la dirección del Partido y el país». Piatakov, máximo dirigente de la economía, declara: «Nuestro más ardiente amor rodea a nuestros jefes, los obreros de todo el mundo conocen a su Stalin, y están orgullosos de él». Radek, responsable de contactos con la Internacional, añade: «Los jueces no me torturaron a mí, sino que yo les torturé a ellos, demorando la confesión de mis monstruosidades, y obligándoles a realizar un trabajo inútil». Afín igualmente al lavado cerebral es el testimonio de Rosengolz, otro reo que hasta entonces pasaba por gran héroe bolchevique:

Los niños y los ciudadanos de la Unión Soviética cantan: «No existe en el mundo otra patria donde uno pueda sentirse tan libre». Y estas palabras las repito yo, que estoy prisionero: no hay país en el mundo donde el entusiasmo por el trabajo sea tan grande, donde la risa suene con tanta alegría y júbilo, donde las canciones broten con tanta soltura, donde los bailes sean tan animados, donde el amor sea tan hermoso.

El lirismo revolucionario prende por igual en acusadores y acusados. Vychinski abría la causa mencionando las perfumadas flores del jardín socialista, mientras Rosengolz lo cierra aludiendo a un estado general de alegres risas, rodeado el pueblo por el más hermoso de los amores. Todo es edificante, hasta el acto final donde uno a uno los procesados imploran el indulto, aunque admiten no merecerlo de ninguna manera, y son pasados rápidamente por las armas. La epifanía del pueblo unido se verifica sobre la base de una confesión ilimitada —por ejemplo, alcanza sueños, meras intenciones y actos no imputados por la fiscalía—, que gracias a eso mismo contiene arrepentimiento absoluto. Se cumple así el principio procesal y sustantivo de los inquisidores, bien expuesto por el magistrado Ayrault en 1576:

> «No está todo en que los malos sean castigados justamente; a ser posible, conviene que se juzguen y condenen a sí mismos».

De ahí también que sobre cualquier tipo de prueba documental para los crímenes, y que —a falta de testigos sin tacha— se admita lo alegado por provocadores, chivatos a sueldo, enemigos personales e incluso personas inexistentes. Pocos lustros después, cuando el venerable Stalin ha muerto, el informe secreto de Kruschev al XX Congreso revela que de los 139 miembros del Comité Central elegidos en 1934, el 70 por 100, concretamente 98, había sido ejecutado por terrorismo y alta traición. Meses más tarde, en septiembre de 1955, un proceso a puerta cerrada dicta pena de muerte contra varios jueces y dirigentes de la policía política por «preparar sumarios falsos, emplear métodos salvajes en los interrogatorios y haber practicado actos terroristas de venganza contra honestos ciudadanos, acusándoles sin fundamento de crímenes contrarrevolucionarios». Entre las atrocidades cometidas no se incluye aún el dato (confirmado luego) de que una cifra próxima al 20 por 100 de los detenidos —probablemente quienes no se avinieron a confesar, o quedaron demasiado maltrechos tras su interrogatorio— ha «desaparecido». Sumando ejecutados y desaparecidos, resulta que solo el 10 por 100 de los miembros de aquel Comité Central conservó la vida. Purgas semejantes realizará Mao en China, un par de décadas después[20]

20.- Es el mismo móvil: liquidar a la vieja guardia, y mostrar que cualquiera puede ser fulminado, pública o privadamente, cuando el Secretario General lo decida. Pero el refinamiento asiático introduce mejoras en el esquema. Por ejemplo, «escribir cartas reaccionarias» es un supuesto tipificado, que faculta a la policía para instar un procedimiento penal ante los tribunales o, si lo prefiere, proceder al internamiento indefinido de esa persona en una institución psiquiátrica. Según cuentan los periódicos, el hecho acaba de repetirse —en junio de 1999— con un ciudadano de Shanghai, eligiendo la policía el correctivo psiquiátrico.

9

La paradoja revolucionaria

Un príncipe sagaz gobierna a la administración, y no al pueblo.
Han Fei (siglo II a.C.)

*Lo controlable nunca es totalmente real,
y lo real nunca es totalmente controlable.*
V. Nabokov

A diferencia del exterminio tradicional, que se basa en haber desafiado a un dios, a un rey o a un representante suyo, y que admite la contumacia del culpable («soy inocente»), el exterminio que inaugura el totalitarismo es higiene para la víctima y para los demás. Ser inocente significa ahora *sabotaje,* pues el muy improbable caso de un error procesal, ¿no desorientaría a la parte más sencilla y entusiasta del pueblo? ¿Por qué cargar a las leales masas con pequeños detalles, casualidades o incluso maldades de una minoría, cuando ya bastante tienen con su lucha por engrandecer a la Patria, y derrotar a sus enemigos? Esa peculiar higiene mental es indiscernible del clima descrito por Kafka en sus libros, si bien falta allí el elemento de lirismo revolucionario, que completa los perfiles del cuadro. Rodeados largo tiempo por las fragancias del jardín colectivo, entre las fiestas y besos que espontáneamente prodiga el existir mismo del Secretario General, una estancia en calabozos controlados por jueces y policía política bastó para que tantos próceres, curtidos en calabozos zaristas y mil batallas, abandonasen cualquier asomo de resistencia.

Mientras la historia universal presenta innumerables ejemplos de personas que no ceden ni a la más pavorosa de las torturas, ahora no solo todos los acusados confiesan todavía más crímenes de los que se les imputan, sino que todos delatan a todos, incluyendo por supuesto a familiares y amigos. Rykov, miembro de la ejecutiva suprema y presidente del Consejo de Economía, pide «que mis antiguos partidarios sepan que he denunciado —o entregado, como se dice en los medios clandestinos— a todos cuantos recordé». ¿Qué motor anima su conducta? ¿Promesas de perdón a última hora, añadidas a la certeza de que el fusilamiento será en todo caso un alivio? ¿O debe sumarse a ello que son revolucionarios *profesionales?* Hay varios rasgos comunes a las sociedades secretas[1], sintetizados en el hecho de que pertenecer a alguna supone aceptar el «objetivo exclusivo de engañar, combatir y conquistar el mundo exterior»[2]. Cuando los miembros de esas sectas van a ser ejecutados suelen ir en dócil silencio, quizá recordando el supremo momento de sus vidas donde ofrecieron lealtad incondicional al Conductor, que ahora exige y obtiene el pago de aquella gloria.

Un modelo de esta abnegación fue ofrecido no hace mucho por la secta del Templo del Pueblo, que se inmoló masivamente en Guayana. Siguiendo hasta el final las órdenes de su Conductor —en este caso Jim Jones, un reverendo norteamericano—, una grey elegida y bendecida por la existencia misma de su mesías prefirió beber cianuro potásico a que la comuna de Jonestown soportase la visita del corrompido mundo externo, representada por cierto congresista de su país y un equipo de televisión. Tras asesinar a ese reducido grupo de no iniciados, los iniciados —unas mil personas— aceptan la «solución» propuesta por su mesías. Se conserva una película del momen-

---

1.- Básicamente: *1)* jerarquía según grado de «iniciación»; *2)* ficciones bien armadas para desconcertar al no iniciado; *3)* juramento de obediencia absoluta a un jefe (conocido o desconocido); *4)* consideración del no juramentado como enemigo, potencial o cierto; *5)* alto valor de pomposos rituales. Cfr. Simmel, 1906.

2.- Arendt, 1998, pág. 469.

to, rodada por orden suya, donde vemos cómo los progenitores de unos trescientos niños —desde lactantes a adolescentes— les ponen en cola para recibir la amarga pócima. Tras beberla, unos cuantos —entre los seis y los ocho años— exhiben ante el objetivo la mueca espantada de una sonrisa; se diría que son los únicos en no acabar de *creer*. El resto de esa masa se administra a continuación lo que Jones propone desde los altavoces como «mejor medicina»[3].

Al igual que los redimidos por Stalin y Hitler, los redimidos por Jones juran defender una secta, que se apoya —como cualquier secta— sobre el secreto y la delación recíproca. Como ciertas puertas que se abren en una sola dirección, entrar es sencillo o muy sencillo; salir es muy difícil o imposible. Pero el totalitarismo «es una sociedad secreta establecida a la luz del día», como observó cierto sabio[4], que podría administrar castigos sin necesitar confesiones, y las usa más bien para que su líder duerma al «pueblo» en fases de insomnio, y toque diana en fases de sueño. Frente a la inmensa cantidad de cosas aleatorias e incompletas que exhibe constantemente el mundo, su aparato regala a las masas una sensación de inevitabilidad y acabado, ofreciendo traidores y héroes tan necesarios como completos, regulares en todos sus perfiles.

1

Sin embargo, el totalitarismo pareció justo y sensato, y una proporción considerable del género humano hizo suya esa meta. De hecho, el totalitarismo sigue y seguirá siendo justo y sensato para bastantes, por más que el tiempo le haya impuesto un aplazamiento *sine die* en países no

---

3.- Unos veinte Individuos lo evitarán, internándose en la selva, y alguno le pegará un tiro en la nuca al Conductor, que a última hora había decidido sobrevivir. Jones emigró con parte de su secta a Guayana tras ser acusado de pederastia, abusos deshonestos y malversación en Estados Unidos.
4.- Koyré, 1945.

sometidos a la regla islámica. Lo que su historia enseña es a distinguir lo inmediato de lo mediado: aunque el Gran Salto lo administraran carniceros, su sujeto/objeto —llámese masa o Estado-Nación— fue el resultado de una mera implicitud, algo solo supuesto como cosa unitaria, y tratar de *poner* lo *su*puesto dispara una dinámica de persecución, que engendra absolutismo. Muchos Conductores son modalidades del médium —una persona tan habitada por otros como deshabitada por sí misma—, demenciados antes o después por el afán de administrar omnímodamente la fuerza. La tragedia reside en el *nosotros* que habla a través de ellos, porque es un nosotros sin comunidad —nunca mejor llamado «masa»—, que se relaciona con un inconsciente de ambiciones y rencores a través de algún guía paternal, alimentando un círculo vicioso de ausencias. Esa relación espiritista es la relación política básica en fases de Gran Salto.

Parece banal decir que las cosas podrían haber sido de otro modo, y especialmente «mejores». Al futurible (qué pasaría si) se contrapone la experiencia (qué pasó cuando), y si el experimento de revolución totalitaria no hubiese fracasado andaríamos ahora sumidos en faraonismos provinciales. Solo la línea totalitaria ha producido en el siglo XX reviviscencias de monarquía salvaje, con sujetos que expresan tranquilamente la creencia «el Estado soy Yo», y que —como en el caso norcoreano— legan a algún hijo su trono. Lo más notable es hasta qué punto el autoritarismo tradicional encontró allí su modo idóneo de reorganizarse. La letanía monoteísta («Himnos de gratitud ferviente cantaré / y fiel a ti, Señor, siempre seré») se prolonga fluidamente en la letanía del populismo revolucionario («El Partido es inmortal / Patria o muerte, triunfaremos»).

No menos afín al credo determinista, el credo totalitario exhibe el mismo componente de voluntarismo: en la dinámica newtoniana el universo se presenta como materia inerte regida por fuerzas inmateriales, derivadas de un dios omnipotente, y en la dinámica revolucionaria la sociedad humana se presenta como elemento moldeable por el Partido. Religiosamente ateo, y convencido de expresar la pura objetividad, Marx deslindaba su socialismo de versiones «edificantes» (Owen, Fourier o Proudhon), pues en vez de apelar al sentimiento apelaba a una actitud científica. La meta última seguía siendo el fin de la opresión, solo que ahora entendida como saber exacto, capaz de diseñar su propio cumplimiento: obediente a factores telúricos, una dictadura proletaria socializaría los medios de producción, promoviendo un salto de cantidad a cualidad en la vida humana. De ahí que el materialista dialéctico se ocupara tanto de *profetizar,* y tan poco *de percibir* y *describir,* poniendo en manos de la conciencia proletaria de clase aquella liberación atribuida por otros a la voluntad de Dios.

2

Veamos esto algo más de cerca. Nada parece factible sin un Partido que imponga la línea en cada caso. La línea es fe en cierta *trayectoria,* en un movimiento regular que empieza aquí, termina allá y resulta por ello anticipable. Pero es inherente a cualquier revolución suspender una realidad basada en acciones lineales y reversibles, recobrando horizontes donde el orden natural se presenta como turbulencia y espontaneidad, autoinvención. El resultado de negar el orden natural —en nombre, por supuesto, de «leyes naturales»— fue que desaparecieran toda suerte de casualidades, incoherencias e incertidumbres, sustituidas por una lógica plana: o sabotaje enemigo o triunfo de la patria. Aparece entonces un vínculo de mutuo auxilio entre pueblo-masa y propaganda de su médium. Meditando a mediados de los años cuarenta, Hannah Arendt escribía:

> «Las masas modernas no creen en nada visible, en la realidad de su propia experiencia; no confían en sus ojos ni en sus oí-

dos, sino solo en sus imaginaciones [...] Lo que les convence no son los hechos, ni siquiera los hechos inventados, sino solo la consistencia del sistema del que presumiblemente forman parte [...] Aquello que se niegan a reconocer es el carácter fortuito que penetra a la realidad. Están predispuestas a todas las ideologías, porque explican los hechos como simples ejemplos de leyes y eliminan las coincidencias, inventando una omnipotencia que lo abarca todo, instalada por fe en la raíz de cualquier accidente. La propaganda totalitaria medra en esta huida de la realidad a la ficción, de la coincidencia a la consistencia[5]».

Podemos poner en duda que este anhelo de certidumbre sea una característica de las «masas modernas». La masa es *moderna* en sí —fruto del absolutismo político y científico—, y combina aquello que el populacho es (no una anti-clase, sino una extra-clase) con los líderes surgidos en su seno por medio de conspiraciones y purgas. Una vez establecida, se esfuerza por universalizar su particularidad demoliendo vínculos estamentales, profesionales, familiares, vecinales y —ante todo— aquella confianza básica sobre la cual se funda cualquier espontaneidad asociativa. El resultado de esa dinámica son muchedumbres sumidas en desarraigo, pobreza y atomización, carentes de las viejas especializaciones y faltas aún de otras nuevas, promediadas y fascinables, fruto de migrar a lugares lejanos sin ser expresamente llamadas, y fruto también de quedarse donde no querían, mero gran número inmerso en desastre general. Cuando ese mero gran número es sometido a reeducación totalitaria solo se obtiene un grado de desestructuración mayor, como cuando las virutas de serrín se aglomeran.

El individuo que las técnicas totalitarias pretenden obtener es análogo al captado por sociedades secretas, si bien el primero quizá termine por adaptarse a la masificación, mientras el segundo aspira

---

5.- Arendt, 1998, pág. 437.

a ella desde el comienzo. El tipo de personalidad inclinada a ingresar en una secta, prestando juramento de obediencia incondicional e irrevocable a un mesías, caracteriza a parte de la condición humana desde siempre, y lo que ese salvador otorga a semejantes temperamentos no es tanto una nueva manera de ser como una confirmación en el ser previo, aderezada luego por unas ordenanzas lo bastante absorbentes. A diferencia del adicto espontáneo a redentores, el pueblo-masa de las soluciones totalitarias debe primero olvidar su manera de ser previa —gracias a ordenanzas absorbentes—, y solo más adelante cosecha los frutos de obedecer. En otras palabras, la secta o sociedad secreta religiosa empieza siendo un asunto de libre elección para sus miembros, mientras la sociedad comunista —aparentemente abierta— constituye una secta o sociedad secreta obligatoria para todos, desde el momento mismo en que la revolución triunfa. Fuera de esta distinción, el esqueleto de ambas es idéntico: alguien providencial conduce a otros hacia su liberación.

Irónico resulta que la física clásica —con su explicación a base de fuerzas y masas inertes, su mundo solo ideal y obediente a la ley divina— sirviese de marco teórico al espíritu que pretendía superar las fuerzas tradicionales, la inercia de las masas, la fe en lo ideal y en la ley divina. Es muy difícil trascender algo cuando la teoría que justifica su estabilidad resulta idéntica a la teoría que justifica su liquidación, pues en semejantes supuestos lo segundo será siempre tributario de lo primero; reaccionario o revolucionario, *orden* seguía siendo sinónimo del mismo universo reducido —sujeto a una mecánica de hipotéticos sólidos que describen movimientos regulares—, en vez de ampliado a una dinámica de fluidos que se organiza por disipación. Y como corresponde a ese universo reducido, la realidad pretende comprimirse en leyes y más leyes, que permitan profetizar con exactitud la conducta de personas y cosas[6].

---

[6].- Así vemos cómo en 1953, dirigiéndose a la Academia de Ciencias de la URSS, Stalin propone «prestar más atención al carácter objetivo de las *leyes* económicas, a las *leyes* sociales del desarrollo,

3

Marx había dicho que en vez de interpretar al mundo era preciso cambiarlo, y el cambio resultante parece una restauración del paternalismo autoritario, al mejor estilo asirio o egipcio. Sin embargo, la solución totalitaria es sin duda de un orden nuevo, entre cuyos rasgos está destruir lo controlado por ella. Disipación que no estructura, invención que solo inventa anomia, su lucha contra la «anarquía» capitalista desemboca de inmediato en experimentos uniformizadores, dirigidos por una ingeniería social donde cualquier espontaneidad política, empresarial y asociativa pasa a ser «enemigo objetivo». Reducida la comunicación a propaganda, los estados micro no pueden hacer una transición hacia estados macro, estableciendo nexos a gran distancia y convirtiendo situaciones lejanas al equilibrio en sutiles fuentes de equilibrio. Al borrarse la cuenca del atractor «pueblo» se borran sus ramificaciones y subramificaciones, el conjunto fluctuante del sistema circulatorio o realimentador del cuerpo social, al tiempo que se difunde orfandad e inmoralismo familiarista: la consecuencia es un resurgir de fraternidades criminales, único sustituto a mano para una ética autónoma del trabajo y la responsabilidad, que el gobierno persigue como quintaesencia del sabotaje.

Se trata así de un pseudo-orden, una mera variante de *la* orden[7], que conmina a obedecer o morir. El único tercer término es la huida, pero huir instala aguijones indelebles (empezando por la necesidad de dar la espalda a quien amenaza —para emprender la fuga—, y terminando por la oferta de algún chivo expiatorio que transforme la persecución en alguna forma de vasallaje, articulada sobre periódicos sacrificios), con lo cual ahonda más aún la herida del acata-

---

superando las concepciones subjetivas de esas *leyes,* preocuparse por la relación entre las *leyes* generales sociológicas y las *leyes* específicas de desarrollo en las formaciones particulares, especialmente de la relación entre las *leyes* objetivas y la actividad consciente de los hombres». En Wetter, 1963, pág. 241. El subrayado no es de Stalin.

7.- Canetti (1986) desarrolla con extraordinaria hondura el concepto de «*la* orden».

miento, el estigma de padecer el dominio desnudo. Aunque el cebo para acatarlo se vea acompañado por una promesa de alimento, esa promesa no es sino el chantaje más arcaico, la oferta de sobrevivir a cambio de sumisión, que el titular de la orden enarbola ante una sociedad desestructurada y devenida masa como oferta de vida no inmediatamente precaria, dotada de *seguridad*.

El tránsito de la infancia a la madurez requiere órdenes: por eso los padres emplean toda suerte de medios disuasorios para doblegar al tirano inerme que representan los hijos amados, y en esa misma medida consentidos. Sin embargo, las órdenes de los padres no dementes se dirigen a prepararles para que ingresen sin desventajas en la madurez[8], mientras la orden del conductor salvífico se dirige a conseguir que los adultos se mantengan en una permanente obediencia, como la manada que arranca a correr o se detiene en seco al oír la voz de mando, con su mensaje de peligro letal. El magnetismo del orden supuestamente nuevo representado por los revolucionarios viene de haber exterminado al rey, símbolo del dominio desnudo, que sometido a la guillotina o al pelotón de fusilamiento redime a sus vasallos del abyecto espanto. No obstante, esa inmolación del inmolador fortalece la orden misma como fuente de orden, apaciguadora de un rencor —infinito por milenario— que desde entonces permanece flotante, carente de objeto mientras no se encuentre otro vehículo de cohesión, otro camino para *asegurar* un mañana.

Pero el mañana, a su vez, no puede ser asegurado sin que el exterminio del rey se haga crónico, repeliendo continuamente el rencor derivado de someterse el pueblo a un orden impuesto, a *la* orden, y el reflejo de esa necesidad es un cambio en el derecho, tenido por «superestructura». Ahora solo será ley lo adaptado al momento revolucionario, que resulta ser también lo justo, aquello

---

8.- Aceptando el principio de reciprocidad o de acción-reacción: *no pidas sin dar, no recibas con ingratitud*.

a la vez inexcusable y coyuntural. Las reglas sobre obligaciones y contratos, así como las reglas sobre propiedad —sus servidumbres rústicas y urbanas, sus cargas y sus frutos— corresponden a una sociedad clasista, que tras reeducarse encomienda al Partido la solución radical: el derecho privado sobra, los intercambios de bienes y servicios se conformarán a las normas de un nuevo derecho público. Comprar, vender, emplearse o emplear son actividades contrarrevolucionarias, pues el «pueblo» debe únicamente trabajar para la patria, y la patria requiere dirección coordinada, eficiencia, el tipo de altruismo que redundará en prosperidad segura. En otras palabras, aquello que alguien desearía comprar es ya —por eso mismo— propiedad del Estado, y cualquier empresa que no haya sido diseñada por la Dirección constituye, cuando menos, un despilfarro de energía.

Por otra parte, el derecho privado es el sistema de reglas orientadas a asegurar y hacer fluido el intercambio de bienes y servicios según el criterio «los acuerdos vinculan»[9], que eleva lo convenido libremente por el adulto a obligación. Ahora el derecho público necesita suprimir la autonomía de la voluntad, base del negocio jurídico, y no solo desaparecen el derecho civil y mercantil, prototipos de la esfera privada, sino el administrativo y especialmente el procesal, que regulan las relaciones de los particulares con actos de distintas autoridades públicas, y las garantías de forma inherentes a cualquier procedimiento. Parece una estratagema burguesa y pequeño-burguesa el propio principio de legalidad, en cuya virtud la ley ha de ser escrita y publicada, y será inmodificable salvo por otra, puesta en vigor cumpliendo los mismos requisitos. En vez de resultar algo indeseable por definición, la discrecionalidad del Partido representa la única esperanza de verdadera justicia.

9.- *Pacta sunt servanda* para el derecho romano. Nuestro Código Civil dice que «los contratos tienen fuerza de ley entre las partes».

4

Cabe decir, por eso, que los revolucionarios se anticiparon a su tiempo y le anduvieron a la zaga, sin ocupar nunca un inmediato hoy. La vertiente anarquista del proceso sí tenía presente que la vía era adaptarse a dinámicas azarosas, y hacía hincapié en el dirigismo del viejo régimen como esclerosis y despilfarro[10]. Pero el militante anarquista estaba colmado de ingenuidad y prisa, y —salvo en España[11]— sus conventículos acabarían pareciendo congregaciones de bien intencionada pobre gente. El estandarte duradero de la revolución iba a detentarlo una apuesta de hipercontrol, que prometía reducir a cero tanto la improvisación como la incertidumbre, poniendo coto al «caos». Llegaba la edad de los Planes, que en esencia eran un modo de preservar el orden de la orden, la inapelable disciplina, instalando cierta voluntad sobrehumana de servicio en el seno mismo de su opuesto, que —como recordaremos— era el humano «natural», decidido unos ratos a pescar y otros a dormir la siesta.

Ahora el aparato dedicado a lograr que el «pueblo» sea altruista y responsable —que cumpla su concepto como *nosotros*— exige una movilización frenética de todos, fascinados desde el primero al último por la voz de mando. Y, por supuesto, los Planes van siendo iniciativas cada vez más caóticas, maquilladas por cumplimientos cada vez más ilusorios. Pero eso no inquieta realmente, porque la meta no es tanto lograr esto o aquello como tener ocupado al conjunto de la población en procesos de obediencia automática, donde cualquier otra cosa pueda presentarse como sabotaje. Es un universo en blanco y negro, donde el paraíso terrenal llegará fundiendo voluntarismo y

---

10.- Tras el golpe de Estado bolchevique (1917), Kropotkin —que por entonces ha vuelto a Rusia, y vive en Moscú— comenta: «Esto entierra la revolución».

11.- Donde alcanzó un extraordinario desarrollo —y en múltiples niveles— durante los años veinte y treinta, si bien no supo coordinarse con el resto de los republicanos para evitar la restauración franquista.

determinismo, soberanos vestidos con austero uniforme y «pueblo» feliz por haber encontrado médiums infalibles.

La revolución empieza ofreciendo existencia digna a todos —mientras trabajen sin desmayo en lo que se les mande—, y termina en desbandada cuando su liberticida empresa no se acerca a la renta del humilde allí donde la autonomía crece. Pero sin el éxito del leninismo no hubiesen adquirido tanta urgencia ciertos consejos de Keynes[12] —cuyo desarrollo fue rebautizado por los laboristas como Estado del Bienestar—, inaugurando un remedio contrarrevolucionario que acabó siendo lo único vagamente revolucionario en el siglo XX. Separar una y otra cosa es adherirse a la unilateralidad, velando lo que tienen de etapas en el tortuoso parto del «pueblo».

Seguido en su devenir, este parto no muestra dos o más líneas que se corten, se superpongan, diverjan o corran paralelas, sino cierto movimiento que va dibujando los perfiles de un atractor (en el sentido matemático ya examinado, como límite de cierto proceso caótico), donde las líneas son autoevitantes o siempre nuevas aunque se autocontienen también, sin escapar del gráfico[13]. El atractor climático —la lechuza/mariposa de Lorenz— es una forma caprichosa (como la que corresponde a cualquier evento físico percibido de modo realista), y parece remotísimo el día en que podamos representar con mínima nitidez el atractor político[14]. Con todo, basta por ahora con cambiar el punto de vista. La dinámica clásica enseña que cualquier trayectoria supone alguna fuerza, responsable del desplazamiento de tal o cual masa desde un lugar a otro. En contraste con ello, ciertos atractores —los pertenecientes a sistemas complejos[15]— dependen como cualquier sistema físico de limitaciones externas, pero reelaboran espontáneamente esos

---

12.- Sus orígenes inmediatos están en el *New Deal* rooseveltiano, aplicado como remedio a la crisis de 1929.

13.- Véase *supra*, págs. 86-88.

14.- Aparte de otros enormes obstáculos, en este terreno tenemos dificultades análogas a las del neurólogo, cuando quiere localizar las facultades en el cerebro.

15.- En sistemas simples los atractores suelen ser puntos.

límites con cascadas de bifurcaciones, que acaban resolviéndose en alguna fluctuación interna triunfante.

A diferencia de los sistemas inerciales, ese tipo de existencia *elige* hasta cierto punto su evolución, incluyendo algo configurador y más parecido a los genes, que está animado y no se despliega en una sino en todas direcciones. El modelo lineal empieza y termina por la predicción, idealizando constantemente su contenido, mientras los atractores son extraños o caprichosos, aunque llevan en sí cierta forma que se autoproduce; cada uno de sus momentos va inventándose, y desde esa libertad/necesidad que es *su* caos «atrae» constantemente algo afín (nunca igual, nunca distinto) a una particular existencia.

El parto del «pueblo», representado por la revolución liberal, sueña con un Estado mínimo que confíe a la virtud del ciudadano prácticamente todo. La siguiente fase busca suprimir el Estado en cuanto tal, y engendra totalitarismo. Es tratando de resistir al empuje del Estado totalitario como aparece el intervencionista, que contempla el mercado con una mezcla de aprensión y esperanza. A despecho de las guerras que jalonan su curso, ninguna de estas trayectorias se superpone, corta o corre paralela a la otra. Todas juntas perfilan la condición humana como proyecto de sociedad democrática, precisamente en la etapa donde el respeto común por unas pautas de conducta ya no depende de lo sagrado y su violencia.

Patriotas primero, masas después, simples electores luego, los protagonistas de la evolución están y no están, pasan por ser el sujeto absoluto y funcionan como rebaño manejable, operan el cambio y meramente lo sufren. De la receta keynesiana y la leninista queda un frágil marco de principios, identificable vagamente como *humanismo,* devorado por una doctrina sin doctrina —la corporativa—, que calladamente se pregunta si no habrá concluido el desvarío romántico de los últimos siglos, esa suposición en cuya virtud parece haber un «pueblo» decidido a gobernarse tras cada Estado con pretensiones de defender el principio de legalidad. La paradoja jurídica —que donde reina la justicia revolucionaria no puede haber derecho propiamente dicho, ni por eso mismo garantía alguna de autonomía— es el anverso de la paradoja ontológica, en cuya virtud la democracia real ha de ser una no-democracia, pues la libertad suprema es una fusión de las masas con su líder.

Aunque ese proyecto aborta al reclamado «pueblo», la ruina del comunismo y los fascismos no ha impedido que sus lemas y resortes específicos de control se instalasen como pauta permanente en otras organizaciones políticas. Aplicando una receta que Marx había previsto para países industrializados, Lenin y Mao instauraron dictaduras revolucionarias en países sin industrializar. A finales del siglo XX sus esquemas sostienen —en economías no menos atrasadas— al propio Mahoma, cuya Ley padece la extensión mundial del liberalismo. Pasdaranes, muyahidines, talibanes y otros guardianes de la revolución, coordinados con un régimen de partido único, se encargan de sustituir allí el anárquico *laissez faire* por una planificación en todos los órdenes.

10

Del riesgo al manejo del riesgo

> *En tiempos de Newton el automatismo se convirtió en la caja de relojería con música y estatuillas rígidas que evolucionaban sobre la tapa. En el siglo XIX el autómata es el glorificado motor de vapor, que quema combustible en lugar del glucógeno de los músculos humanos. El autómata contemporáneo abre las puertas con células fotoeléctricas, dirige misiles o resuelve ecuaciones diferenciales.*
>
> N. WIENER

Entendido como redención del «pueblo», el proceso revolucionario es una sucesión de Planes orientada a curar la anarquía del temperamento individual y colectivo. Librada a sí misma, esa anarquía teje una red de mercados donde capital y mano de obra compiten de diversos modos, tratando de prosperar con maestría, innovación y un juego de apuestas aleatorias. El efecto es una estructura disipativa que opera por fluctuaciones caóticas y semi-caóticas, donde la organización tiende a la auto-organización y una incertidumbre generalizada constituye la regla. El atractor específico de este sistema es el propio mercado, que oscila de la regulación a la desregulación, construyendo y destruyendo sin pausa.

Los orígenes inmediatos del presente se retrotraen a finales del siglo XIX, cuando Rockefeller, Morgan y Carnegie crean las primeras empresas descomunales, cuya meta es a todas luces mantener altos los precios y anular la competencia. Muy poco después, en 1890, se promulga la ley Sherman, llamada anti-monopolio, seguida por varias otras que desde el principio encuentran serios obstáculos para desbordar el perímetro de las buenas intenciones. Ningún consorcio será el exclusivo proveedor público de acero, tostadoras o petróleo, pongamos por caso, con lo cual será preciso que haya al menos dos proveedores en cada sector económico. Ahora bien, ¿qué impide a esos dos, cuatro o catorce proveedores llegar a un compromiso, orientado a mantener altos los precios y anular la competencia? ¿Qué tiene eso que ver con un mercado libre, cuyos proveedores compiten en el diseño de manufacturas y servicios atractivos para el consumidor?

Una respuesta es que en condiciones de libre competencia ninguna persona singular se hará con un tercio o siquiera un vigésimo de cualquier mercado verdaderamente grande, salvo rarísimas excepciones, por la misma razón de que casi nadie hace saltar día tras día la banca de un casino, ganando sus apuestas de manera infalible. Acumular patrimonios tan enormes exige negocios capaces de perder *limitadamente* y ganar *ilimitadamente*, cosa inconcebible para el derecho tradicional. Pero eso es precisamente lo que se inventa con la corporación mercantil. Aunque haya corporaciones o personas jurídicas desde la antigüedad remota —el modelo más común son los Ayuntamientos—, tan capaces de comprar, vender y tomar a préstamo como las personas singulares, la finalidad de esas corporaciones estuvo y está restringida a metas de bien común, y sus administradores no son sus dueños.

Hará falta llegar a comienzos del siglo XVII para que aparezca una persona jurídica con finalidades privadas de lucro, a quien se confiere el privilegio de una responsabilidad limitada sin afectar el carácter ilimitado de su propiedad. La primera corporación de este tipo —salvo error, la East India Company, en la Inglaterra isabelina— representa una empresa totalmente anómala, ya que sus propietarios no pueden perder más del capital invertido, fuere cual fuere la deuda contraída durante su existencia. Tan insólito es esto que todas las corporaciones mercantiles ulteriores —hasta finales del siglo XVIII— requieren autorización expresa del gobierno en funciones, un trámite dependiente de que hagan compatibles sus metas de lucro privado con finalidades de utilidad general. Desde la perspectiva del derecho clásico, donde el dominio incluye todos los frutos o accesiones —tanto positivos como negativos— de una cosa, el principio de responsabilidad limitada es un ardid fraudulento para aumentar el pasivo de cierto negocio.

Por eso los bancos —una institución que en Europa despunta en el siglo XIII, unas veces como casa de cambio y control de calidad para distintas monedas, otras como prestamista comercial— tienen prohibido acogerse a semejante régimen. Desde el código de las Siete Partidas de Alfonso X hasta medio milenio largo después —concretamente hasta la quiebra del Glasgow Bank (1878)—, los banqueros responden ilimitadamente, con todos sus bienes e incluso con sus propias personas, que pueden ser condenadas a trabajos forzados perpetuos y a otras crueles penas. Aunque ya en el XVII empieza a proliferar el banco moderno, que custodia dinero y otros valores, y presta su efectivo «ocioso» a quien elige, los orfebres y joyeros que desempeñan entonces estos servicios no son corporaciones mercantiles, y cuando empiezan a serlo (a principios del siglo XIX) saben que toda bancarrota será considerada criminal. Desde luego, saben también que a medio plazo los depósitos y las retiradas de fondos tienden a equilibrarse, y que para atender a los depositantes bastará con un pequeño porcentaje de dinero en caja, y una cuantía algo mayor de activos realizables a corto plazo. Pero el derecho antiguo entiende que no pueden acogerse al principio de la responsabilidad limitada: en un casino, lo equivalente sería no perder sino las fichas compradas, estando autorizado a apostar en cuantía superior, y a quedarse con las eventuales ganancias de esa apuesta sin fichas.

Sin embargo, lo impensable en una casa de juego o para un banco se hace posible en otros terrenos de riesgo y ventura, donde estimula de modo extraordinario toda suerte de inversiones. Prestando subjetividad al puro dinero[1], la corporación mercantil corona un proceso que poco antes ha inventado la contabilidad científica, la letra de cambio, el cheque y nuevas modalidades de actividad económica, entre las cuales destaca un rápido desarrollo del contrato de opción y otros futuros, donde volvemos a encontrar el principio de una pérdida limitada y una ganancia potencialmente ilimitada. Al romper la previa simetría entre frutos y cargas, la corporación estimula un desembolso generalizado: ahora hay innumerables formas de colocar ahorros, y muchos gestores para cada forma. El torbellino de una actividad que aprovecha la lejanía del equilibrio se sobrepone a la lógica estabilista del patrimonio antiguo, como una fluctuación triunfante que reorganiza el sistema desde su raíz.

En 1693 —cuando el *coffee shop* de Edward Lloyd en Londres se ha convertido ya en la más célebre de las compañías aseguradoras, y empieza a proliferar el *stockbroker*— la Cámara de los Comunes imita una iniciativa reciente del gobierno holandés y establece la Deuda Pública, emitiendo un millón de libras en bonos que se amortizarán al cabo de catorce años[2]. Junto al comercio con los bienes tradicionales, muebles o inmuebles, aparece otro más sutil y complejo con acciones y obligaciones, que apuesta por el riesgo y —como en el casino— paga al ganador con el perdedor. El cálculo de probabilidades, que hasta entonces progresaba mediante aportaciones aisladas (Cardarlo, Pascal, De Moivre), concentra una atención cada vez mayor. Gracias a la familia Bernouilli y a Gauss, luego a Price y a Galton, la llamada ley de los grandes números presenta el pasado como guía fiable para el futuro, fundando las nociones de distribución normal y varianza[3], cuya promesa es nada menos que medir lo indeciso. Parece posible domar la aleatoriedad, manejar aritméticamente el riesgo,

---

1.- Los tratados la definen como «un capital investido con personalidad jurídica»; cfr. Unía, 1987.

2.- Esos bonos y pagarés inauguran lo que hoy conocemos como «activos líquidos libres de riesgo».

3.- Se conoce como varianza el cuadrado de la desviación o fluctuación estándar (con respecto a la «distribución normal») de los niveles de precios.

como ensaya en la práctica Jonathan Price cuando funda *The Equitable Socio* (La Equitativa) y la ciencia actuarial, una estadística aplicada al campo de seguros y reaseguros.

Lo que sigue es bien sabido. Hamilton, creador de la Hacienda norteamericana, aclara que la independencia recién obtenida con respecto a Inglaterra significa también consagrar «una multiplicación en los objetos de empresa», sin anclarlos a una idea fosilizada del bien común. Tras haber blindado a sus dueños, ahora se entiende que promover la actividad económica es un fin primario del gobierno, y que poner trabas al movimiento de dinero con responsabilidad limitada recorta el crecimiento, lo cual implica —a fin de cuentas— seguir centrando la utilidad pública en guerras, arbitrariedades o limosnas. Un siglo más tarde las megacorporaciones de Estados Unidos se presentan como aspirantes al señorío de este mundo, pues entre los múltiples objetos de empresa mencionados por Hamilton no podía faltar la forma más arcaica de negocio: el monopolio.

1

Pero esta apuesta por el monopolio encuentra resistencias, en uno de los extremos porque ha sido anticipada ya por la economía política marxista, y en el otro porque atropella al espíritu liberal. Los propietarios principales de las grandes empresas con responsabilidad limitada son todavía sus directores y presidentes, y a principios del siglo XX la única ideología disponible para no suscribir el *Manifiesto comunista* ni ponerse a promulgar leyes antitrust —la única disponible para saludar a Rockefeller y Carnegie como benefactores de la especie humana— es un criterio anterior, que no comulga ni con el individualismo ni con el colectivismo. Expuesto en principio como un *Dios, Patria, Rey* que sirve de alternativa al lema *libertad, igualdad y fraternidad,* el ideal corporativo acaba actualizándose en el eslogan *Estado, Familia y Sindicato,* que con pequeñas diferencias léxicas defienden Oliveira Salazar, Pétain, Franco y otros retroprogresivos europeos y latinoamericanos, todos ellos inspirados por la encíclica *De rerum novarum,* que León XIII publica en 1891.

¿Qué nexo hay entre Franco y Rockefeller? Las empresas con vocación de monopolio e ideología corporativista —católica o no— tienen en común desconfiar del sujeto singular, no menos que de los resultados electorales. Patria, familia y trabajo —decía Pétain— son los únicos cauces no conflictivos para la intervención popular, y esa corriente entiende que, a efectos prácticos, el poder político debería dejar las caóticas urnas para entregarse a grupos responsables de intereses, calcados sobre una estructura gremial. Por otra parte, dichos grupos eran y son entidades esencialmente particulares, que al asumir el gobierno de lo común borran las fronteras entre interés privado y público. Contrapuesto a las tesis del socialismo laico y el comunismo, el ideal corporativo cosechó tanto éxito en ciertos campos —la Standard Oil, por ejemplo, que en 1890 controlaba omnímodamente el petróleo norteamericano— como fracaso en otros, y solo allí donde ensaya métodos totalitarios de implantación (empezando por Italia y Alemania) ofrece ciertos visos de prosperidad general.

La primera gran guerra —que paraliza las metas de la Internacional vistiendo a sus afiliados de distinto color, y lanzando a unos contra otros en aras del patriotismo— no consigue modificar una situación de feroces crisis económicas, donde los mercados nacionales y el mundial padecen un colapso generalizado, especialmente calamitoso para productores de materias primas y exportadores[4]. Tras el triunfo de la revolución bolchevique, los bastiones anticomunistas

---

4.- El proteccionismo arancelario, remedio tradicional, solo consiguió sustituir el principio de la reciprocidad en los intercambios (multilateralismo) por el principio de acuerdos entre ciertos países en perjuicio de terceros (bilateralismo), que —como era de esperar—produjo guerras comerciales, con una ulterior contracción de los mercados. Otro método fueron las devaluaciones competitivas, que remediando los males del exportador empobrecen de modo inmediato al importador, y arruinan a quien detente esa divisa.

padecen una cadena de desastres que disparan la bancarrota en la República de Weimar, siguen con el cataclismo económico de Estados Unidos —que al repatriar capitales exporta su crisis al resto del mundo—, y se prolongan en una recesión crónica de las potencias europeas. Hacia 1935 la paradoja es que —a efectos de empleo y desarrollo en general— funciona mucho mejor el totalitarismo, ya sea nazi/fascista o bolchevique.

Es en este momento cuando toma cartas en el asunto Keynes, con una teoría que pretende conciliar los intereses supuestamente inconciliables del capital y el trabajo, a la vez que expone con gran adelanto los principios del orden caótico. En 1933, cuando empieza a remitir la Gran Depresión americana, escribe:

> «En todo instante nos enfrentamos con los problemas de Unidad Orgánica, de lo Discreto, de Discontinuidad: el todo no es igual a la suma de las partes, las comparaciones de cantidad fracasan, pequeños cambios producen grandes efectos, y las suposiciones de un continuo uniforme y homogéneo no se cumplen[5]».

El estabilismo clásico pensaba, por ejemplo, que si las personas deciden ahorrar más y gastar menos caerá el interés del dinero, estimulando así una inversión que restablecerá el equilibrio, pues el conjunto de la economía está tan libre de riesgo como arriesgado resulta para empresas e inversores singulares. Sin embargo, repuso Keynes, que las personas decidan ahorrar más y gastar menos es compatible con una inversión declinante, donde el tipo de interés puede no bajar en proporción al ahorro, o no lo bastante para incentivar desembolsos. Lo fundamental está en que *las decisiones crean medios nuevos,* y que la libertad nunca podrá equipararse a probabilidades matemá-

---

5.- Keynes, 1972, vol. X, pág. 262.

ticas, porque es incomparablemente más decisiva. De ahí que la ley de los grandes números y la media aritmética sean «axiomas muy inadecuados». Como repetirá una y otra vez, «simplemente no sabemos», o al menos no sabemos cosa distinta de que la incertidumbre nos hace libres.

Semejante a una carga de profundidad, este criterio irrumpe en una economía política donde con tiempo y recursos (finalmente, «tierra») la prosperidad se restauraría sola, y la mano invisible del mercado basta para superar cualquier depresión. A su juicio, el único peligro sería recurrir a lo contrario de la espontaneidad —a la intromisión del gobierno—, que por fuerza desembocaría en ineficacia, anacronismo y déficit. Pero era evidente que grupos privados de intereses podían desvirtuar la libre competencia en tanta medida como el más caprichoso y ávido de los soberanos, como el peor de los gobiernos. Por lo mismo, una autorregulación sostenible —que no produjese crecientes ejércitos de parados, y alentase más aún su fervor revolucionario— dependía de no forzar el interés del patrono (mantener o recortar los salarios), pues la depresión económica no solo no se evita, sino que se agrava por ese camino.

2

En 1776, Adam Smith observaba que la riqueza de las naciones depende en primera instancia de dividir y subdividir el trabajo, estimulando las mejoras por innovación, y en segunda de mantener alguna racionalidad en el precio de los bienes[6]. Su tratado negaba que —considerando la competencia a escala interna y exterior— una remuneración generosa del trabajo pudiera afectar autodestructivamente

---

[6].- Una racionalidad que depende de un mercado donde vendedores y compradores establezcan un contacto lo más directo posible, pues solo entonces habrá una oferta lo bastante abundante como para garantizar al consumidor mínimos precios.

a cada mercado, y se adelantaba a las pretensiones ulteriores de que eso solo pudiese producir inflación:

> «En realidad, las altas ganancias de los dueños aumentan el precio de la obra más que los salarios altos [...] La abundante recompensa del trabajo es el síntoma más seguro de progresos en la riqueza nacional[7]».

Lejos de atribuir la austeridad del asalariado a conveniencias de la producción y el comercio, Smith adscribía el fenómeno a «mero egoísmo de los dueños», pues «no puede ser perjudicial para la sociedad entera lo que aprovecha a la mayor parte de sus componentes»[8]. Siglo y medio más tarde, cuando pasa por evidencia indiscutible que la inflación se combate moderando el salario de los humildes, Keynes propone que ni el más bajo nivel de remuneración eliminará el desempleo y, más aún, que creer lo contrario ridiculiza el potencial progreso de la actividad económica. En efecto, ¿quiénes comprarán los bienes? ¿Se limitarían los dueños a vender a otros dueños, cerrando un bucle endogámico tan ruinoso como el de aquellos días?

En menos de dos décadas (1908-1927) Henry Ford había multiplicado por siete mil el valor de las acciones de su compañía, una fábrica que economistas, políticos e inversores consideraron inviable y abocada necesariamente al desastre, pues se proponía transformar el automóvil —un bien de lujo por naturaleza, con mercado muy restringido— en algo accesible para buena parte de la población. Al módico precio de 500 dólares, con una plantilla de obreros y empleados que cobraban el 30 por 100 más que sus equivalentes en empresas regidas «a la antigua» —y que participaban también en beneficios según su *thrift* («diligencia profesional»)—, vendió unos veinte millones de unidades de su modelo T. Una operación en esencia análo-

---

7.- Smith, 1982, pág. 72.
8.- *Ibídem*, pág. 77.

ga —referida al ordenador— convertiría a Gates en el hombre más rico del planeta.

Ni en particular ni en general, argumentó entonces Keynes, puede suponerse que la riqueza de un país sea independiente del nivel de demanda. Y como no era admisible atacar frontalmente el «egoísmo de los dueños» —su derecho de propiedad es sagrado, decía Jefferson— la alternativa para países no totalitarios consistiría en acortar los ciclos de depresión provocando movimiento económico por otros medios. Esos otros medios solo podían ser —por entonces, antes de surgir la ingeniería financiera actual— obras y subvenciones públicas, así como dinero barato para la fundación de empresas. Sin embargo, esas metas requerirían a su vez fondos, que por la vía de una nueva política fiscal —impuestos progresivos— atacaban indirectamente el egoísmo de los dueños.

De ahí que al establecer una correlación, aparentemente solo técnica, entre prosperidad y demanda agregada (suma de gasto en consumo, inversión y sector público), Keynes propusiera una reforma en toda regla de la economía capitalista. Bastaron algunos lustros para que esta respuesta al comunismo —el reto de alcanzar y conservar más bienestar común, sin prescindir de la propiedad privada— se convirtiera en un poderoso instrumento de nivelación social, y a mediados de los años cincuenta el *Welfare State* se ha convertido en una pesadilla para los acomodados, que anualmente les exige cuatro quintas partes de su ingresos e incluso más, instaurando el éxodo de personas y patrimonios a países ni comunistas ni keynesianos, que empezaron a llamarse paraísos fiscales.

3

Al mismo tiempo, esos mecanismos de redistribución transformaron las desigualdades en una clase media mayoritaria, donde iban refluyendo venidos a menos de la riqueza y venidos a más de la pobreza. Lo nuevo de ella era un grado jamás visto de movilidad, pues bastaba una generación para pasar de la opulencia a la miseria. A cambio de cotizaciones caras para el patrono, y baratas para él, el asalariado se aseguraba una modesta pensión, medicina y enseñanza gratuita a nivel primario y medio. En principio, el impuesto progresivo sobre la renta debía sufragar los costos aparejados a esta operación. Y algunos países —los del norte europeo ejemplarmente, apoyándose en su propia reconstrucción tras la guerra— montaron sin convulsiones internas una vía equidistante del socialismo y el *laissez faire*, donde la cobertura pública se prolongaba a situaciones no ensayadas[9], que al complementarse con programas de formación profesional y modalidades más inmediatas de asistencia dieron nacimiento a colectivos básicamente nivelados, establecidos en torno a cierto tipo de barrios y espacios públicos —análogos al *suburb* norteamericano de los años cincuenta—, cuyo denominador común era un igualitarismo amortiguado, presidido por el espíritu de equipo y club, donde la diferencia entre un sargento y un general era mucho menos la paga que el rango, pues dentro de esa clase media emergente el más remunerado rara vez superaba por tres o cuatro al peor retribuido.

Por lo demás, el corazón del sistema dependía de que la progresividad fiscal pudiera mantenerse, y siguiera siendo suficiente para sostener unas inversiones públicas en principio finitas, aunque sujetas a la aceleración del crecimiento burocrático. Pocos lustros después parecerá evidente que mantener tarifas altas en el impuesto sobre la renta alimenta una espontánea huelga de inversión en el sector privado, con el consiguiente estancamiento económico, y lanzándose decididamente al déficit —en forma de bonos desgravables— Kennedy aplica en 1963 los primeros recortes a la presión fis-

---

[9].- Apoyo institucional a la madre soltera o viuda, renta vitalicia para cualesquiera ancianos, contratos estables de trabajo, educación universitaria hasta niveles máximos para estudiantes destacados aunque indigentes.

cal: el motivo es producir desarrollo y empleo. Mantener las pautas de «bienestar social» se vincula cada vez más a una expansión de la Deuda, hasta el extremo de que desde mediados de los años cincuenta a mediados de los setenta ser tenedor de bonos públicos resulta bastante más económico que ser tenedor de acciones privadas; los primeros producen una media superior —en casi cuatro puntos— a las segundas. La señal de alarma no tarda en redondearse, cuando el *crash* de 1973-1974, coetáneo a la brusca subida de precios en el crudo[10], alcanza con su 43 por 100 de pérdidas una cifra insuperada hasta ahora en todo el siglo.

Es el momento de despegue para Reagan y Thatcher, que concretan una sensación de crisis progresiva en el *Welfare,* cuyas prestaciones —cada vez más caras— parecen también cada vez más defectuosas; en definitiva, va haciéndose evidente que es una solución coyuntural, dependiente por completo de lo que decidan gobiernos y electores. Al largo mandato socialdemócrata en Europa sigue otro tanto del conservador, bastante antes de que lo realmente imprevisto y fundamental —el fin de la guerra fría— replantee hasta el último de sus cimientos. Aunque los grandes dueños han venido denunciando más que el resto ese intervencionismo, poco de ilógico tiene: fue un experimento de estabilidad social a costa suya, que —con mayor o menor franqueza en los administradores— pretendía arreglar las cosas gravando al opulento.

Lo que sigue es un desarrollo de economía financiera, buscando nuevas áreas de negocio. En un esquema donde había ante todo clientes y cajas o bancos (dedicados a custodiar depósitos y otorgar créditos), se agiganta la figura de una ingeniería inversora, que en vez de vender o comprar activos (mobiliarios o inmobiliarios) vende información y contactos. En contraste con el prolijo organigrama anexo a la rama comercial del banco, se supone que su rama de inversión puede

---

10.- En 1973 pasó de 1,9 a 9,7 dólares por barril de crudo, y en 1979, de 12,7 a 28,7.

a la vez ofrecer dinero más barato y más caro *(cobran demasiado por prestarle dinero, pagan demasiado poco por su depósito)*, y como el éxito depende de conseguirlo, captando —al menos en parte— la clientela del banco clásico a cambio de nuevas comisiones, esa rama viene a ser el «intermediario de una desintermediación», que vincula a prestamistas y prestatarios desde bases distintas, ofreciendo estrategias de cobertura o aseguramiento conocidas como derivado[11].

La brusca subida en el interés o precio del dinero, que los bancos emisores decretan a finales de los años setenta para frenar la inflación —debida en parte a la nueva subida del petróleo—, hizo que bancos tradicionales y cajas de ahorro topasen con hipotecas ruinosas, contracción general del crédito y algunas otras consecuencias indeseables, que el ingeniero financiero propuso remediar reclasificando, troceando y subastando en el mercado sus gigantescas carteras de préstamos, y ofreciendo a esas instituciones una amplia gama de nuevas inversiones (en derivados). El tiempo se ocupará de mostrar que las nuevas inversiones exhiben rentabilidades solo equiparables a sus riesgos, mientras el sofisticado andamiaje dispara una fiebre adquisitiva, cuya forma más visible es la generalización de compras *apalancadas* de empresas, donde el aval que sirve de garantía para el préstamo es la propia empresa a comprar.

4

Surgen entonces «tiburones» o «pistoleros» imitadores de Michael Milken, origen de una revolución financiera profunda y rentable,

---

11.- Los derivados pueden definirse como contratos que se apoyan sobre la variación en el precio de algo (el «subyacente»), ya sean mercaderías tradicionales o mercaderías de nuevo cuño (índices bursátiles y financieros, opciones sobre divisas, bonos, hipotecas y otros futuros). El refinamiento llega a derivados que se llaman «exóticos», como el MATIM (*Marché à Terme d'Index Meteorologique*), diseñado para cubrir a la agricultura y el turismo de efectos climáticos adversos, el CAF (*Clean Air Futures*) o índice de medio ambiente, distintos fertilizantes, índices inmobiliarios, etc.

que sus adversarios etiquetarán como tráfico con bonos «basura»[12], aunque en realidad se trate de una prolongación —y rectificación— del proceso puesto en marcha desde finales de los años cincuenta, cuando comienzan a crearse conglomerados empresariales de rentabilidad discutible[13].

Durante tres lustros, desde 1971, la compañía de Milken —el banco inversor[14] Drexel Burnham Lamben— asume el pacto de mantener un alto grado de seguridad y liquidez para sus clientes, comprometiéndose a recomprar en cualquier momento títulos de deuda con alto rendimiento y bajo *rating* (entre los cuales están obligaciones de Microsoft, CNN y MCI, compañías entonces germinales). Con todo, no solo consigue esta meta, sino que a principios de los años ochenta la oferta de compra de tales títulos supera a la demanda de fondos por parte de empresas, lo cual crea un excedente que Milken y sus émulos emplean para desembarcar en el selecto y aparentemente inaccesible mercado controlador de grandes corporaciones, desatando una guerra entre magnates advenedizos y magnates clásicos.

Con su sistemático traspaso de propiedad a adquirentes sin solvencia, las compras apalancadas de acciones suponían un endeudamiento extra para las empresas adquiridas, y el segmento social amenazado —grandes dueños y administradores— contraatacó con argumentos sencillos: la especulación puramente financiera terminará estallando como una burbuja, tras hipotecar sin necesidad al capital productivo y socavar los fundamentos del empleo, pues la po-

---

12.- Nombre que designa títulos de deuda («obligaciones» en nuestra terminología mercantil) emitidos por empresas calificadas como «de alto riesgo» y «alto rendimiento». Gran parte del ataque lanzado sobre Milken vive de esa apostilla, que sugiere un tráfico con productos hediondos. Sin embargo, la expresión (*junk-bands*) es mera propaganda, insostenible en términos conceptuales. Si no hablamos de acciones «basura», menos aún cabe hablar de obligaciones «basura», pues la obligación es mucho más segura que la acción.

13.- Véase *infra*, pág. 166.

14.- En Estados Unidos los bancos comerciales no pueden ser bancos de inversión, tras la catástrofe de 1929 (en virtud de la ley Glass-Steagall de 1933), aunque en el resto del mundo lo habitual sea que la misma entidad preste ambos servicios.

lítica de desmembrar gigantes mercantiles para luego venderlos por trozos implica fuertes reducciones de plantilla.

Tampoco carecían de buenos argumentos los «pistoleros», que detectaban en las grandes corporaciones autocomplacencia, infravaloración de sus recursos e inmovilismo generalizado, todo ello amparándose en el oligopolio mundial de Moody's y Standard & Poors, indiscutidos de la solvencia empresarial. Los negocios propensos a ofertas hostiles de adquisición y compras apalancadas —como observó Milken— eran «malos negocios», demasiado dispersos para concentrar su energía, y reestructurarlos pudo suprimir millón y medio de puestos de trabajo en una década, pero creó en esa misma década diez empleos por cada uno de los perdidos, multiplicando por tres el índice Dow Jones[15]. En realidad, se trataba de un relevo sociológico; los recién llegados yuppies pretendían demoler el control del patrono establecido, al ritmo en que crecía la cultura del puro dinero, un dinero cada vez más exótico y evanescente: los bonos de alto rendimiento fueron un modo de pedirlo al inversor —evitando el rodeo del banco—, que aceleró una reestructuración inevitable en algunos sectores[16].

El arbitraje del conflicto quedó en manos de la Reserva Federal, que desde 1986 prohíbe el empleo de bonos «basura» para financiar operaciones de compra y absorción. Poco después Milken es condenado con una severidad desproporcionada a los cargos[17], aunque el mercado que inventó se mantiene boyante[18], y buena parte de sus émulos pasarán de bárbaros depredadores a dignos próceres. Todo

---

15.- Cfr. Fischel, 1995.

16.- Más concretamente, en los de energía (conmocionado por la brusca subida del petróleo, a la cual sigue una larga bajada), seguros y servicios financieros (afectado por cambios legales y económicos), informática y comunicaciones (afectados por el progreso técnico) y megacorporaciones (afectadas por una excesiva dimensión y diversificación).

17.- Diez años de cárcel, tres de «servicios a la comunidad» y 650 millones de dólares por seis delitos «menores».

18.- En 1993 las emisiones norteamericanas de ese tipo de títulos alcanzaron los 57.000 millones de dólares.

cuanto logró el gremio de billonarios tradicionales fue cortar la circulación en uno o dos carriles de la autopista inventada por Milken, que conecta el mercado de deuda privada y el del control corporativo, esto es: la inversión en obligaciones de empresas no estatales y la compra de esas mismas —o cualesquiera otras— empresas.

11

Una prosperidad frágil

Y aunque los bienes no proporcionan dinero con la misma facilidad que éste procura aquéllos, a la larga las mercancías consiguen más dinero que el dinero mercancías.

A. SMITH

El objeto real de la mayor parte de la inversión gestionada por expertos es hoy ser más listo que el vulgo, y encajar la moneda falsa o que se está depreciando a otra persona. En vez del rendimiento probable de una inversión durante años, esta batalla de avispados busca prever el valor con unos meses de adelanto.

M. KEYNES

A medida que lo financiero va aumentando su peso en el conjunto de la economía, el concepto que se agiganta es *volatilidad* rasgo primario de fluidos etéreos, como el humo y otros vapores. El mercado ha crecido fantásticamente, pero hay también dificultades crecientes para instalarse bien allí, porque las estrategias ganadoras tienen vida breve. El hecho de que todos estén a merced de las expectativas y el poder adquisitivo de todos supone, en la práctica, un caldo de cultivo para conductas disparatadas, donde la decisión anómala suele ser normal, y la conducta razonable una excepción. Eso era previsible a partir de sencillos experimentos, como regalar a la mitad de cierto grupo —pongamos colegiales— unos determinados objetos, y sugerir que traten de vender dichos objetos a la otra mitad; comprobamos entonces que los primeros valoran su posesión en un precio próximo a 5, mientras los segundos la valoran en un precio próximo a 2^1. Una escisión comparable reaparece dentro de cada cual entre presente y futuro, gratificación y disciplina, ayudando a entender la paradoja de que las corporaciones repartan dividendos[2].

La trayectoria de las quinientas principales empresas norteamericanas dibuja un perfil interesante de lo acontecido entre 1926 y 1976. En el periodo inicial (1926-1945) la desviación estándar de rentas totales —ingresos más cambio en el valor de las acciones— fue del 37 por 100 anual, mientras el ingreso neto alcanzó una media del 7 por 100. En otras palabras, altos riesgos para magros intereses. El siguiente periodo (1946-1969) ve reducida la desviación anual a algo menos de la mitad (13 por 100), y elevado el ingreso neto a casi el doble (12 por 100), cumpliendo un periodo mucho menos arriesgado para el inversor, que acabará promoviendo una nueva fiebre especuladora. En el tercer periodo (1970-1976) la desviación vuelve a elevarse bruscamente (22 por 100), mientras el ingreso neto anual baja hasta el 6 por 100, un nivel inferior al de 1926.

Desde finales de los años setenta, cuando comienza el manejo de riesgos basado en ordenador, la indeseable variación se experimenta como una evanescencia de los activos, que trata de combatirse con más ingeniería financiera. Sus pilares básicos son diversificar las inversiones y fortalecer los derivados, que constituyen un reino de apuestas paralelas, añadidas preventiva o especulati-

---

1.- Cfr., por ejemplo, Kahneman y Tversky, 1984. La biblia del comportamiento supuestamente «racional» de los sujetos económicos es el tratado de Von Neumann y Morgenstern, 1 944.

2.- Entre 1959 y 1994 las corporaciones norteamericanas pidieron prestados dos billones de dólares (aquí y en lo sucesivo billón es siempre una cifra de trece dígitos, correspondiente al inglés *trillion*) y repartieron como dividendo 1,8 billones (cfr. Bernstein, 1996, págs. 290 y ss.). Si en vez de repartir hubiesen usado el dividendo para comprar acciones de otras empresas, o simplemente para evitar el casi 90 por 100 de su endeudamiento, habrían evitado pagar al menos el 25 por 100 de esa cantidad en impuestos, así como los intereses deudores, y el valor de sus títulos habría crecido en una proporción desde luego mayor. La única respuesta disponible para ese obvio mal negocio es que preferimos gravar el futuro a gravar el presente, pero a la vez queremos asegurar el futuro antes que el presente, llegando así a una curiosa componenda: conformémonos con la renta, sin tocar el capital, aunque eso suponga endeudar el capital mismo, y pagar un alto impuesto.

vamente a la principal. El derivado por excelencia —la *opción*, en cuya virtud alguien paga a otro una prima para asegurarse cierto intercambio en condiciones determinadas de antemano— tiene el mismo fundamento que la corporación mercantil: pérdida taxativamente limitada, ganancia potencialmente ilimitada. Nada hay más seguro en principio para quien invierte, y por eso mismo apenas hubo inversión privada hasta que aparecieron las sociedades anónimas.

1

Sin embargo, los peligros para el inversor no se desvanecen, sino al contrario. Primero, debido a las sustanciosas primas y comisiones que se pagan por la cobertura (*hedging*) con derivados, y también en función de la economía globalizada que comienza. Por una parte están las cotizaciones de cada moneda y los tipos de interés, cuya fluctuación cubre de oro o de ruina indiscriminadamente, tanto al pequeño como al gran negocio. Por otra, es sobremanera difícil extraer algo de nada, y menos aún mediante pura especulación financiera, cuyo precio acaba siendo siempre un grave lastre. Aunque la cartera de inversiones puede diversificarse con bastante armonía (utilizando el modelo matemático que nobelizó a Markowitz), aunque el valor real de una opción puede calcularse con aparente finura (gracias al también nobelizado modelo de Scholes), y aunque hay manera de fijar el precio de otros activos financieros (con el también nobelizado modelo de Sharpe), lo cierto es que cubrir riesgos resulta complejo, costoso y, por eso mismo, muy arriesgado.

Tras las catástrofes de 1987[3], y lo que acontecerá desde mediados de los noventa, la antes bienvenida idea de pólizas capaces de

---

3.- En el *lunes negro*, 19 de octubre de 1937, el índice Dow Jones bajó 508 puntos (22,6 por 100), y la Bolsa de Nueva York perdió un billón de dólares.

asegurar contra pérdidas en una cartera de inversiones pasa a entenderse como una forma de sobreestimar la liquidez del mercado, y de infraestimar su volatilidad. A principios de 1994 se calculaba que el total mundial de derivados rondaba los 41 billones de dólares[4], y que —gracias a la cobertura de su diseño— si todos los deudores dejasen de pagar, la pérdida para sus acreedores no superaría el 4,3 por 100 de dicha cifra. Semanas después la cifra se ha superado largamente, y empieza el naufragio para gigantes como Procter & Gamble, Metallgesellschaft AG, Baring Brothers o Sumitomo, sin duda por una defectuosa gestión de sus particulares administradores, aunque también arrastradas por la infundada creencia de que sus pérdidas estaban reducidas al mínimo.

El reciente gremio de ingenieros financieros empezó vendiendo sus caras recetas con el infalibilismo del charlatán, y la consecuencia de seguir ciegamente su consejo ha sido que otros, analistas más a la antigua, acabaran equiparando el mercado de derivados con una invención suicida. Visto algo más de cerca, aquello que para algunos resultó o resulta suicida es para otros un eficaz manejo del riesgo. En Estados Unidos, de los 18 billones de dólares suscritos en derivados durante el año 1995 unos catorce pertenecían a seis corporaciones[5], que no sufrieron entonces mermas sensibles, sino más bien al contrario. Asumiendo con éxito las ventajas y desventajas de su tamaño, lo cierto es que esas seis compañías evitaron una reacción en cadena del mercado, probando la validez de dos tesis aparentemente contradictorias. Una es que asegurar la inversión equivale a asfixiar un sistema financiero. La otra es que todo manejo del riesgo crea nuevos riesgos, que todo juego con incertidumbres las multiplica.

4.- Cfr. «Global Market for Derivatives», *Wall Street Journal*, 19-XII-1995, pág. 1.

5.- Chemical, Citibank, Morgan, Bankers Trust, Bank of America y Chase. Cfr. Bernstein, 1996, pág. 321. En 1998, prácticamente llevado a la bancarrota por el derrumbe del mercado asiático, Bankers Trust será absorbido por el Deutsche Bank, una institución muy solvente hasta el verano de 1998, cuando comenzó a verse afectado por la catástrofe económica rusa.

2

Sin algo de buena suerte, o sin el debido conocimiento, los productos financieros de última ola se transforman en vehículos etéreos, cuya volatilidad resulta igual o superior a la volatilidad que corresponde por naturaleza a inversiones directas. Asegurar carteras de esos productos —y no ya solo muebles o inmuebles— ha estimulado un nivel mayor de exposición a riesgos, y lo mismo cabe decir de la diversificación, cuando se verifica invadiendo áreas nuevas o aparece una turbulencia seria; ni lo uno ni lo otro garantizan ganar, sino —cuando mucho— no perder todo de golpe. La experiencia de 1997-1998 demuestra, además, que los esquemas premiados con el Nobel de Economía —y seguidos por gran parte de los inversores[6]— no solo no funcionan al menor indicio de crisis, sino que han sido en buena medida responsables directos de enormes pérdidas, y de que la crisis se agrave. Sin ir más lejos, sus erróneas suposiciones sobre el mercado sembraron como modelos de cobertura los llamados *VaR*[7], que para reducir el riesgo obligan a vender; pero el hecho de seguir casi todos los inversores esa receta exacerbó la caída de activos, y una generalizada pérdida.

La crisis del verano de 1998 se origina en una propuesta de inversiones básicamente cuantitativas, cubiertas de riesgo por aceptar una rentabilidad no muy alta (la de «valores relativos», como el diferencial entre bonos del Tesoro de distintos países), propuesta que quizá habría podido funcionar menos lamentablemente si, ya desde Markowitz, los expertos no infravalorasen la correlación entre instrumentos financieros, descartando «contagios», y si no sobrevalorasen la liquidez de los mercados. En junio de ese año, tras surgir un agujero negro en el mayor fondo mundial —LTCM, prototipo de dicha política—, un fenómeno de «huida hacia la calidad» produjo

---

6.- El PS de Markowitz, el OPM de Scholes-Black y el CAPM de Sharpe-Merton.

7.- *Value at Risk*.

un repunte de fiebre especuladora, con grandes compras apalancadas para recobrar rentabilidades altas, y cuando el mercado giró en sentido contrario —inhibiéndose ante inversiones de alto riesgo— el valor de todas esas garantías se desplomó. Fue necesario vender inmediatamente, pero —nueva sorpresa— no aparecieron compradores: la liquidez se había secado.

«¿Por qué no han funcionado adecuadamente los modelos de control del riesgo, especialmente los más sofisticados? En primer lugar, porque reparten los posibles acontecimientos en forma de una distribución normal, es decir, en forma de campana, Sin embargo, las crisis financieras son acontecimientos que no se distribuyen normalmente. Aunque estos modelos prevén circunstancias y escenarios excepcionales, lo hacen sobre experiencias pasadas, como las crisis de 1987, 1990 o 1994, pero da la casualidad de que cada nueva crisis tiende a ser diferente de las anteriores[8]».

Como contrapeso a estas duras realidades, y probando la vitalidad del caos, existe y se mantiene —aunque lo ensombrezca su propia fragilidad, y su poder destructivo[9]— un enorme mercado para inversores de todo tipo. El número de particulares convertidos en accionistas, y la proporción de esos títulos en el conjunto de la riqueza familiar, ha aumentado a un ritmo muy vivo. Al mundializarse, este mercado funciona como una especie de sistema circulatorio, que bombea fondos desde un centro capitalista a una periferia productora[10], aunque en los últimos tiempos bombea capital desde la periferia —amenazando (o cumpliendo) variadas catástrofes—. No deja

---

8.- De la Dehesa, «Los paradigmas financieros en tiempos de crisis», *El País*, 30/I/1999, pág. 48-E.
9.- En menos de año y medio, desde julio de 1997 (comienzo de la crisis asiática) a enero de 1999, las turbulencias financieras han producido recesión, bancarrota o aislamiento total para diez países: Tailandia, Corea del Sur, Indonesia, Malasia, Taiwan, Hong Kong, Japón, Ucrania, Rusia y Brasil.
10.- Cfr. Soros, 1999.

de ser cierto que ha contribuido a elevar espectacularmente el nivel de vida en algunas partes de la periferia (sobre todo las del «modelo asiático»), colaborando también en el hecho de que el centro haya logrado moderar tanto inflación como déficit público.

Cualquier gráfico de las Bolsas que cubra suficientes años mostrara cómo el cambio mensual, cuatrimestral y anual en precios dibuja siempre una curva fractal (véase figura 11), que dista mucho del alegre, regular y sostenido incremento predicho por quienes ofertan acciones, si bien exhibe también bastante más actividad a la derecha que a la izquierda del cero. Eso muestra que ha habido rentas, finalmente humildes aunque positivas. Algo más preciso, el índice *Standard & Poor's 500* —que cubre las últimas siete décadas— ofrece una media anual del 7,7 por 100, que mensualmente equivale al 0,6 por 100. Pero atendamos a otro aspecto del fenómeno.

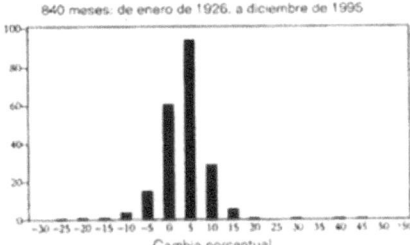
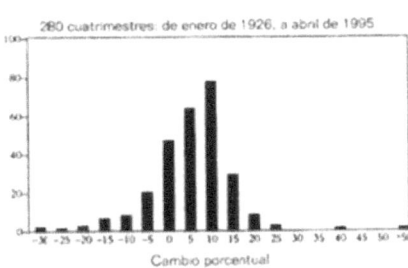
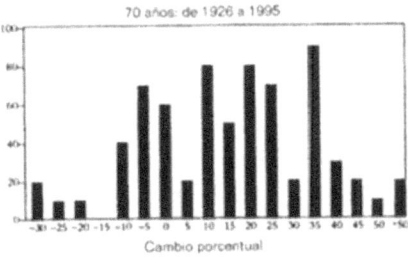

FIGURA 11: Variación en el precio de las acciones de las 500 primeras empresas de Estados Unidos, según el *Standard & Poor's Index* (Bernstein, 1996).

3

A finales del siglo XIX, los dueños de las grandes corporaciones eran todavía las mismas personas que sus gestores, o cuando menos guardaban la prerrogativa de nombrarlos y cesarlos. Y el propio hecho de forjar esos conjuntos de empresas se consideró un asalto a la libertad de mercado, que trató de evitarse mediante leyes. Algunas décadas más tarde, a principios de los años cincuenta, gestión y propiedad son ramas distintas. Como invirtiendo la triste suerte de Willy Loman —el viajante de comercio descrito por la tragedia de Miller—, una *managerial revolution* se adapta a la enorme suscripción de acciones emitidas por todo tipo de sociedades mercantiles, hasta el extremo de que los accionistas acabarán convertidos en nueva masa inercial, requerida vitalmente de gobierno, y el empleado pasará a gobernar sobre el dueño como gobierna el ejecutor testamentario la voluntad de un difunto.

Lejos de ser caprichoso, semejante cambio puso de manifiesto que la corporación se había dado una racionalidad burocrática, trascendiendo el familiarismo. Japón y Alemania, países pioneros en esta tendencia, tenían ya desde finales del siglo pasado administradores profesionales a la cabeza de sus grandes industrias, y gracias a ello alcanzaron sin dificultad una escala desconocida en China y Francia, por ejemplo, donde o bien la empresa sigue siendo propiedad de los herederos del fundador, y evita crecer más allá de cierto punto, o bien se hace demasiado compleja y acaba quebrando o pasando a propiedad de otros[11]. En Norteamérica esa superación del familiarismo parece tener un fundamento parecido —cierta sociedad cul-

---

[11].- El caso japonés se liga sin duda a una relativización de los vínculos de consanguinidad, que desde siempre ha fortalecido la administración del patrimonio familiar incorporando como cabeza de familia a algún joven humilde con alta capacidad. Hideyoshi, el gran shogun que reunificó el país, fue un hijo de campesinos adoptado por una familia aristocrática, y no pocos primeros ministros japoneses posteriores a la SGM son hijos adoptivos. En el siglo XIX la clase media recurría a este sistema de racionalización en un porcentaje muy alto, próximo al 40 por 100 de las familias. Cfr. Fukuyama, 1998, pág. 219.

turalmente homogénea, como la *wasp*—, y estar ligada al éxito en la titánica tarea de surcar el país con ferrocarriles, algo que exigía una gestión muy descentralizada y autónoma, y que —en marcado contraste con Europa— tuvo una financiación y dirección totalmente privada[12].

Fuese cual fuese su origen, a mediados de este siglo buena parte de la nueva clase gestora había hecho su aprendizaje llamando de puerta en puerta para vender algo, con el maletín del ejecutivo en una mano, y acercarse a la presidencia de las grandes corporaciones puso a sus miembros en la tesitura de regir al mundo imprevistamente, sin otra experiencia que trepar escalones. Lo trabajoso de esa misma escalada excluía, por lo general, que fuesen empresarios inventores —como sucedía en las generaciones previas—, aunque tampoco fuesen un estamento acostumbrado al gobierno, como en su tiempo lo habían sido nobles, eclesiásticos y terratenientes. Mirados en conjunto, eran una clase sin pasado, y por eso mismo sin futuro previsible; por delante solo tenían el presente.

Todo era nuevo para ellos, que heredaban los antiguos monopolios reales en una época donde ya no hacía falta rendir cuentas ni repartir con la Corona, y donde empezaban a no ejercerse sobre un país u otro sino sobre el orbe entero, mientras una dinámica expansiva iba aglomerando dentro de cada gigante las actividades más diversas[13]. Algunos economistas, como Galbraith, explicaron esa tendencia al crecimiento por imperativos de la tecnología moderna, aunque —con la ventaja otorgada por el paso del tiempo— esta afirmación se sostiene mal. En realidad, resultaba admisible antes de surgir los conglomerados de finales de los años sesenta, que más bien derivaban de la *autonomía* alcanzada por los directivos, y cuya reestructu-

---

12.- Cfr. Fogel, 1972.
13.- ITT (International Telephone and Telegraph), por ejemplo, compró entre 1970 y 1980 la cadena Sheraton, el alquiler de coches Avis y varias docenas de otros negocios, como casas editoriales, empresas de construcción, panaderías, fábricas de conservas, celulosa, trilladoras, ignífugos, piensos para perros y gatos, etc.

ración sería el origen del nuevo capitalismo financiero[14]. Destinando fondos crecientes a «nuevo equipo y ampliación de operaciones» resultaba posible: *1*) recortar el dividendo debido a los accionistas; *2*) aumentar la discrecionalidad de sus gestores; *3*) mantener o incluso elevar la cotización de los títulos.

La endogamia de esa nueva clase directiva se sugiere rastreando la suerte de las 500 mayores corporaciones norteamericanas desde 1955 a 1980: 262 siguieron en la cumbre y 238 abandonaron ese privilegiado estatuto, pero de estas últimas solo cuatro no fueron absorbidas por otros gigantes, con lo cual sus activos continuaron en manos de la otra mitad; naturalmente, el accionariado de las 234 corporaciones reabsorbidas padeció mermas de mayor o menor cuantía, pues los adquirentes aprovecharon su crisis para comprar barato. De una manera hasta ahora inédita, se cumple el principio de mantener todo en la familia, aunque una de cada dos megacorporaciones siga la senda del crecimiento lento, seguido de *boom* y bancarrota.

Hacia 1980 es un hecho destacable la ascensión del *yuppie* financiero simbolizado por Milken, que genéricamente supone un paso adelante en la masificación del accionista, propietario cada vez más ilusorio de las corporaciones. Utilizando como palanca obligaciones de alto rendimiento —y supuesto alto riesgo (bonos «basura»)—, esta segunda hornada de *managers* aspira a reemplazar a sus mayores, ahondando el divorcio entre un propietario inerte y un gestor operante, que ahora resulta ser un agresivo testaferro de inversiones ajenas. Dicha transición coincide con el incremento en volatilidad de los activos, simultáneo al ambicioso proyecto de asegurarlos contra

---

14.- Casi todos aquellos conglomerados partían de alguna corporación que —por relacionarse con inversiones del Pentágono— producía un rápido crecimiento en beneficios. Usando esas acciones de alta cotización se compraron toda suerte de negocios, y solo más tarde (al comprobarse también que el trato privilegiado del Pentágono estaba rezagando tecnológicamente a sus contratistas, si se comparaban con empresas análogas de Alemania, Suiza, Japón y otros países) resultó manifiesto que la relación entre beneficio y precio de las acciones no estaba a la altura de las expectativas creadas. Los primeros «pistoleros» o «tiburones» financieros surgieron al amparo de gestionar la formación y explotación de esos conglomerados, aunque solo se consolidarían en los ochenta, cuando empezaron a adquirirlos mediante OPAS y compras apalancadas, para luego trocearlos o «focalizarlos».

la volatilidad misma. Como cualquier otra masa, la accionarial tiende a ahondar en su estado —bien sea de reposo o de movimiento—, mientras no actúe sobre ella alguna fuerza externa.

Pero cabe decir también lo contrario. Milken y sus discípulos fueron los primeros en amenazar el imperio de los grandes gestores corporativos. Aunque el sistema de comprar empresas poniendo como garantía a esas mismas empresas —la compra «apalancada»— implica endeudarlas por el valor del préstamo, el dinero y el control corresponden de nuevo a inversores, no al gestor, obligándole a cambiar radicalmente de política si no desea ser despedido. Vista desde esa perspectiva, la innovación financiera de Milken fue devolver capacidad decisoria al accionista, y en no pocos casos racionalizar la dirección.

El gigante RJR Nabisco, una de las veinte mayores empresas del planeta[15,] era coto privado de F. Ross Johnson, un presidente que se otorgaba —como otros colegas en el supremo escalón corporativo— el usufructo de treinta mansiones imperiales y once reactores, por citar algún ejemplo. El 1 de diciembre de 1988, un año después de anunciarse que las acciones habían bajado el 8,3 por 100, la asombrada prensa informa de que RJR Nabisco ha sido adquirida por 25.000 millones de dólares —pagando a 107 la acción— por una empresa apenas conocida (Kohlberg Kravis Roberts & Company), que financia la compra apalancada con un enorme porcentaje de bonos «basura». El depuesto emperador, Johnson, recibe una compensación de 53 millones, mientras abogados, banqueros y otros «consultores» se embolsan 1.200 millones más. *Time* publica un editorial llamado «El juego de la codicia», donde declara:

«Las sumas son tan grandes, y tan aparentemente desproporcionadas a cualesquiera beneficios previsibles para la industria

---

15.- Fusión de la tabaquera R. J. Reynolds (fabricante de Winston, Camel y Salem, entre otras marcas) y Nabisco Brands, una compañía de alimentación.

americana, que suscitan dudas profundas y turbadoras sobre la dirección de los negocios en este país, justamente cuando muchas firmas han quedado muy rezagadas en competitividad con respecto a las extranjeras. Desde la era de los magnates bandidos del siglo XIX raras veces ha resultado tan discutible la conducta corporativa. La batalla por RJR Nabisco parece haber cruzado una línea invisible, que separa la conducta razonable de la anarquía[16]».

Los magnates bandidos del XIX norteamericano fueron básicamente J. P. Morgan, A. Carnegie y J. D. Rockefeller. Y el primero de ellos, Morgan, provocó una indignación muy semejante en la prensa cuando pagó un precio récord —por cierto, mediante una compra fuertemente apalancada— para adquirir ocho acerías y formar la U. S. Steel, una empresa que poco más tarde se consideró modélica. Sin embargo, apenas dos años después de su escandalosa compra, RJR Nabisco corregía las extravagancias de su presidente, ofreciendo al accionista un rápido pago de la deuda y una revalorización próxima a los 10.000 millones de dólares[17] durante dicho periodo; esas metas las consiguió, por supuesto, adaptándose a condiciones de descentralización y producción ajustada, incompatibles con su previa estructura piramidal. En definitiva, reestructurándose para conseguir flexibilidad y concentración eficaz en cada tarea.

4

Las metamorfosis de los nuevos rectores mundiales dibujan pautas de competitividad creciente, colmadas de alianzas con lo caótico bajo un barniz de seguridades, y no las que corresponderían a sólidos

---

16.- Editorial, «The Game of Greed», 5-XII-1988.
17.- Cfr. Fischel, 1995, págs. 8-19.

regulares indeformables, describiendo curvas no menos regulares y reversibles, que algún controlador podría trazar con regla y compás. Como cualquier otro fluido turbulento, indican esencialmente apertura al devenir, progresos en la autonomía. Pero los fluidos son configurados por sus cauces, a la vez que los configuran, como prueba la dialéctica entre Tierra y naturaleza humana. A principios de siglo las personas se desplazaban básicamente por tracción animal, pegadas a la superficie del planeta, mientras a finales de siglo viajan gracias al motor de reacción, a unos diez mil metros de altura cuando su destino se encuentra algo lejos.

También a principios de siglo parecía manifiesto que el empresario era casi siempre un explotador, y el obrero casi siempre un explotado, mientras a finales de siglo las cosas presentan un cariz distinto. Convertido en bastión inmovilista, el trabajador a la vieja usanza aspira a mantener su puesto haciendo lo mínimo, mientras el empresario asume —cuando no es una transnacional de abrumadora influencia— la arriesgada precariedad que antes caracterizaba al primero, ofreciendo cosas útiles a los demás y por eso mismo vendibles. De ahí que solo parezcan tener futuro quienes sean capaces de convertirse en autoempleados (tras descubrir aquello para lo cual sirven, y servirlo), en vez de fantasear los unos con contratos laborales permanentes, y soñar los otros que sus ahorros producirán un interés seguro y bastante para sobrevivir sin hacer uso de una laboriosa inventiva. Al aparecer un empresariado obrero, o un obrero empresario, la relación laboral se individualiza —hoy sí, mañana no, pasado veremos—, transformando el tradicional menú único en un sistema de trabajo a la carta, favorable o desolador en función del grado en que cada cual logre autoemplearse.

Transiciones de este calibre, que se habían demorado milenios, acontecen ahora en lapsos breves. Al ritmo en que va escaseando el trabajador antiguo —reconvertido en empleado para empresas de servicios—, el experto en economía sugiere al capitalista especular inteligentemente con su capacidad de endeudamiento. Profeta del antiguo orden industrial, en vez de vender acciones Henry Ford preferiría sufragar el crecimiento de su empresa con los beneficios, y solo recurriría al crédito cuando le resultaba absolutamente inevitable[18]. Los profetas del nuevo orden llaman a eso trogloditismo, y concentran mucho más metálico en jugar al cambio de divisas y permutar derivados que en establecer industrias o comercios; de hecho, inventaron con las OPAS hostiles y actividades parejas un modo casi instantáneo de trocar radicales insolvencias en radicales solvencias.

Se alega que «por sí solos, los movimientos de capital a corto plazo producen probablemente más perjuicios que beneficios, y —según demuestra la crisis asiática— a un país receptor le resulta muy arriesgado permitir entradas de capital a corto plazo para usarlo en fines a largo plazo»[19]. Esa manera de amasar fortunas en horas o minutos tiene abundantes efectos secundarios o indeseados, que no son solo incrementar la volatilidad del conjunto, sino reducir la *liquidez* a grandes zancadas. Aconsejado por bancos y otros operadores, el inversor común entra en ese círculo convencido de comprar a la baja en un mercado alcista, y pronto o tarde descubre que para no perder debe reinvertir a toda prisa en un mercado muy inestable, cuando no a conformarse con rentabilidades ridículas. En septiembre de 1999, por ejemplo, se hace público que el 81 por 100 de los fondos españoles de inversión arroja resultados reales negativos para sus partícipes[20]. La

---

18.- De hecho, eso le supuso hacer frente a una demanda legal planteada por accionistas de su compañía, que exigían un reparto mayor del excedente acumulado, y proponían financiar la expansión del negocio por vías crediticias. Ford respondió comprando todas las acciones; esa fue —según dicen— la segunda y última vez que pidió dinero prestado.

19.- Soros, 1999, pág. 225. No deja de ser cierto también que los flujos de capital especulativo a corto plazo pueden convertirse en saneadas reservas cuando se trata de economías como la de Singapur, por ejemplo, que se financia con ahorro interno, inversión extranjera y deuda a largo plazo. Solo funcionan corno supuesto salvavidas —que se transforma en lastre de puro plomo— para países cuyos bancos son deficitarios por cuenta corriente (esto es, cuyas deudas a corto plazo superan sus activos liquidables a corto plazo, y cuyo coeficiente de caja se encuentra bajo mínimos), como sucedió en Tailandia, Corea del Sur, Indonesia, Malasia y Filipinas. Cfr. Hidalgo, 1998, págs. 37-38.

20.- «Los fondos registran ganancias inferiores a la inflación o pérdidas» (El País, 17 /XI/ 1999, pág. 65-E).

Bolsa, de quien depende el beneficio para estas instituciones, ha ganado en los últimos nueve meses 0,70 puntos, lo cual equivale a un 0,08 por 100 de ganancia, mientras la inflación asciende al 2,4 por 100.

Por otra parte, tras un dilatado periodo donde el dinero fue muy caro, la caída en los tipos de interés pone fin a las modalidades tradicionales de ahorro, pues ahora ya no tiene sentido acumular efectivo para depositarlo en una gestora de inversiones y cobrar las rentas. Si no quiere meter sus economías bajo el colchón, como actualmente hacen los japoneses (para maldición de su sistema bancario, pero por culpa del propio sistema bancario, acostumbrado a la quiebra de demasiados bancos), lo que le queda al asalariado y al trabajador por cuenta propia es ganar quizá algo más jugando en Bolsa, aunque ese algo más sea en esencia una invitación a sentarse en una mesa de casino, donde beneficio y perjuicio resultan perfectamente azarosos. Azar viene de *al zahr,* «juego de dados».

5

Mirándolo a vista de pájaro, se diría que el genio de la especie ha puesto en marcha una conquista de la lejanía —en el sentido de hacer tan inmediata como fácil la comunicación—, y que semejante enormidad eclipsa a todo el resto de los avances técnicos. Sea una masacre en Argelia, una boda en Bali o simple tele-basura, las imágenes y el sonido están dentro de nuestras casas, que reverberan con innumerables sugestiones venidas de todas partes. Lo distante se acerca al ritmo en que el fuera reaparece dentro, exponiéndonos a márgenes jamás vistos de azar y elección simultáneamente. Por lo demás, buena parte de lo que se produce y vende es algún tipo de noticia sobre el mundo, un alimento mental o emocional de la conciencia, digerido en la interioridad de cada individuo[21]. De

---

21.- Por supuesto, en el Tercer Mundo la aspiración se refiere más a cosas que a noticias, pero estos países aspiran ante todo a conseguir los estándares del mundo desarrollado (salvo raras excepciones).

ahí la frenética carrera por controlar medios de comunicación.

Semejante cambio genera cuestiones políticas de gran calado, y entre ellas una desaceleración de la historia coincidente con la «sociedad posindustrial de masas». De hecho, las últimas invocaciones al «pueblo» cesaron al desaparecer los aspirantes a su sojuzgación leninista o nazi-fascista. Derrotados los totalitarios, y derrotados precisamente por la libertad popular, el *demos* o *populus* mismo se esfuma como un vapor, dejando en su sitio una abrumadora sensación de inexistencia; todo cuanto queda de su triunfo es el elemento másico, inercial, de una ingente muchedumbre donde aparece y desaparece algún magnate o algún bufón. Ahora sabemos ya que cualquier grupo humano des-estructurado —en nombre del control, desde luego— engendra como seudópodo un conductor mesiánico, demenciado por su propio papel.

Lo opuesto a una masa humana es cualquier red de personas singulares, tejida sobre la substancia de sus diferencias, y abierta creativamente a flujos aleatorios. El grado de apertura, a su vez, depende del nivel de auto o hetero-observación allí desplegado, con arreglo a la llamada «conjetura de Von Foerster»[22]. De ahí que la pregunta sea cómo fortalecer la persona singular soberana, sostén último de comunidades pacíficamente prósperas, pregunta que reclama las cuentas del administrador en cada uno de sus empeños, pues el controlismo defiende cierta regularidad uniforme como lo barato o menos caro, cuando en la práctica sus operaciones son incapaces de superar la más mínima

---

En cualquier caso, su población es atraída a emigrar hacia Europa o América del Norte con la inevitabilidad de un fototropismo positivo, sobrellevando cualesquiera peligros y penalidades.

22.- «Cuanto más "trivialmente" conectados están los elementos de una red —en el sentido de rígida o unívocamente determinados por sus vecinos— más previsible es para un observador *exterior* su comportamiento global, pero más aparece como "contraintuitivo" y no dominable para los observadores *interiores* que son los elementos de la red. La *exteriorización* del ser colectivo en relación a sus miembros crece, en consecuencia, de manera que ya no reconocen allí el producto de sus acciones. Inversamente, la riqueza, la complejidad y la ambigüedad del vínculo social producen una sociedad que resulta relativamente opaca a ojos de un observador exterior, pero donde los societarios se *reconocen*. El *sentido* la recorre aunque se coloquen artificialmente en situación de exterioridad con respecto a ella, y su comportamiento les parece el de un ser dotado de vida propia» (Dupuy, 1991, pág. 70).

auditoría.

En otras palabras, el control es sin duda inevitable para la vida, pero solo parece viable orientado hacia un autocontrol de cada elemento, so pena de topar con el entrópico tema de los mesías y su correspondiente grey —con su correlato de tiburones financieros y accionariado borrego—, paradigmas de despilfarro emocional y mercantil. Lejos de montarse sobre alguna salvación, nuestra descreída edad se basa en la fuente de complejidad representada por la confianza mutua[23], llevada al extremo de depositar sueldo y ahorros en una institución como el banco, cuyo funcionamiento depende de que ningún día acuda siquiera sea el 8 por 100 de los depositantes a reclamar su dinero. Basta una hora de desconfianza para demoler toda la prosperidad actual del mundo. Como esa hora no ha llegado en cuatro décadas, al menos para el Primer Mundo, hay algo de comunidad subyacente.

Pero no deja de ser cierto que lo colectivo y la propia individualidad, el Yo y el Nosotros, se desentienden de esa confianza o espiritualidad básica, lograda gracias a un ingente trabajo común previo, y tienen cada vez más la impronta del simulacro administrado por una especie de Leviatán *light,* cuyo propósito se diría sustituir la demanda —tradicional fuente de la actividad— por la oferta, en un proceso de universal marketing. *Compre, compre.* Sin perjuicio de mirarlo algo más despacio luego, parece momento de atender a lo que esta época ofrece de admirable, empezando por el entierro de las religiones estatales. Quien quiera informarse un poco más sobre ingeniería financiera repasará el anexo a este capítulo.

23.- Sobre la confianza como «dispositivo productor de complejidad social», cfr. Luhmann, 1996.

Anexo

La ingeniería financiera[*]

> *Nuestra economía [...] es el resultado de una elección consciente por parte del pueblo americano desde la década de los treinta. No está en nuestra mano aceptar los beneficios actuales sin sus costes. La eliminación de los riesgos significaría una reducción de nuestros niveles de vida.*
>
> A. Greenspan

El auge de un capital puramente especulativo, manifiesto desde principios de los ochenta, depende más de lo que parece del Estado rooseveltiano y keynesiano. El volumen creciente de dinero no gestionable por sus propietarios había empezado a acumularse varias décadas antes, cuando el proyecto del *Welfare* inmovilizó grandes sumas para ligarlas a servicios de atención médica, formación profesional y planes de jubilación. Dichas montañas de dinero suscitaron un fuerte crecimiento de compañías aseguradoras, mutualidades, fondos de pensiones y otros fondos (finalmente de inversión y de cobertura), que acabarían siendo administrados por escuelas universitarias de negocios, a través de másteres en gestión empresarial.

La oferta del nuevo gremio fue un modo más exacto de «tasar la incertidumbre»[1], ofreciendo una manera propiamente científica de establecer precios ajustados y competitivos. La estadística, encargada de «masticar numéricamente» el descomunal volumen de señales que arroja el funcionamiento de los mercados financieros, contaba con bases de datos informatizadas a lo largo de los sesenta y setenta.

1.- Stix, 1998.
*.- Gran parte de los datos, referencias y argumentos aquí expuestos provienen de Izquierdo, 1999.

Y el núcleo teórico sería el programa de la llamada economía neoclásica, que puede retrotraerse a principios de los setenta, cuando Paul Samuelson convence a Robert C. Merton[2], entonces un doctorando, para que matematice la compraventa de títulos financieros, con vistas a lograr una evaluación más precisa de esos activos[3]. Merton supuso que dicha compraventa tiene una estructura análoga a sistemas mecánicos con muchos grados de libertad, y propuso «granulizar» el riesgo. En esas «finanzas de partículas»[4] cada producto ofrecería una articulación de distintos riesgos discretos.

En realidad, Merton hizo frente a su problema como medio siglo antes la mecánica cuántica hiciera frente al suyo. Al irrumpir más información —debida tanto a fenómenos nuevos como a nuevos modos de observarlos—, el paradigma científico previo colapsa, incapaz de mantener una mínima concordancia con dos «hechos», y en ese momento el edificio académico segrega una «teoría» que rompe con lo intuitivo, ofreciendo a cambio eficacia predictiva. En ambos casos, la matemática habilita el salto de un ámbito cualitativo y aparentemente aleatorio (física fundamental o economía política) a un ámbito cuantificado y aparentemente conjeturable (velocidad del espín electrónico o valor de un título).

El contrapeso es una permanente ambigüedad en la exactitud, porque no se refiere tanto a *lo* medido como al propio medir, tropezando con solipsismos. En física subatómica no es posible observar a la vez posición y energía, debido a la naturaleza de los instrumentos de observación; en finanza de partículas no es posible determinar a la vez la fluctuación de precios y el «riesgo» aparejado a ella. De ahí que para fijar el valor de una opción haya cinco variables independientes, una de las cuales es un parámetro libre o desconocido. Las

---

2.- Hijo del sociólogo Robert K. Merton, teórico de la «profecía autocumplida».

3.- Esto es: ¿qué precio debe atribuirse a una acción, una obligación, una opción, una permuta? Cfr. Samuelson, 1983.

4.- Cfr. Merton, 1995.

cuatro primeras son determinables de antemano[5], pero la quinta —o «volatilidad»[6]— solo se averigua después.

El manejo de las variables[7] solo producirá un precio no muy distinto del efectivo, a pie de parqué, si se organiza como una cobertura dinámica: quien vende ese tipo de seguro sobre inversiones no solo debe emplear parte de la prima en un reaseguro, sino que debe hacerlo día a día, hora a hora, en tiempo real. La cobertura óptima (llamada delta-neutra) es una secuencia de operaciones cruzadas de compraventa, donde cierta cartera de títulos no solo juega en una mesa con varios crupieres, sino rodeada por una pléyade de intermediarios, que a cambio de su comisión empaquetan continuas precauciones de todas las carteras contra todas las carteras.

La contrapartida de un compromiso tan continuo es —se supone— una convergencia muy marcada entre precios teóricos y precios reales. Pero la descomposición del riesgo en cuantos tampoco lo asegura. Definir esos cuantos —las llamadas «griegas»— sirve más bien como código *lingüístico* para los profesionales del ramo, y entre ellos solo algún despistado patológico confiará en su precisión para hacer inversiones.

> «Si el modelo hubiese sido usado como fórmula de valoración, hace tiempo habría demostrado su invalidez. Para un operador la fórmula [de Black-Scholes] es más bien un vago indicio sobre el precio de una opción [...] que se usa como herramienta para comunicarse con otros operadores, porque a posteriori —una vez conocida la volatilidad implícita— puede fijarse dicho precio[8]».

5.- Cotización del activo subyacente, precio de la opción, tipo de interés y duración del contrato.
6.- La volatilidad es el riesgo de fluctuación del subyacente (aquello sobre lo cual reposa la opción de compra, venta o permuta).
7.- Mediante derivadas parciales de cada una, denotadas con las letras $\delta, \gamma, \theta, \varrho, \nu$.
8.- Taleb, 1997, pág. 3.

Como en los vericuetos de la física de partículas y subpartículas, donde seres hipotéticos e imaginarios interactúan en fracciones minúsculas de tiempo, la coexistencia inmediata de complejidad y simplificación cristaliza en densas jergas. El *broker* chilla: «¡*Doy-100-calls-Ibex-M-99-336!*»[9], y su atónito cliente asume en ello una forma más científica o prudente de apostar que revendiendo entradas para algún espectáculo, o consiguiendo un puesto de venta ambulante. A favor de esa suposición están los innegables hallazgos de la ingeniería financiera, que básicamente han sido modelizar la *diversification* y la *securitization* («titulización») del riesgo. En contra está un equívoco en cuanto a los principios: empaquetar garantías desdibuja el principal aspecto de su actividad —el estímulo a una movilización caótica, donde «los recursos cambian constantemente de mano, lugar y momento»[10]—, hasta presentarla como báculo para una conducta controlada y segura. La constante es «producir *precios teóricos* y negociar en los mercados sobre esa base»[11]. Naturalmente, y como en el resto de las profecías, una parte destacada de sus recursos se dedica a generar autocumplimiento.

1

Lo que no acaba de funcionar, aunque se apliquen a ello enormes recursos, es otra vez la conexión entre modelos y datos, algoritmos de control y mundo efectivo, anticipación y resultado real. Cuando la conexión funciona es primariamente en situaciones de atonía, para

---

9.- «La orden anterior se lee así: vendo 100 contratos de opción de compra sobre el valor nominal que alcanzará el índice bursátil Ibex 35 (media ponderada de la cotización de los 35 valores de mayor capitalización de la Bolsa de Madrid) el 19 de marzo de 1999 (fecha de vencimiento de los contratos), a un precio de venta propuesto (o "prima" de la opción) de 336 puntos básicos porcentuales (o el 3,36 por ciento) del valor de compra del índice en el mercado al contado» (Izquierdo, 1999, pág. 107).

10.- *Ibídem*, pág. 125.

11.- *Ibídem*, pág. 120.

interrumpirse al menor signo de turbulencia seria. Pero justamente ese desfase entre cosechadores de muestras, modelizadores y actores económicos sirve de «coartada doble» para el gremio de ingenieros en finanzas. Dado que son necesarias redes cada vez más finas para captar los resultados bursátiles, y dado que esas descomunales colecciones de meros hechos requieren instrumentos teóricos para evitar un casuismo paralizante, el propio desfase entre profecías y resultados sirve para que las *Business Schools* subrayen la cientificidad de ambos extremos, creando retroactivamente la demanda de su propia oferta.

> «A despecho de las enormes dificultades implicadas en el intento de relacionar modelos económicos de mercados perfectos en equilibrio con datos de los movimientos reales de precios en los mercados financieros, estas bases de datos reclamaron el estatus de ciencia positiva [...] Institucionalizar esa «máquina» terminó por legitimar los trabajos de modelización abstracta del funcionamiento de los mercados de capitales, a pesar de la manifiesta carencia de relaciones lógicas entre una cosa y otra [...] Economistas y estadísticos yuxtapusieron un particular estilo de análisis y modelización, que subrayaba la coherencia analítica a expensas de la adecuación empírica[12]».

Según el FMI, los mercados financieros llevan dos décadas creciendo a un ritmo anual del 32 por 100. Desde la primera bolsa de futuros (Chicago, 1972), que se convierte allí en mercado de liquidación de efectivo *(cash-settle)* en 1981, el manejo de estos productos se expande muy deprisa por todo el planeta, y en 1996 rondaba los mil millones de contratos. He ahí un resultado imprevisto para los planes de jubilación impuestos por el *Welfare State,* cuyo capital inmovilizado

---

12.- Whitley, 1998, págs. 172 y 173.

en mutualidades y fondos de pensiones acabó movilizándose gracias a fondos de inversión, que darían paso a mastodónticos fondos de cobertura como LTCM. Los administradores de estos emporios son hoy un microcosmos, articulado en torno a *Risk Magazine* e imitaciones suyas, cuyo lujoso formato ofrece el híbrido de información/consumo/pasatiempo que se adapta al boyante ingeniero de finanzas[13]. Él y sus subalternos, los *brokers,* se expresan como helenos: cámbiame aquella *vega* por una *rho,* evita la *gamma,* despeja la *delta.*

Por lo demás, la aparición del nuevo escenario ha creado un riesgo también nuevo —llamado de segundo orden, o «de modelo»[14]— que aquí dista mucho de ser despreciable. En 1997, la consultora CMRA[15] —especie de Arthur Andersen en su campo— atribuye el 40 por 100 de las pérdidas totales causadas por derivados a «errores de modelo»[16]. Una década antes, a un modelo ingenieril específico —el «seguro de cartera» de Leland y Rubinstein— se atribuyó el *crash* de 1987, la segunda mayor catástrofe en la historia de Wall Street. Según la Comisión Brady, presidida por el ministro de Comercio de Reagan, James Brady, «esos seguros crearon la ilusión de que los gestores de fondos podrían deshacerse rápidamente de sus acciones en caso de riesgo»[17]. Lo ocurrido no fue

---

[13].- El grado de refinamiento que alcanza la industria de derivados financieros lo sugieren empresas como Numerix Inc., fundada en 1996 por cuatro socios excepcionales: el matemático M. Feigenbaum, destacado pionero en teoría del caos; el físico N. Goldenfeld, gran experto en dinámica de fluidos y mecánica estadística; el no menos prestigioso físico computacional A. Sokol, y el magnate M. Goodkin. La oferta de Numerix es procesar modelos matemáticos de riesgos financieros a velocidades superiores y, por eso mismo, en menos tiempo. Su sitio *web* (www.numerix.com) menciona que «además de acumular conocimientos en dinámica de fluidos, mecánica estadística, geometría algebraica, criptografía cuántica, física no lineal y computacional, el personal de Numerix posee también amplia experiencia de trabajo práctico en la industria de servicios financieros [...] Cada miembro posee conocimientos considerables sobre el diseño de programas orientados a objetos y alta cualificación en el uso del lenguaje de programación C++, obtenidos en organizaciones como Merril Lynch y el Laboratorio Nacional de Los Álamos».

[14].- En términos teóricos, «el acto de construir un modelo implica una pérdida además de una ganancia [...] pues resulta virtualmente imposible no mirar el mundo desde él, lo cual implica ignorar o prestar poca atención al resto. El resultado es que el propio acto de modelizar destruye conocimiento a la vez que lo crea» (Krugman, 1997, págs. 69 y 76).

[15].- Capital Market Risk Advisors.

[16].- Cfr. Falloon, 1998, pág. 24.

[17].- Cfr. Izquierdo, 1999, pág. 184.

nada similar, sino una espiral de desconfianza seguida por puro pánico, que disparó los costes de todas las transacciones, con lo cual «operaciones cerradas con unos minutos de diferencia fueron ejecutadas a precios enormemente distintos»[18]. Lo mismo volvió a suceder en el verano de 1998.

Es oportuno también tener presente que tales raptos no se circunscriben a Bolsas. Ante cualquier alarma, unos se atropellan al querer salir de estampida, y otros siguen usando su capacidad de raciocinio; unos imitan mecánicamente, y otros se han tomado el trabajo de conseguir formación y buenos contactos sobre el asunto. Admitido esto, lo novedoso de la situación contemporánea es que una parte decisiva del error se desplace desde individuos concretos a impersonales algoritmos, funcionando otra vez como coartada para los gestores del ramo. El tipo más común de cobertura dinámica, los ya mencionados *VaR* o *Value at Risk* («valor-en-riesgo»), son un ejemplo excelente de esa original irresponsabilidad, a juicio de una figura en matemáticas financieras:

> «Creo que los modelos *VaR* acabarán sirviendo de excusa para que banqueros en quiebra de todo el mundo digan a sus accionistas (y a los contribuyentes que acaben pagando su salvamento) que [...] cumplían las normas, y que su quiebra fue provocada por *circunstancias auténticamente impredecibles, eventos con una probabilidad bajísima,* y no por haber asumido riesgos que no comprendían[19]».

2

Aunque las relaciones entre ciencia e ingeniería sean estrechas, nunca dejará de haber una distinción basada en la operatividad. La voca-

---
18.- Brady, en Greenwald y Stein, 1988, pág. 16.
19.- Taleb, 1997, pág. 2.

ción científica impulsa a investigar esto o aquello imparcialmente, y de dicha base parte el ingeniero cuando su arte no es rudimentario. Pero el ingeniero no es solo un amante de la sabiduría, sino alguien comprometido con la buena marcha de ciertos proyectos; por ejemplo: a pesar de que determinado mecanismo sea a la larga muy defectuoso, y nada reciclable, se patentará y producirá masivamente si sale barato y puede venderse caro. Es una disposición muy humana, de la cual se han derivado no solo algunos perjuicios sino grandes beneficios, y en modo alguno exclusiva del ingeniero.

La necesidad de que aquello *funcione,* al precio que fuere, es tanto límite como aguijón inventivo, y si plantea algún problema de fondo será a quien otorga subvenciones para la investigación y el desarrollo. En efecto, nada resulta —ni de lejos— tan eficaz para enriquecer a individuos y grupos como afinar el ingenio, y el único actor económico obligado a discernir entre buena y mala ingeniería es el dispensador de becas. Según observa uno de los grandes economistas contemporáneos, «sin cierto punto de contacto entre las oportunidades y los desafíos prácticos del mundo, la ciencia se arriesga a ir a la deriva por los caminos de la irrelevancia»[20]. Al mismo tiempo, no deja de ser cierto que «las empresas solo pagan por los frutos de investigar si pueden obtener un control privado sobre ellos»[21]. Mucho más acuciante de lo que podría parecerle al lego, esa alternativa del investigador actual entre dorar la irrelevancia o contribuir al monopolio es lo que subyace al capítulo de dotaciones para I+D.

Siendo un álgebra para valorar ciertos instrumentos de crédito, la ingeniería financiera se ha convertido en el principal negocio del mundo, y cabe decir que «esas matemáticas son incapaces ya de hacerse cargo [...] del riesgo que ha provocado su propio uso»[22]. Es tam-

---

20.- Romer, 1993, pág. 390.

21.- *Ibídem.* Romer propone *self-organizing industry investment boards* («juntas auto-organizadas de inversión industrial») para coordinar el interés particular o cerrado del empresario con el abierto o general de las universidades.

22.- Izquierdo, 1999, pág. 337.

bién evidente que legitimaron —y fomentaron vigorosamente— un mercado de insólita extensión, en general más próspero que ruinoso, del que depende ya casi todo. Una crítica ecuánime tomará en cuenta que lo deficiente del esquema no es ser «temerario», sino seguir apoyando el esquema controlista/predictivo.

> «Ciertos dominios se resisten a la cuantificación. El más patente afecta a las fluctuaciones económicas y, muy en concreto, a las financieras. Estas últimas tienen como modelo la exactitud de la física estadística, pero lo menos que puede decirse es que tal modelo sigue siendo un ideal muy lejano [...] Fue en el contexto de mis investigaciones sobre la Bolsa donde tomé conciencia por primera vez de un fenómeno inquietante y magnífico: el azar puro o salvaje puede tener un aspecto que no podemos negarnos a calificar de creativo[23]».

El núcleo teórico de la ingeniería financiera sigue anclado a supuestos en última instancia newtonianos, donde el azar es siempre «benigno» o renormalizable, y se cumplen las condiciones de la idealización clásica: continuidad, independencia y varianza limitada. El equilibrio constituye el nervio de todos los procesos, que por eso mismo se suponen lineales o linealizables, sembrando «parches estadísticos» (Mandelbrot) para sostener que es posible cuantificar sus cualidades, y reducir a gránulos la trama de su complejidad. Algunos especuladores bursátiles —empezando por Soros— se han hecho billonarios precisamente desoyendo los criterios del economista neoclásico, y hoy resulta dificilísimo deslindar error de modelización y falseamiento de datos; quiebras fulminantes o enormes pérdidas se han seguido de manipular los sistemas estándar para establecer el valor de activos financieros[24].

23.- Mandelbrot, 1996, págs. 19 y 20.
24.- Junto a los muy conocidos de Baring Brothers, Metallgesellschaft y el condado californiano de

Por desagradable que resulte para quienes empaquetan seguridades garantizadas, todo el edificio de la regularidad estadística —medias, varianza finita, correlaciones no menos finitas— añade a su fragilidad congénita (al montarse sobre un fenómeno en esencia aleatorio o caótico) un factor extra de inestabilización, que es la capacidad de cualquier agente para anticiparse a la conducta de otros, y usarlo en su perjuicio. Desde luego, estamos en un campo donde los ganadores son sufragados por los perdedores, pero esa evidencia se maquilla con el abstruso blindaje del derivado financiero, como si las garantías sobre subyacentes (acciones, obligaciones, bonos, etc.) no desarrollasen todo tipo de riesgos adicionales[25]. Volvemos a topar, así, con una variante del infalibilismo dogmático que caracteriza a la pseudo-ciencia, singularmente destructivo por cuanto afecta al bolsillo de muchos o casi todos.

> «La volatilidad es un concepto *dialéctico, paradójico y no computable* que se quiere tratar en el marco aritmomórfico de las teorías, modelos y tecnologías financieras al uso [...] Lo peliagudo del asunto es que no existe ningún *método objetivo* para discernir qué parte del error cometido por una estimación de volatilidad se debe a un error cognitivo (apreciación subjetiva) o a un falseamiento intencionado de datos. Peor aún: muchas veces es imposible determinar cuál es (o cuál era, o cuál será)

Orange, destaca el de la sucursal neoyorquina del importante banco holandés ABN Amro, relacionado con una cartera de opciones sobre divisas. «Un día Elvis [el operador] se dirigió a Kristen [una secretaria] con la simpatía habitual, y le dijo que pasara un programa rápido para comprobar el valor de su cartera de opciones. Ella lo hizo, y el programa arrojó una pérdida de 20 millones de dólares. Elvis decidió arreglar la pérdida elevando su estimación de la volatilidad. De este modo, el modelo informático del banco calcularía alto el precio de las opciones, y se eliminaría todo rastro de pérdida. "Introduce —le dijo a Kristen— el tipo de cierre de la libra en la volatilidad de los florines. Aumenta la volatilidad de los tipos de interés de los títulos de largo plazo en Estados Unidos. Aumenta la volatilidad de las operaciones al contado"» (Millman, 1995, págs. 339, 344). Obsérvese que la volatilidad es la variable libre o desconocida a priori, entre las que intervienen para fijar el precio de una opción.

25.- Para empezar, «la ubicuidad de las asimetrías de información hace que prácticamente todos los tipos de relaciones fiduciarias sean vulnerables al robo, la falsificación, la exageración, la omisión, la distorsión, la fabricación o la manipulación de *información* por parte de quienes se hallan en posiciones de confianza» (Shapiro, 1990, pág. 353).

la *verdadera volatilidad* de un valor [...] El tipo estándar de análisis matemático que se impone desde fines de los setenta se ha construido contra el cuerpo de hipótesis —discontinuidad, varianza infinita y dependencia temporal a largo plazo— que definen la teoría de Mandelbrot sobre el azar salvaje que preside los movimientos especulativos de precios[26]».

3

Sin embargo, tanto los mercados financieros como las economías nacionales proporcionan continuas sorpresas a sus diplomados en profecía científica. Irlanda, que en 1987 tenía un PIB per cápita bastante inferior al de Inglaterra, lo alcanzó y superó en 1996, cumpliendo algo considerado imposible en los 80. Hacia 1955 los indicadores económicos daban un crecimiento esperado similar para Japón y Grecia, si bien los hechos se encargaron de desmentir tajantemente esa suposición. También en 1955 los indicadores macroeconómicos arrojaban expectativas de crecimiento parejas para Uruguay y Tailandia, si bien el PIB de Tailandia creció cinco veces más.

Reconociendo los límites de sus modelos, la economía neoclásica y los ingenieros de finanzas tienen pendiente, entre otras cosas, encontrar formas consensuadas de garantizar sus garantías. A eso se encaminan hace tiempo trabajos del Comité de Basilea[27], cuyo interlocutor principal es el *lobby* llamado «Grupo de los Treinta», donde se aglutinan los principales magnates y corporaciones financieras del planeta. La cuestión básica debatida es qué cantidad de capital inmovilizado (con el consiguiente recorte en beneficios potenciales) deberían aceptar las entidades dedicadas a gestionar derivados para

---

26.- Izquierdo, 1999, págs. 356 y 357.
27.- Abreviatura del CSBB (Comité de Supervisión Bancaria de Basilea), coordinado con el BPIB (Banco de Pagos Internacionales de Basilea).

proteger a sus clientes y acreedores de riesgos «no diversificables». Aunque las legislaciones nacionales difieran, y en ocasiones bastante, a un banco se le exige en torno a un 8 por 100 de efectivo (coeficiente de caja) inmovilizado, y en torno a un 22 por 100 más de activos liquidables a corto plazo (por ejemplo, letras del Tesoro). LTCM y otros fondos —que son nominalmente de «cobertura» o aseguramiento— se exponen a riesgos 150 veces superiores a su capital, lo cual equivale a bancos cuyas reservas a corto plazo no ronden el 30 por 100, sino el 0,3 por 100.

Tras abundantes informes y reuniones, la solución a este espinoso asunto se ha encomendado a los «modelos internos de gestión» de cada fondo, sometidos periódicamente a verificaciones de contraprueba *(backtesting)*[28]. Ciertamente, cualquier otra solución habría atropellado la libertad de iniciativa y funcionamiento, conspirando contra el criterio auto-organizador, e incluso añadiendo al riesgo genérico de modelo el riesgo específico de *ese* modelo. Sin embargo, la asignatura sigue pendiente en lo fundamental, que son unas matemáticas de rango superior a las empleadas, y una imaginación ingenieril más fiel a la complejidad del mercado financiero. En efecto, los modelos internos de gestión suelen ser los VaR —expuestos a graves o gravísimos peligros en caso de turbulencia, al provocar una conducta gregaria del inversor—, cuya fiabilidad depende de construir matrices de covarianza estadística entre movimientos de precios bursátiles.

Sucede entonces que cierta realidad caóticamente creativa se aborda con un utillaje ajeno a ello, y desde criterios estadísticos en gran medida infundados. Una *imago mundi* anacrónica, ligada a la simplificación idealista —y siempre tan prolija por eso mismo—, sigue tratando los procesos como si rigiesen las pautas de continuidad, linealidad e independencia. De ahí que, una y otra vez, "la regla de predicción del

---

[28].- Esto es, a una comparación periódica de las medidas teóricas sobre valor-en-riesgo (*VaR*) calculadas por el modelo interno, y los «resultados de negociación». Dado el volumen de datos, el *backtesting* se limita a *un día* para cada entidad.

comportamiento se torne una regla de comportamiento predecible»[29], destejiendo cada noche buena parte de lo tejido cada día, y promoviendo distintos sabotajes. Un prototipo del caso lo hallamos en las medidas de saneamiento financiero que impone el FMI para conceder préstamos y moratorias a países en situación crítica: ajustes presupuestarios, restricciones al crédito doméstico, elevación de los tipos de interés y cierre de bancos ruinosos.

Razonable en principio, este modelo de salvamento se ha tornado manipulable, y hace tiempo provoca lo contrario de sus intenciones expresas, estimulando toda suerte de negocios —tan fraudulentos como billonarios— dentro y fuera del país supuestamente socorrido. En Rusia la mera noticia de un posible salvavidas del FMI engendró ya esa respuesta en los subasteros de haciendas nacionales, condicionando una posterior suspensión en el pago de la Deuda, y la reexportación de un tercio de ese dinero (cuando menos) a cualquier destino distinto del propio país, cosa catastrófica para la mayoría de los sufridos rusos aunque providencial para financiar un florecimiento extramuros de sus mafias. Apenas un año antes, requerido por la chapucera banca del país —que no podía pagar a sus acreedores exteriores—, el Banco Nacional de Corea del Sur usó el salvavidas del FMI para cubrir a esas entidades; así, un dinero básicamente recaudado por vía fiscal a europeos, norteamericanos, canadienses, japoneses, etc., y destinado taxativamente a promover la utilidad pública en Corea, acabó siendo recibido por prestamistas usureros de ultramar.

4

Los últimos desastres para el capital especulativo han obligado a revisar el principio de la *independencia,* mostrando hasta qué punto

---

29.- Izquierdo, 1999, pág. 122.

un efecto dominó funciona en mercados aparentemente muy distintos. La crisis asiática iniciada en 1997 comienza por Tailandia, se contagia a Corea del Sur (un país cuyo PIB es casi cinco veces superior), y acaba hiriendo a Japón (cuyo PIB supera el de Tailandia por veinticinco). Desde entonces, por no decir que ya desde bastante antes, una correlación no lineal, esencialmente cualitativa, ha seguido inquietando o demoliendo economías nacionales, y sembrando la vacilación en unos inversores que poco a poco se resignan a recortes en la rentabilidad de su cartera, a despecho de las garantías ofrecidas por diplomados en finanza infalible.

Por lo demás, el porvenir resulta apasionante para la ingeniería de derivados financieros. Su último y más ambicioso proyecto es incorporar a la dinámica bursátil activos no representados allí —ante todo posesión de rentas de trabajo, vivienda y bienes de consumo duradero—, cuyo volumen resulta incomparablemente superior al de todos los activos negociados hoy. El economista Robert Shiller[30], eminencia indiscutida en su campo, estima que esos bienes pendientes de titulización o *securitization* representan el 97 por 100 de la renta bruta planetaria (los actuales mercados financieros moverían el 3 por 100 restante), y que combinando técnicas valorativas con nuevos tipos de contrato será posible «revelar sus precios ocultos»[31]. Una vez titulizado, este capital se incorporaría a las Bolsas mediante una transferencia en dos fases: de los particulares a aseguradores locales[32], y de ellos a fondos mundiales de inversión.

La Humanidad no ha conocido nada semejante a esa movilización radical de sus recursos económicos, ni intuido hasta ahora mercados financieros que reducirían los actuales centros bursátiles al tamaño de una lenteja. Extendiendo la cobertura a bienes técni-

---

30.- Que coordina la *Cowles Commission for Economic Research* de la Universidad de Yale, y el *National Bureau of Economic Research* de Cambridge (Massachusetts).
31.- Cfr. Shiller, 1993; *y* Shiller, Athanasoulis y Van Wincoop, 1999.
32.- Como en cualquier otro seguro, el cliente transfiere el riesgo sobre sus ingresos y posesiones a cambio de una prima.

camente conocidos como «ciegos» (sin precio promedio de mercado)[33], el hilo conduce finalmente a asegurar el capital social o humano, algo hasta ahora fuera de cuestión. El norte de Shiller —subtítulo de su libro más conocido— es *construir instituciones para gestionar los mayores riesgos de la sociedad,* y lograr esto no fuera sino dentro del mercado. ¿Utopía? En 1993 Shiller propuso reducir riesgos macroeconómicos correlacionando deuda pública e índice de precios al consumo, y desde 1997 los bonos del tesoro de Estados Unidos se indexan sobre la inflación. También en 1993 propuso asegurar el riesgo de depreciación de la vivienda personal, y tras años de estudio el CBOT[34] está a punto de lanzar contratos de futuros y opciones basados en ello; al seguro doméstico tradicional (robo, incendio, etc.) se podrá añadir una póliza que cubra esa depreciación.

En economía, y en política, es fácil confundir el bien común con lo burocráticamente gestionado, pretendiendo que el neoliberalismo carece de sensibilidad para «temas sociales». Sin embargo, el proyecto de un neoliberal como Shiller —un sistema de mercados mundiales para contratos de seguros *privados* contra riesgos hasta ahora no cubiertos (inflación, caída en el valor de las rentas del trabajo, o de las propiedades familiares)— es social o comunitario de raíz. Más aún, pone de relieve que el riesgo económico ha venido siendo tanto más evitado o amortiguado cuanto menos se centrase en la fuente primaria de riqueza (el capital *humano* y sus accesorios, fundamentalmente *hogareños*). Aunque hay innegables dificultades para tasar el valor agregado de esos activos «sociales», y para establecer las primas correspondientes a cada póliza, el desinterés del asegurador está condicionado por el orden del viejo mundo, donde solo se consideraba susceptible de cobertura (o realmente valiosa) una ínfima

---

33.- Donde solo cabe observar valores parciales a corto plazo, y no valor substancial a largo, como actualmente sucede con rentas de trabajo y alquileres, por ejemplo. Shiller pretende evitarlo con un complejo instrumental que combina estadística e índices cualitativos, y que al empezar a aplicarse se autoperfeccionaría (suscitando bucles de realimentación).

34.- El mercado de opciones de Chicago (*Chicago Board of Options Trade*).

parte de la realidad económica. Ahora, cuando el mercado parece lo menos ineficaz para promover intercambios, el asunto se replantea: ¿por qué no incorporar el 97 por 100 de los activos reales al mercado financiero, en vez de seguir limitados a un 3 por 100? ¿Es realmente más difícil valorar rentas de trabajo que acciones de Repsol?

Los macromercados de Shiller producen vértigo, como todas las cosas descomunales. Si para ellos rigiera la mezcla de eficacia científico/técnica, aleatoriedad y fraude que preside los de capital mobiliario, tanto el estado de opulencia como el de sobresalto y ruina alcanzarían niveles indescriptibles. Incorporado a un mecanismo de mercado puro, y protegido —como una acción o un bono— por derivados negociables, también es cierto que el capital humano podría entrar directa o voluntariamente allí donde ya se encuentra metido indirecta o involuntariamente. A fin de cuentas, mientras sepamos que reducir el riesgo implica esfuerzo, y nuevos riesgos, sabemos lo fundamental. Admitiendo que «en la actividad de descubrimiento reside el corazón de la vida económica»[35] reconocemos lo evidente, y con ello el espíritu de una continua renovación.

35.- Romer, 1993, pág. 4.

12

El caos de la libertad

> *La libertad es ante todo concordancia consciente con la existencia, y es el placer —sentido como destino— de hacerla realidad.*
> E. JÜNGER

De evitar el riesgo hemos pasado a manejarlo, presentando esa actividad como fuente de las más pingües ganancias. Correlativamente, queremos cobertura si el riesgo aumenta —como cuando en una mesa el crupier se sirve un as, y los jugadores pueden pagar un seguro contra su *black-jack*—, si bien lo notable de nuestro juego es que falta el patrono del crupier, con su cajón de fichas convertibles en moneda, y todo cuanto puede comprarse como seguro contra un *black-jack* del competidor es consejo, asesoramiento, finalmente palabras. No en vano un tapete de juego compendia la volatilidad de cualquier apuesta, inspirando terror a quienes persiguen la sólida duración.

Pero la volatilidad es cierto proceso disipativo, y una disipación que funciona como factor estructurante, base para mundos reales y nuevos a la vez. El otro lado de la especulación financiera —sinónimo de un ir fuera, en busca de crédito o de rédito— es la posibilidad de ir dentro del misterioso sí mismo humano, ensanchando sus márgenes de albedrío, y en ese sentido el orden político y económico de nuestro tiempo ofrece noticias excelentes. La libertad formal, como libertad de expresión, ha alcanzado en algunos lugares (los más prósperos) niveles impensables hace apenas medio siglo; hablar y escribir sobre cualquier tema solo tiene hoy los razonables límites de la injuria o la calumnia, e incluso en esos casos la censura será a posteriori, nunca previa. No le va a la zaga la libertad material, que es merecer nuestros propios actos en vez de seguir lo predeterminado por rígidos puntos de partida, pues los colectivos actuales poseen una movilidad sin precedentes. Se diría que nunca la pobreza y la riqueza, el honor y el deshonor, dependieron tanto de aquello que cada individuo haga u omita, y tan poco del lugar y casta donde nació.

La hondura de esta transición se evalúa recordando que casi todas las grandes civilizaciones condenaron tanto la libertad formal como la material. Si exceptuamos el griego[1], prácticamente todas las lenguas antiguas carecen de una palabra que nombre sin desprecio la expresión desinhibida de ideas y emociones. En latín, por ejemplo, *libertas* designa el estatuto jurídico del no esclavo, pero en modo alguno una consagración de la franqueza, algo que para la cultura romana —como para la china, la japonesa, la hindú, la cristiana clásica o la islámica— implica o bien petulancia (pronunciarse sobre una cuestión sin ser preguntado), o bien contumacia (ignorar la autoridad en cada materia), o bien desenfrenada licencia, cuando no las tres cosas a un tiempo. Lo mismo acontece en las grandes civilizaciones del pasado con la libertad material que representa elegir oficio, residencia y compañía atendiendo a inclinaciones individuales del temperamento, pues semejante albur resulta excluido por discriminaciones basadas sobre el sexo, y un tejido de estratos sociales impermeables.

La influencia del totalitarismo ha llevado a disociar sistemáticamente libertad formal y libertad material, por más que sean cara y cruz de una misma moneda: allí donde lo uno no está asegurado, tampoco

---

[1].- *Parresía*, que en griego arcaico tiene también cierto matiz de petulancia, contumacia y licencia, cambia de significado desde los grandes trágicos y la primera comedia (siglo v a. de C.), coincidiendo con la transición a la democracia. A partir de entonces no solo es sinónimo de alegría, sinceridad y confianza, sino de «libertad expresiva», atributo de pobres y ricos por igual.

está asegurado lo otro[2]. Desde luego, la libertad es en buena medida conciencia de alguna *necesidad,* venida de dentro o de fuera, y quien confunda autonomía con capricho se granjeará inmediatas servidumbres. Sin embargo, hasta qué punto la autonomía se ha consolidado como norte de nuestra época lo indica que la libre expresión no solo sea el derecho civil por excelencia, sino —a través de pantallas, publicaciones y otros foros— un alimento tan ameno como renovable; entronizada la sinceridad, cambiar de ideas, pensar de manera distinta, creer en diferentes dioses y perseguir valores alternativos nos enorgullece; semejantes a Yocasta, en la obra de Eurípides, entendemos que «es propio de esclavo no decir lo que se piensa»[3]. Por lo mismo, las palabras que nombran libertad peyorativamente (empezando por *libertino)* rara vez se emplean hoy para zaherir.

En realidad, se diría que no callar por principio, aireando todo cuanto hay —sea un hecho o una opinión—, es el único culto verdaderamente nuevo de la época, administrado por la no menos nueva actividad llamada periodismo. Culto significa cuidado y práctica, ejercicio de una franqueza consagrada como principio supremo de la convivencia civil. Dentro de ese ejercicio destaca la invención y el rescate de géneros impensables o tradicionalmente prohibidos, que van desde el periodismo de investigación —ante todo orientado a denunciar abusos de gobierno— hasta la fabulosa proliferación de pornografía, un campo antes sepultado por una amalgama de acoso legal y timidez del consumidor, que poco a poco abre una oferta alternativa al espectáculo llamado de acción, normalmente abyecto; en vez de un pasatiempo apoyado sobre explosiones y mamporros, ahora hay cada vez más un pasatiempo apoyado sobre fornicaciones y masturbaciones, cuyo mensaje ya no es una recreación de la violencia sino del erotismo.

2.- En este sentido es destacable la tesis del economista indio Amartya Sen, premio Nobel de 1998, según el cual donde hay gobiernos democráticos y libertad de prensa se minimiza la aparición de hambrunas, y se reduce el impacto destructivo de catástrofes naturales.

3.- V, 392.

Pero eso no agota el asunto: en paralelo, los tradicionales principios de pureza racial, espiritual y estamental sufren el embate de un mestizaje cada vez más consentido, que en vez de imponer compartimentos estancos va fundiendo etnias, culturas y clases. Solo algunos fundamentalistas niegan hoy que el cruce de distintas cepas humanas tiene para una sociedad el mismo efecto saludable que para un campo ser polinizado; y no es un misterio que intentar impedir el entrecruzamiento resulta —además de inhumano— en gran medida ineficaz. Normalizar ese generalizado mestizaje parece mucho más difícil que preservar la libertad de expresión, porque además de xenófobos fundamentalistas, y bolsas laborales (amenazadas por cualquier irrupción masiva de mano de obra muy barata), muchos no conocen ni el racismo ni el clasismo ni la intolerancia, salvo cuando alguien de otra raza, condición o credo se halla a pocos metros. Importa por eso tener presente que las trabas prácticas a la libertad material jamás se superarán aboliendo o canalizando la libertad expresiva; al contrario, cuanto más se cultiva más apoyo tiene la tendencia a formar híbridos, inyectando nueva sangre en todos los planos posibles.

Finalmente, la libertad como valor último de la vida se adhiere a una idea de la verdad como resultado o experiencia, por contraste con quienes la consideran ya revelada, y cultivable con credos. Aunque en ambos casos *verdad* sea sinónimo de *realidad,* nos hallamos ante realidades distintas. Una «se defiende sola, mientras no sea despojada de su recurso natural y suficiente, que es el abierto examen de las cosas»[4], como observaba Jefferson. La otra exige fe, y clausura los debates con un dogma u otro. Donde esta segunda es hegemónica, una densa malla de costumbres y reglamentos entorpece sin pausa tanto el lado formal como el material de la autonomía. Donde ha llegado a instaurarse la primera, uno y otro lado se

---

4.- Jefferson, 1987, pág. 322.

interpenetran fundando un medio de libertad sustancial, a quien ante todo repugna la idea misma de religiones estatales. ¿Acaso es su deidad un majadero, un caprichoso o un matarife vocacional, en definitiva un impotente de proporciones tan descomunales como para requerir el apoyo de policías y jueces?

1

Omitiendo el abismo entre una y otra actitud, cierto coro canta las bondades de la tolerancia y rara vez ejercita humana consideración, o simple miramiento, pues ignora que lo debido por principio al prójimo no es condescendencia, sino respeto. La tolerancia resulta ser siempre intolerancia suspendida, aplazada, que solo vale para la comunicación entre adictos a soluciones salvíficas, llamados a sufrir resignadamente —eso significa *tolerare*— la existencia de personas con ideas o costumbres distintas. Una noción tan pringosa y arrogante a la vez, propia de inquisidores perdonavidas, pasa entonces por compatible con el cultivo de la libertad formal y material, cuando su fondo sugiere retroceder o estancarse más bien que avanzar en ese camino. Peor sería, sin duda, emprender una caza de infieles al viejo estilo, pero la alternativa real no es tolerancia o intolerancia, sino saludar y fortalecer las libertades ya conseguidas, o añorar aquellos tiempos donde el libertinaje se llamaba libertinaje, y estaba prohibido.

Como forma alcanzada o contemporánea del espíritu humano, franqueza expresiva y movilidad social instan un desequilibrio crónico, forzando a cada paso procesos que amplifican la cascada de movimientos aleatorios. Dicho de otro modo, allí donde la libertad formal y la material crecen, las sociedades se encomiendan a la física de la espontaneidad antes que a la del control, iniciando una andadura sin precedentes. Es por eso banal alegar que semejante momento será desviado o invertido por alguna confabulación de plutócratas (dueños de *media*, directores de servicios secretos, padrinos de mafias, sanedrines corporativos, etc.), como banal es llamar causa al síntoma. Fueren cuales fueren, esas hipotéticas confabulaciones siguen el paso marcado por la libertad, no a la inversa.

Un proyecto de estabilización —desarrollado con singular tenacidad por Berlusconi en Europa, y por Murdoch en el área anglosajona— consiste en erigir un imperio mediático que resulte espiritual e ideológicamente masificador, y se oriente por eso mismo a minar de modo cotidiano el entendimiento. Aun faltando anunciantes dispuestos a pagar, en esos imperios los anuncios se emiten gratis, precedidos y seguidos por menciones de cada medio a sí mismo, pues contraría la meta de domesticación que el consumidor participe en algo sin propaganda, sea lo que fuere. La hipótesis implícita es que el entendimiento demolido resultará más dócil, y al regalar precisamente el tipo de cosa que se paga siempre —el *spot* publicitario— la *cadena amiga* de turno no solo vende a potenciales inversores un asiduo idéntico al ansiado por viajantes de comercio, sino al ansiado como elector por quienes aspiran hoy a ingresar en la arena política. Con todo, esta especie de fascismo *light* solo funciona unos años con excelente rendimiento, como sugieren las empresas del propio Berlusconi. Juzgando a partir de la experiencia reciente, resulta menos deficitaria una combinación de masaje propagandístico e información.

Por otra parte, el lado inverso —lo explícitamente libertario— se mantiene en buena medida ajeno a su propia responsabilidad, con tics de mesa bakuninista macrobiótica, más dado a criticar y denunciar la opresión que a percibir la ruina del controlismo, y a consolidar su propia alternativa. El espíritu libertario —*libertarian*, decía Jefferson— ha crecido muy poco desde finales del XVIII, cuando coparon la escena el jacobino-leninista y el conservador-corporativo, quizá porque el mundo estaba construyendo una autonomía inaudita en los anales, y no sobraba energía para inventar, resistir y condescender *a la vez*. A cambio de reducir el anarquismo a folclore, la parte envidiada del planeta practicó un anarquismo tan audaz como desnudo de filantropías, que al apostar por la técnica fue combatiendo sistemáticamente lo obsoleto, la mera costumbre.

Así, algunas naciones se convirtieron en castillos de libertad subjetiva y objetiva, sustancial, mientras sus libertarios oficiales pasaban por alto todo salvo el desprecio, como si lo racional estuviese divorciado de lo real porque no obedece a las pautas de sus conventículos, y sigue habiendo injusticias por doquier. La trivialidad pseudolibertaria ha llegado al extremo de mostrarse disconforme con el «poder», sean cuales sean sus formas, pasando por alto que eso no es distinto de mostrarse disconforme con el hidrógeno o el intercambio de bienes y servicios, pongamos por caso, y que semejante actitud contribuye a desdibujar la diferencia entre poderes saludables —como el amor, el conocimiento o la belleza— y poderes insalubres, empezando por los fraudulentos y terminando por los sanguinarios.

2

En su variante más antigua, esta idea de la libertad se presenta como una filantropía perversa, en cuya virtud el ultraje no es tanto sufrir casi todos una pobreza endémica como que algunos vivan espléndidamente. Y vemos así que una alta autoridad cubana o norcoreana llama «nuestro sistema social» a una situación donde los provistos de divisas tienden a ser cazados como alimañas, mientras sus cazadores —ciertamente muy ricos, si se comparan con el ganado doméstico, aunque misérrimos comparados con miembros de otro «sistema social»— admiten la indigencia como cotidianeidad de los buenos ciudadanos: antes morir todos que soportar a opulentos, con sus derrochadoras fiestas. De dicha variante basta decir que ocupa en el mundo el lugar de lo pintoresco; entre tales y cuales coordenadas geográficas hay pequeñas sociedades reñidas con el éxito mercantil, reñidas con el resultado feliz en el ejercicio de la profesión y los negocios. Mientras no practiquen demasiados sacrificios humanos, atraerán curiosos como una sucursal de Disneyland.

Obsérvese que en esos enclaves es todavía una expresión laudatoria lo másico o desestructurado, pues precisamente el apoyo incondicional y sempiterno de «las masas» asegura su legitimidad al mesiánico líder. Con ocasión de una visita a Cuba, en 1996, pude escuchar un discurso televisado de Castro, que en esencia decía: antes de permitir contagios con el virus capitalista nuestro pueblo prefiere ver hundida a toda la isla en las profundidades del océano. Dos años después cierta cadena española emitió un documental sobre la secta del Templo del Pueblo, donde podía verse cómo Jim Jones —su mesiánico líder— instaba al suicidio colectivo de un millar de personas en términos idénticos: para evitar contagios con los no liberados, nuestro pueblo prefiere beber cianuro potásico.

En su variante actualizada, la perversión del criterio libertario admite que los humanos aman la ganancia —en todas sus manifestaciones, y especialmente en las suntuarias—, si bien la democracia vigente ha sido corrompida por bandas que gobiernan desde despachos de multinacionales. Sería estupendo, sí, gozar ejerciendo las libertades alcanzadas. Con todo, Berlusconi, Murdoch y compañía son demasiado fuertes; de hecho, han ganado la apuesta. De ahí que el rechazo se canalice cultivando la vanguardia —un estandarte roído hace muchas décadas por la polilla—, recurriendo al salvífico campo de lo alternativo o, en definitiva, catando las mieles del fracaso social. Esa conciencia pasa por alto que la virtud debe ligarse a cierta austeridad, y coexistir con una posición social modesta si no desea pagar usureras hipotecas, pero que eso no constituye excusa para fracasar en el establecimiento y disfrute de una libertad propia. En vez de hacer, o no hacer, cifra su independencia en una desconfianza hacia lo divino y lo humano, la verdad y la realidad, el sí mismo y el resto, que confunde la autonomía de criterio con ir llenando un personal saco de sospechas, progresivamente gravoso, cuya compensación es poder atribuir a males del mundo los privados y sombríos ánimos del propio yo. Escuchamos así que todo empeora, que la vida resultaba mejor antes, y que la culpa de ello la tienen invariablemente otros. Ahora, en particular, los responsables son personas infectadas por la «epidemia neoliberal».

Lo que vale para una vale también para la otra variante. Está en el destino de todo lo inmediato ser abolido, pero abolido de alguna forma precisa, que da lugar a mediaciones concretas. Nada sale a la primera, si bien esa primera vez abre el surco. La miseria del libertario contemporáneo está en no percibir hasta qué punto es dueño del mundo, y por eso mismo debe apreciar *cada* logro. Ignorar esos logros —en vez de pegarse a su rueda— supone elegir nostalgias, desesperaciones y cinismos, tanto más retrógrados cuanto más desorbitantes sean sus exigencias. De ahí que algunos sigan atribuyendo significado a izquierda o derecha[5], cuando es en la vía del medio —rompiendo con cualquier *línea*— donde pueden plantearse aquellas reformas capaces de consolidar la libertad como verdadera paz, en vez de transitorio armisticio.

De un modo u otro todo lo real es racional, siempre que por racionalidad no se entienda alguna pauta sectaria de acción, pignorada a profetas y programas infalibles. De ahí que no haya una «solución» para los males de un mundo como el actual, y que lo más acorde con su mejoramiento sea una renuncia a cualquier ilusión de ese tipo, especialmente cuando las supuestas soluciones ya fueron —o pretendieron ser— aplicadas en épocas previas. Lo inédito del presente, en tantos aspectos, reclama respuestas no menos inéditas, que combinen aquies-

---

5.- La «derecha» es un invento de la izquierda, que acabó adquiriendo una vaga existencia teórica como cualquier otra profecía autocumplida, pues lo que subyace a esa actitud es un apego a las formas tradicionales, y en particular a la *auctoritas* antigua. La «izquierda» es o bien marxismo-leninismo o bien cristianismo laico, algo cuya peculiar combinación de control y descontrol, benevolente ingenuidad y sordo resentimiento, exhibe un desfase con respecto al espíritu del mundo comparable al de la vieja autoridad. En lógica consecuencia, el derechismo tiende a sostener un sistema plagado de crímenes sin víctima (desviación sexual, teológica, farmacológica, etcétera), mientras el izquierdismo tiende a sostener una *imago mundi* basada en víctimas sin crimen (desadaptados, desheredados, asociales, etcétera), donde se atropellan en un mismo saco males sin remedio y males con remedio, como si pudieran ponerse en pie de igualdad el temor a la muerte y el expolio fiscal, la angustia depresiva y la gestión corrupta de un servicio público. Los culpables oscilan —desde el malvado Dios al malvado Rico—, pero el victimismo se mantiene inconmovible. Sobre crímenes sin víctima, cfr. Escohotado, 1986.

cencia y lucha sobre nuevos fundamentos. Como proponía Cervantes, la derrota es botín para almas bien nacidas, y quien solo se afane por triunfar nunca se acercará a la nobleza de espíritu. Pero si lo libertario no sabe celebrar el presente tampoco estará a la altura de sus bendiciones. Peor aún, empezará siendo ultra (de derecha o de izquierda), para derivar a la postre en alguna forma de conformismo gremial, donde las protestas de libertad e igualdad se convierten en exigencias de una seguridad arbitrada por guardaespaldas.

Y bien, no hay seguridad sin libertad, pero hay libertad sin seguridad. Sacrificar lo primero por lo segundo pretende inscribir el conjunto mayor en el menor, cosa solo explicable entre adictos al miedo, cuyos actos ahondan el horror básico. La seguridad obtenida pagando protección será siempre insegura, porque la frontera entre protección y despojo es letra escrita sobre agua, que reconvierte sin pausa al guardián en verdugo. Ninguna amenaza es, pues, comparable al ejército y a cualquier policía distinta de la judicial como estamentos sempiternos y autónomos, encargados de velar por la estabilidad, y nada aseguraría tanto la virtud de guardar como que fuese ejercida por nosotros mismos, sin personas interpuestas. Aunque estemos lejos de merecer ese seguro de vida —el único barato e infalible—, curioso es que ni siquiera aparezca como objetivo social. Acostumbrados inmemorialmente a pagar protección armada, y más recientemente a pagar protección médica, política y hasta lúdica, se nos vela a menudo que el mundo parece ir en la dirección opuesta, y urde él solo tramas libertarias.

3

Europa lleva más de tres generaciones sin guerras totales[6], cosa que distingue con nitidez al adulto actual de sus padres, abuelos y

---

6.- De hecho, las últimas guerras no periféricas —la del Golfo y las intervenciones en Bosnia y Kosovo— son masacres en vez de episodios bélicos (estén o no justificados por su finalidad). Es grotesco

bisabuelos. Hace cincuenta años que no nos reclutan para matar a hombres vestidos con un uniforme distinto, y hace otros tantos que mujeres, niños y viejos no son masacrados en retaguardias como parte de la estrategia victoriosa. El pavor inmediato, y las cicatrices indelebles de una guerra, los conocemos asomándonos a la televisión o al periódico; desde el Báltico hasta la orilla norte del Mediterráneo, ningún militar ha entrado jamás en combate. Siempre hay una excepción, que en este caso correspondería a los ingleses (durante su breve carnicería en las Malvinas), y al purulento conflicto de la antigua Yugoslavia; pero la inmensa mayoría del Viejo Mundo sencillamente ha de *imaginar* algo que todo europeo previo sufrió en carne propia.

De ahí que resulten tan anacrónicas cosmovisiones de posguerra y entreguerra, como la analítica, la psicoanalítica, o aún más la existencialista, cuyo fermento fueron holocaustos de alcance planetario. Nos cuesta pensar que la angustia presenta el auténtico ser, que la vida produce náusea, o que Tánatos se sobrepone a Eros —como dijeron Heidegger, Sartre y Freud, impresionando mucho a su época—, porque hoy el puro horror acontece privadamente, o es —para la mayoría— cosa de alguna pantalla. Antes seguía estando en lo muy privado, pero era también una ordalía pública, que cada dos o tres décadas segaba masivamente a las poblaciones. Testigo de ese espanto fue el intelectual, una figura de gloria efímera, a medio camino entre el científico y el artista, que por hacer honor a un «compromiso» con la realidad acabó apoyando en demasiados casos la causa de fascistas, nazis y bolcheviques. En su propio nombre —contrapuesto

---

considerar «guerra» un proceso como el de Irak, donde por un lado mueren cientos de miles de personas y por el otro 75, todas ellas debidas a «fuego propio». Ya desde el conflicto de Vietnam tendemos a llamar «guerra» a un proceso donde alguno de los contendientes dispone de casi todos los recursos y el otro de apenas ninguno. La admirable gesta de los vietnamitas —pagada con un inmenso precio en vidas— parece cada vez menos factible, dada la tecnología actual. Otra penosa novedad es que los profesionales de la guerra se encuentran cada vez más al abrigo de riesgos, y la población civil más expuesta a ellos. Ahora sale caro instruir al militar, con lo cual su existencia se blinda todo lo posible; y como alguien ha de morir, o ser herido, ese destino incumbe a cualesquiera otros.

a visceral, emocional y, en última instancia, a físico— llevaban aquellos escribas la semilla de su unilateralidad.

Menos desolado por las circunstancias que el ánimo existencialista, el actual se adapta a la novedad de que no solo no hay holocausto planetario: ha desaparecido incluso la guerra fría. Coleccionables como piedras megalíticas, trozos del Muro de Berlín reposan en anaqueles domésticos y museos. Son malas noticias, desde luego, para organismos como la CIA o el KGB, a las que va adaptándose como puede el antes ubicuo Pentágono. Obstinadamente afecta a un zar y su corte, fuere de la ideología que fuere, Rusia se abre al libre mercado, y —con un poco más de circunspección— lo mismo hace China. En buena parte, a la bomba atómica y a la de hidrógeno hemos de agradecer que los llamamientos al exterminio —para mayor gloria de un Dios, una Patria o un Soberano— no hayan prosperado como otrora.

Estos llamamientos tienen algo de sempiterno en nuestra especie, y el decaer de grandes civilizaciones como la islámica, o la cristiana tradicional, asegura talantes de guerra santa contra variados tipos de infieles. Pero los tanques apenas se utilizan ya para cosa distinta de sostener a un equipo u otro de gobierno, amenazado por algún estallido de cólera popular, y la expansión territorial por medios abiertamente bélicos parece cosa del pasado. Si a esto se añaden, en tantos campos, los prodigiosos frutos del ingenio técnico, la situación global puede considerarse el mejor de los mundos conocidos. Aunque diste años-luz del mejor mundo posible, su grado de paz y prosperidad no tiene precedente en los anales del recuerdo.

13

El caos de la libertad (2)

> *Ya no podemos aceptar la vieja distinción a priori entre valores éticos y científicos [...] y esto conduce tanto a esperanzarse como a alarmarse. Esperanza, porque incluso pequeñas fluctuaciones pueden crecer y cambiar la estructura entera, y la actividad individual no está condenada a la insignificancia. Pero también amenaza, porque en nuestro universo parece haberse desvanecido para siempre la seguridad de reglas estables, permanentes. Vivimos en un mundo peligroso e incierto, que no inspira confianza ciega.*
>
> I. STENGERS / I. PRIGOGINE

El mejor de los mundos conocidos es también uno de los más frágiles, donde la insospechada paz y prosperidad se coordina con un insospechado saqueo del aire, las tierras, los mares y los ríos. Como el apicultor que para maximizar beneficios se lleva la miel de las colmenas sin devolver algún otro azúcar, la apacible opulencia acontece en un planeta donde los desiertos crecen, mientras el reino botánico y el zoológico se marchitan al ritmo mismo en que el agua potable escasea; el propio Sol, tamizado por una atmósfera distinta, pasa a ser tan peligroso para nuestra piel como la lluvia ácida para los bosques. En línea con esa movilización técnica, el talante explotador dispara también una situación económica ambivalente, donde incluso la parte rica del mundo está sujeta a la ruina que para el empresario tradicional representa un capitalismo cada vez más ajeno a metas productivas y renovadoras, cuyo funcionamiento prescinde por sistema de consecuencias a medio y largo plazo.

La alianza de este nuevo capital con la clase política de cada país —a quien sostiene en periodos electorales o críticos, y a quien cobra durante el resto del tiempo— promueve también una creciente hipoteca del sector público, que erosiona las monedas y recorta el poder adquisitivo real, aunque todo se encuentre ya ordenado a comprar sin pausa. Sucede así que grandes capas de población usan vehículos y electrodomésticos incomparablemente superiores a los de hace treinta años, pero vivir a crédito se hace más angustioso también; tras adaptarse sin condiciones al consumismo, un alto porcentaje de familias sufre privaciones para no ser embargado cada fin de mes, soporta la carga adicional de hijos en paro *sine die,* y constata que vivir de una pensión es cada vez más imposible para quien se jubila. El reino de una oferta afluente como nunca es también el de una demanda endeudada como nunca, que contempla el futuro con disimulada o indisimulada aprensión.

La ambigüedad del «avance» tecnológico afecta en primer término a los productores de materias primas, sustituyendo sus productos por otros que en algunas ramas, como la alimentación, suelen ser groseramente inferiores. Véase el caso de las vacas, seres cada vez más semejantes a marcas de automóvil, sobre cuyo chasis parece posible montar motores de gasolina, gasoil, butano o vapor. Aparentando servir el beneficio de sus dueños, ciertos fabricantes de piensos comercializan como tal harina de pescado y carne (muchas veces de vacuno), que fulmina competitivamente a los productores de alfalfa y arrendadores de pastos. Pero la maniobra de convertir a esos herbívoros en carnívoros caníbales no logra engañar a la naturaleza, y cuando las vacas se demencian —intoxicando mortalmente a quien consuma su carne— a la ruina de esos productores de materias primas tradicionales se añade la de ganaderos, transportistas, almacenistas, carniceros y hasta fabricantes de piensos. He ahí un ejemplo eminente del refrán: lo barato sale caro.

Casi todos los manuales de economía política comienzan aún —como el de Samuelson— postulando que la demanda es el motor universal de la actividad económica, mientras la oferta viene luego.

Con todo, estamos inmersos en un experimento inédito de mercadotecnia, donde el motor en cada campo es alguna promoción, a cuyas condiciones debe adaptarse el deseo. Naturalmente, esto solo puede hacerlo quien detenta posiciones monopolísticas, pero acontece en una era de megacorporaciones, que coinciden en sustituir la cambiante idiosincrasia del comprador por catálogos ya impresos. La dura posición que antes correspondía al vendedor ambulante, movido a llamar de puerta en puerta, cede paso a una posición casi parejamente dura para su cliente en general, el consumidor, que debe amoldarse a una oferta cada vez más tacaña, o renunciar al servicio.

1

Más espectacular aún que el resto de amenazas aparejadas al cuerno de la abundancia, el mercado financiero global ofrece un crescendo de desastres. El último corresponde a cierto fondo de cobertura creado por el banco Solomon Brothers en 1995 y llamado LTCM, al que bastaron dos años para convertirse en el más rentable e importante del mundo. No obstante, para agosto de 1998 —tras suspenderse el pago de la deuda rusa— el fondo entró en cortocircuito, y a mediados de septiembre su agujero producía vértigo: el capital de dos mil millones de dólares aportado por sus socios no solo hacía frente a un riesgo de pérdidas setenta veces superior, sino que su peligro de quebranto instantáneo crecía hora a hora, amenazando con llegar hasta cantidades astronómicas, equivalentes a billones de dólares. Temiendo una reacción en cadena de quiebras bancarias, cuyo efecto sería «una catástrofe financiera internacional de dimensiones inconcebibles» —palabras de Alan Greenspan, presidente del Banco de la Reserva Federal—, la autoridad monetaria norteamericana zanjó provisionalmente el asunto en octubre, concertando con los gigantes crediticios de Wall Street el mayor préstamo privado de la historia.

Estas son cosas que pueden pasarle a un fondo de cobertura, pero veamos cómo estaba siendo administrado en líneas generales, y bajo la supervisión de quién. Su dossier de promoción le considera «el primer fondo de inversiones científicamente gestionado», pues no solo tiene entre sus socios fundadores a dos premios Nobel de Economía —Robert C. Merton y Myron Scholes, galardonados en 1997—, sino que todos sus programas informáticos para arbitrar entre distintos mercados, productos y plazos se inspiran en la teoría matemática de opciones (llamada de Black-Scholes), están directamente diseñados y evaluados por los propios Merton y Scholes, y son aplicados a cada caso específico por un equipo de expertos en finanzas matemáticas, doctorado por las más prestigiosas universidades.

LTCM es otro ejemplo de infalibilismo cientifista, cuya manifestación más descarnada habían sido otros premios Nobel —en este caso de física fundamental, como Murray Gell-Mann, Steven Weinberg o Sheldon Glashow— volcados a promocionar la construcción de un Supercolisionador-Superconductor (SSC), que con suerte encontraría el *bosón* de Higgs y alguna otra partícula exótica (véase *supra,* págs. 50 y 51). Resulta curioso constatar que el coste inicialmente presupuestado para aquella obra —4.000 millones de dólares— sea idéntico al coste del salvavidas ofrecido ahora a LTMC. El colosal *donut* que General Dynamics, Westinghouse y otros gigantes industriales promocionaban usando como consultores a físicos provistos de premios Nobel, faraónico proyecto para finales de los ochenta, prefigura el colosal fondo de inversión promocionado por gigantes financieros usando como consultores a economistas provistos de premios Nobel, faraónico proyecto para finales de los noventa. Naturalmente, el SSC es mucho menos peligroso para la humanidad que LTMC, porque aun poniendo en duda la validez de teorías como la estándar, y recursos probatorios como los aceleradores descomunales de partículas, construirlo o no construirlo solo afectará al ciudadano indirectamente, por vía de más impuestos o más degradación ambiental.

Empresas como LTMC, en cambio, ponen en peligro directo al simple cuentacorrentista de cualquier país, así como a toda suerte de productores e intermediarios, que de la noche a la mañana, sin saber siquiera de dónde proviene su desgracia, pueden verse arrastrados a la ruina. Un profesional supremo de las seguridades o futuros —pues eso son en definitiva los derivados financieros— resulta ser el más destacado productor de inseguridades, mostrando con su ejemplo algo aplicable a todo este campo. Lo aplicable no es el resultado genérico de manejar riesgos —una pretensión inaugurada con el Renacimiento—, sino el resultado específico de manejarlos como si fuesen perfectamente domesticables, usando la cobertura de una infalible matemática[1].

En la prehistoria económica, quien quisiera ser propietario de un negocio cargaba con todas las «accesiones» de su propiedad, tanto positivas como negativas, y muy pocos se asociaban para llevarlo adelante, pues el error de cualquier socio comprometía ilimitadamente al resto. Con el surgimiento de la corporación mercantil —erigida sobre el principio de una pérdida limitada, y una ganancia potencialmente ilimitada— muchos se asociaron, y acabó apareciendo el mercado de expectativas o futuros. Una etapa ulterior de ese mercado alumbró corporaciones como LTCM, que han inventado una forma de perder ilimitadamente en cuestión de segundos, esquema tanto más exportable cuanto mejor permite trasladar dicha pérdida ilimitada al patrimonio de otros. Es imposible, pues, no estar de acuerdo con lo que observa sobre el mercado financiero un joven investigador: el estado de cosas impide deslindar las fronteras entre conducta inteligente, osada y criminal[2].

1.- Por ejemplo, la llamada cobertura Δ —favorita para los profesionales del mercado inversor— supone lo que Soros llama «un comportamiento seguidista automático» (cfr. Soros, 1999, pág. 210). Los supuestamente protegidos por ella compran todos cuando el precio sube, y venden todos cuando baja, exponiéndose así a nuevos riesgos (tanto por lucro cesante como por daño emergente). Los únicos a salvo de pérdidas —e incluso beneficiados por cualquier inestabilidad bursátil— son los creadores de este mercado de coberturas, que absorben el diferencial entre precio del vendedor y precio del comprador.

2.- Izquierdo, 1999, pág. 10. Este investigador ha desglosado los errores de cálculo incurridos en la gestión de LTCM. Véase cuadro adjunto en la figura 12.

La operación	La teoría	La práctica
Compra de bonos españoles, italianos y de otros gobiernos europeos contra bonos alemanes	Los diferenciales de precios convergerán cada vez más durante la transición a la Unión Monetaria Europea, con lo que se obtendrá un beneficio	El diferencial entre el bono alemán y los bonos español e italiano se amplió hasta 20 puntos básicos, resultado en pérdidas
Venta de bonos alemanes contra *straddles** de *swaptions***	La volatilidad implícita en los tipos de interés es demasiado baja, y se incrementará en el futuro	La volatilidad implícita cae cuando todo el mundo intenta abandonar el mercado al mismo tiempo
Compra de bonos rusos contra venta de papel comercial de bancos y empresas japonesas	La rentabilidad de los bonos rusos caerá, la rentabilidad de la renta fija japonesa subirá	Rusia suspendió pagos, el rendimiento de los títulos de deuda japoneses bajó
Compra de permutas financieras sobre el diferencial del bono americano con el bono alemán, contra venta de permutas financieras sobre el diferencial del bono americano con el británico	Los precios de los contratos de permuta sobre el diferencial del bono británico son demasiado altos y caerán en relación con los del diferencial sobre el bono alemán	Los diferenciales respecto del bono británico se ampliaron aún más
Compra de *straddles* de *swaptions* de vencimiento largo contra venta de *straddles* de *swaptions* de vencimiento corto	La diferencia entre la volatilidad implícita y la volatilidad histórica decrecerá	La diferencia se amplió
Operaciones de «aplanado» *(flattening trades)* basadas en la compra del bono alemán a 30 años y la venta simultánea del bono alemán a 10 años	La rentabilidad de la deuda a 30 años declinará para converger hacia los intereses de la deuda a 10 años	La rentabilidad del bono a 10 años bajó rápidamente, debido al refugio masivo de los inversores en este producto de bajo riesgo y gran liquidez
Compra de bonos hipotecarios americanos y daneses contra venta de bonos americanos	El diferencial entre la rentabilidad de ambos valores se reducirá	La caída de la rentabilidad de los bonos del tesoro americanos detonó una ola masiva de pagos adelantados, lo que hizo que el diferencial de rentabilidades se ensanchara
Venta de bonos americanos de largo vencimiento contra compra de bonos americanos de corto vencimiento	El diferencial se reducirá	El diferencial se amplió en la medida en que el refugio en valores seguros favoreció los títulos de mayor liquidez
Compra de bonos brasileños y argentinos contra venta de bonos americanos	El diferencial de rentabilidades entre los mercados de deuda emergentes y la deuda americana se reducirá	El diferencial aumentó de manera extraordinaria, hasta 2.000 puntos básicos.

Figura 12: Cuadro de las nueve operaciones fallidas de LTCM

* El *straddle* o «cono» es una de las estrategias más características de los mercados de opción. Consiste en la compra o venta simultánea de opciones de compra (*call*) y venta (*put*) con el mismo vencimiento y precio de ejercicio. Cuando se compra un «cono» el operador se beneficia de los aumentos de volatilidad, es decir, de los movimientos significativos del precio del activo subyacente, con independencia de la dirección de los mismos. El «cono» vendido, al contrario, se beneficia de los descensos de la volatilidad.

** Los *swaptions* u opciones sobre *swaps* (contratos de permuta de tipos de interés) son contratos por los cuales el comprador, a cambio de una prima, adquiere el derecho pero no la obligación de entrar en una fecha determinada en swap o permuta de intereses de unas características determinadas. Los contratos de *swap* permiten intercambiar intereses fijos por intereses variables, o a la inversa. De modo que, por ejemplo, un contrato de *swaption* de pagador fijo es una opción sobre un contrato de permuta financiera mediante el que el comprador recibe intereses de tipo fijo a cambio de intereses de tipo variable. La *swaption* le da entonces a su comprador el derecho a entrar en un swap o permuta de intereses como pagador fijo, esto es, cambiar el cobro de intereses a tipo fijo por el cobro de intereses a tipo variable. Al comprador le interesará por tanto ejercer la *swaption* siempre que, al vencimiento, el tipo de interés fijo cotizado para swaps equivalentes en el mercado sea superior al tipo de ejercicio de la opción.

2

He ahí una colección de tópicos contemporáneos, no por tópicos menos ciertos. Añadida a la degradación del medio ambiente, lo quebradizo de la opulencia alimenta un sentimiento de indefensión, hasta cierto punto equivalente al evocado desde mediados los años cuarenta hasta finales de los ochenta por el chantaje nuclear de americanos y soviéticos. En un sistema estrechamente interconectado todo crecimiento es también su contrario, *reducción,* y algo tan manifiesto solo lo vela una tendencia sistemática a huir hacia delante. En el estadio alcanzado de libertad ¿qué hacer para que el crecimiento no se incline más aún hacia la reducción, para que los progresos en autonomía no erosionen prosperidad y seguridad? Salvo algunos mesías demenciados por su masificada grey, quizá nadie tiene recetas para una cuestión semejante. Lo penoso, y mucho más cuando pretende hacerse en nombre de la humanidad, es cultivar buenos y malos absolutos, verdaderos ángeles y verdaderos demonios, hasta acabar tropezando con las evoluciones del mundo real como un ciego con los cuerpos de su entorno. Lejos de anunciar un fin de la utopía, nuestro presente es plena utopía.

Reflexionando sobre la «libido empresarial», hace medio siglo Schumpeter propuso como motor del capitalismo un proceso de destrucción creativa —en cierto sentido una «revolución permanente» (Trotsky)—, cuya esencia sería atentar contra las formas tradicionales de beneficio por el procedimiento de inventar otras y otras. Era una manera de redefinir en términos económicos el lema de la Ilustración —*las costumbres se someterán al juicio del intelecto*—, y a la vez de llevarlo un paso adelante, pues lo negativo se niega también a sí mismo, pasando a ser negatividad o proceso poético, inventivo. Desde el punto de vista actual, la destrucción creadora sería una modalidad de disipación que crea estructura, en última instancia de vitalidad evolutiva, aplicada a procesos de auto-regulación.

Orden equivale a capacidad unitaria de acción, energía; desorden equivale a disgregación, desánimo. Convenido esto, evitemos presentar caos y desorden como sinónimos, pues de ese equívoco saltaremos inmediatamente a postular que orden y dominio[3] son también sinónimos. Acabar con el desorden —del universo entero, o de algún grupo humano— se presenta tradicionalmente como obra controladora de dioses, profetas y estadistas, obedeciendo a una lógica del orden como fruto de algún gobierno. Pero el gobierno se ejerce para producir orden precisamente, y es aquí donde cada control ofrece —o no— sus frutos.

La posición inicial del dominio lo funda en uno o varios individuos que son servidos por todo el resto. El rango dominante de estos primeros les viene de gestas heroicas, consumadas por sus antepasados o por ellos mismos, de igual modo que el rango dominado de los segundos les viene de lo opuesto. En esencia, los primeros han desafiado a la muerte para lograr el reconocimiento de su superioridad, mientras los segundos prefieren no desafiarla y por eso compran protección, ofreciendo a cambio obediencia y trabajo. Concebidos como seres estables, unos son amos y otros siervos.

Con todo, ni la posición del dominio ni la del sometimiento son estables. Justamente porque el amo ha llegado a serlo, aquella fibra de fiereza que le llevó a consolidar su estatuto se reblandece, delegándose en otros y otros, de manera que la previa independencia —en primer lugar, ante la muerte y el miedo en general— pasa a ser una forma singularmente aguda de dependencia; rodeado de sumisos servidores, a través de los cuales entra en contacto con el mundo, una amalgama de molicie y soberbia va ocupando el lugar que la fuerza habilitara otrora. En cuanto al siervo, justamente el hecho de haber

---

[3].- Dominio exterior o *hetero*control, por supuesto. Cuando el dominio se vuelve sobre sí es autocontrol, *voluntad*. Por lo demás, la voluntad es interna pero tiene siempre algo de no espontáneo, como inclinación que solo llega después de la inclinación misma, y en ese sentido se distingue con nitidez de las emociones e intuiciones.

llegado a serlo le impone la disciplina del temor y el servicio, gracias a la cual se convierte en aquello que configura la realidad, transformando el medio inmediato en mundo humano o cultura.

Descrita originalmente por Hegel[4], esta dialéctica del amo y el siervo informa la historia de todas las sociedades no antiestatales[5], explicando de paso la fragilidad de dinastías, profetas y estadistas. Como el propio Hegel observó, la tendencia que se observa a grandes rasgos es el tránsito del gobierno de uno al de varios, y finalmente al de todos, consumando el paso de la monarquía a la aristocracia, y de ésta a la democracia (o, si se prefiere, de la tiranía a la oligarquía, y de ella a la demagogia).

3

Tras milenios de autócratas por la gracia de Dios, la posición del dominio no solo ha visto recortada su arbitrariedad previa, sino que se presenta como casto servicio público, orientado a la custodia del patrimonio común. Reyes, prelados y mariscales rivalizan ahora en llaneza y disposición al diálogo, al ritmo en que la pervivencia de sus propios cargos depende de romper lazos con la antigua autoridad, un poder de vida y muerte que los romanos llamaban *merum imperium*, fuerza bruta. Hace poco más de tres siglos, Thomas Hobbes argumentaba todavía que el monopolio absoluto de la fuerza era el único modo de evitar una guerra civil permanente, y que hasta el más venal y sanguinario de los déspotas resulta preferible a cualquier descentralización y autolimitación del poder político.

4.- *Fenomenología del espíritu*, cap. IV, A 3: «Señor y siervo».

5.- El antropólogo Pierre Clastres llama «sociedades contra el Estado» a culturas ágrafas que no desarrollan estructuras de dominación política, canalizando las energías de cada grupo hacia un mantenimiento de jerarquías primarias como el sexo, la edad o la vocación individual, sin admitir aquella acumulación excluyente de recursos que permite vender seguridad de modo genérico, y establecer estamentos gubernativos vitalicios. Con todo, esta disposición no se ha combinado nunca con altos niveles demográficos.

Hoy nos felicitamos viendo cómo la sacra *auctoritas* de Pinochet y otros muerde el polvo.

Sin embargo, el cambio nació en turbulentos procesos revolucionarios, cuyo denominador común fue presentar el orden preconizado por Hobbes como pseudo-orden, más afín al puro despilfarro que a una asignación racional de los recursos disponibles. Eso implicaba confiar en otro orden (quintaesencia de lo caótico para el previo) como regeneración política, y las revoluciones fueron prosperando sobre la base de confiar en el «pueblo», una determinación esencialmente difusa y múltiple, donde se mezclaban la antigua clase ecuestre y la plebe —por entonces burguesía media y clase trabajadora respectivamente—, que unidas como ciudadanía se movilizaron contra los privilegios del estamento nobiliario y el clerical. Aunque la victoria no se hizo esperar mucho, el triunfo escindió al recién coronado en capitalistas y trabajadores, inaugurando nuevos y aún más audaces ímpetus revolucionarios, que conmoverían casi todo este siglo hasta dar paso de golpe, casi por sorpresa, a un horizonte inusitadamente estable.

A diferencia de otras épocas, donde la paz parecía depender de que se impusiera algo contrario a la libertad formal y material, ahora no se vislumbra mejor procedimiento para mantenerla que seguir ensanchando la autonomía de individuos y grupos. Cosa tan insólita en los anales sugiere que la libertad es, efectivamente, la substancia última del ser humano. Pero sería ingenuo creer que por delante hay simple «crecimiento económico» —una noción de la propaganda política, mantenida sobre índices a veces sesgados, que permiten presentar la pobreza como riqueza y viceversa[6]—, en vez de disyuntivas tan radicales como en su tiempo lo fueron abolir o mantener la esclavitud, separar o unir la Iglesia y el Estado. Lo que nos distingue

---

6.- Si el progreso se mide en función del PIB, la propagación de alguna enfermedad infecciosa muy grave y difícil de curar será un progreso, ya que el PIB se verá claramente incrementado por el coste de su tratamiento.

del ayer no es haber dejado atrás la dialéctica del amo y el siervo, sino haber recorrido ya alguna de sus bifurcaciones, y merced a ello gozar niveles altos de espontaneidad.

4

El amo actual, al menos en el llamado Primer Mundo, exhibe solo una pequeña parte de su prosopopeya antigua; no es el enviado de un dios omnipotente, no ostenta sangre azul y no pide plenos poderes a toda costa. En justa correspondencia, el siervo actual no ha de portar ropa de villano, no ha de prestar juramento de lealtad a su señor y es en principio el árbitro de la política, dada su condición de periódico votante. Se diría incluso que hoy el titular del dominio somos nosotros mismos, de no ser porque antes es preciso incorporarse al estamento de los gobernantes, una profesión desconocida en épocas previas, donde el mando nominal lo asumían quienes detentaban ya el sustantivo. Por primera vez en la historia, los gobernantes son personas pobres o humildes, que gracias al cargo público se acercan a la prosperidad.

Nada podría asegurar más la movilidad social, desde luego, y ahí reside su lado positivo. Es el «pueblo» —partiendo de sus estratos económicamente más modestos— quien se autogobierna a través de representantes elegidos de modo libre, lo cual augura una administración ecuánime del patrimonio común. Sin embargo, el viejo agujero negro de la Corte no se acaba de cerrar, y la falta de ajuste entre el Debe y el Haber de las cuentas amenaza la oferta fundamental, que es mejora en la capacidad de adquirir, prosaico nivel de vida. La última transición del amo —aquella donde podemos serlo, por turno, nosotros mismos— coincide en realidad con una cleptocracia planetaria, que se articula como clase política.

Sea cual fuere su ideología expresa, dicho estamento tiende a sumar votos, allí donde no suponga perder los ya obtenidos. Son intereses primarios de conservación, y a la luz de este pragmatismo la prosperidad depende de seguir aumentando los controles, pues en vez de dialéctica histórica —inestabilidad esencial— lo que habría por delante es seguir como hasta ahora. Por otra parte, no parece haber manera de que el presente se mantenga sin engendrar reformas. Lejos de agotarse, la dinámica dominación/servidumbre entró hace tiempo en una fase donde los términos que se enfrentan no son ya capital y trabajo, sino el antídoto keynesiano para los afanes bolcheviques —el Estado del Bienestar— y la tendencia liberal o ultraliberal, representada ejemplarmente por el partido republicano de Estados Unidos. Semejante dilema fuerza a optar entre socialización y privatización, cuando lo primero parece insufriblemente caro, y lo segundo —a juzgar por los propios Estados Unidos— alimenta escenarios de guerra civil.

A diferencia de los grandes conflictos sociales previos, que derivaban siquiera en parte de los privilegios del estamento dominante, este conflicto se diría imputable solo al dominado. De ahí que todo se ordene a hallar dinero —para pagar la asistencia, o para sofocar potenciales estallidos de violencia civil—, en vez de plantearse quién decide ahorrar, y dónde. No habiendo ya reyes y señores feudales exentos de tributación, los recortes corresponderán a franjas asequibles del contribuyente —pequeños comerciantes y perceptores de nómina—, y el criterio funcionaría de modo estupendo si no fuese porque aplicarlo así mina la sociedad del bienestar, fomentando bolsas explosivas de pobreza. En la búsqueda de recursos para paliar el déficit, algunos dan por inevitable que la automatización seguirá aumentando la masa de parados, pues constituye un reflejo del progreso técnico[7]. Pero el progreso técnico no crea paro alguno en la

---

[7].- Eso no sucede en Estados Unidos, que ahora (verano de 1999) no supera una tasa del 4 por 100, si bien allí el mercado laboral resulta tan «flexible» como conflictiva es la relación entre empleadores y empleados.

clase política, cosa sin duda llamativa, pues la democracia admite en medida igual —cuando no muy superior— una automatización de procesos, que transformaría al menos parte de las decisiones gubernativas en simples consultas.

5

Partiendo de que este concreto paso es quizá tan inevitable como las etapas previas en la historia del dominio y la servidumbre, los capítulos siguientes se centran en el examen de algunas circunstancias y alternativas. En contraste con los ideales revolucionarios, que empezaron exigiendo el fin del egoísmo para alcanzar un paraíso terrenal, y acabaron instaurando sórdidos infiernos, los proyectos reformistas son esencialmente humildes. El logro espiritual básico de nuestro tiempo —la libertad como fuente de una próspera paz— parte de admitir que no es tarea del gobierno salvar nuestras almas, hacernos más perfectos o siquiera felices, sino tan solo impedir que prosperen la violencia y el fraude, aunque aparezcan ataviados con el ropaje del altruismo.

En definitiva, la época que comienza tiene la responsabilidad de hacer real a nivel colectivo, político, lo que cada vida singular cumple por simple transcurso del tiempo: pasar de la heterodeterminación a la autodeterminación, de la minoría a la mayoría de edad, de que otro nos gobierne a gobernarnos, de que el «pueblo» cobre existencia efectiva o se mantenga como censo de votantes periódicos para dos o tres candidatos amañados. Algo así tropieza a la vez con el miedo a nosotros mismos y con los intereses del dominio en curso, que presentan ese horizonte como una inmersión en caos y entonan alabanzas al control. Sin embargo, el control no deja de ser una variante caótica, que para yugular la espontaneidad despilfarra energía. Un estudio sobre optimización de técnicas industriales sugiere hasta qué punto aquello evidente en química, biología o economía no lo es en el escenario político:

Los sistemas biológicos, que forman productos complejos con una precisión, eficacia y velocidad inigualadas, son un buen ejemplo de la superioridad de la auto-organización. Mantener el funcionamiento en la naturaleza no es —y no puede ser— asunto que realice una gestión centralizada; el orden solo puede mantenerse mediante auto-organización[8].

La hipótesis implícita en el escenario político —a pesar de ocasionales declaraciones en contrario— es que descentralizar resulta tan idóneo para hacer plásticos o reactivos como nefasto sería para gestionar rentas o servicios colectivos. Pero el orden idealizado promueve caos en sentido débil (derroche vestido de ahorro), y solo reconocer la vigencia de caos en sentido fuerte permite estabilizar —siquiera sea estadísticamente— todo tipo de engendros ideales. Dicho de otro modo, las evoluciones de lo supuestamente controlado describen en realidad dinámicas aleatorias, que solo a posteriori —descubriendo nosotros los atractores de cada sistema— podrán revelar alguna regularidad. Aunque estemos acostumbrados a concebir el mundo desde la antigua mecánica, manejando los conceptos de masa y fuerza, prácticamente la totalidad del reino físico parece animado más bien por formas inmanentes, cuya característica común es abrir infinitud dentro de áreas finitas.

Podríamos llamar caos *subalterno* a las alternativas lineales de control, ya que pretenden seguir fieles a la profecía autocumplida aunque jamás hayan logrado una exactitud o un rendimiento remotamente acorde con sus previsiones. Por lo mismo, podríamos llamar caos *creativo* —o propiamente dicho— a cualquier espontaneidad de los elementos implicados en un proceso. El caos subalterno promete férreo orden para un equipo de fútbol lo mismo que para un equipo de gobierno, ajeno a que las posibilidades organizativas de uno y no otro no florecerán mientras se omita el recurso constante a la impro-

---

8.- Cfr. Briebacher, Nicolis, Schuster, 1995.

visación. Y vemos así que al deportista se le piden resultados, al político mejoras en la calidad de vida, cuando los resultados y la calidad no dependen realmente de controlar, sino de que se despliegue o no la substancia implicada en cada caso. Es la diferencia entre el orden que quiere imponerse desde fuera y el que brota desde dentro, entre la venta coactiva de protección y las relaciones de buena vecindad, entre profecía interesada y observación del mundo.

14

La cuestión nacional

> *Cuando alguna refutación se hace a fondo deriva del mismo principio refutado y se desarrolla desde él, en vez de montarse desde fuera, mediante aseveraciones y ocurrencias contrapuestas.*
> G.W.F. Hegel

Junto a la nación-estado o nación-potencia, adornada con las prerrogativas inherentes a una plena soberanía política, florecen hoy naciones que antes solían llamarse región, comarca o país. Esqueleto de las primeras, estas últimas fueron incorporadas en su día por medios bélicos, matrimonios nobiliarios o, más raramente, libre acuerdo. Y como lo propio de la nación es una comunidad cultural o étnica, unas son naciones en sentido metafórico y otras en sentido prosaico.

Tras graves o gravísimos problemas en origen, la relación entre naciones-potencia y naciones-región parecía relativamente apacible, con muestras de estoicismo por parte de las segundas, hasta que uniones supranacionales, globalización económica y el horizonte de un Estado planetario empezaron a revisar el concepto clásico o infinito de la soberanía, disparando al mismo tiempo una larga serie de reivindicaciones independentistas en varios puntos del orbe. Yugoslavia, modelo perfecto de nación-potencia o nación en sentido metafórico, ejemplifica lo que puede acontecer cuando esa metáfora aparece como tal, y trata de subsistir por la fuerza.

Cuentan que Saturno desterró a su incauto padre, tras castrarle, y que para evitar esa misma suerte fue devorando a cada hijo de la esposa, hasta que ella le presentó un engaño como si fuera su sexto vástago; en vez de engullir a Júpiter tragó una piedra envuelta en pañales, y cuando ese hijo creció hizo con su padre lo que éste hiciera con su abuelo, cuidando de que vomitase a sus hermanos antes de partir hacia el destierro. Así nació la asamblea de los dioses, el Olimpo. Acordando también que nadie deglutiría a nadie de su especie nació la Asamblea de Naciones Unidas. Sin embargo, bastantes Estados contemporáneos siguen pareciéndose al estómago del Saturno reinante, mientras bullían allí unos seres tan sempiternos como privados de ventilación. Y hasta qué punto hay un afán de los engullidos por reaparecer lo indica que la última década haya presenciado tantas secesiones como anexiones se produjeron en los dos últimos siglos, y que —hasta ahora— ningún país se haya arrepentido de conseguir la independencia.

Esto respondería a un fenómeno de descentralización, correlativo a la propia viabilidad de esquemas supranacionales, pues resulta imposible que una organización crezca (ni en volumen ni en complejidad) sin delegar en suborganizaciones[1]. Por lo mismo, mientras cada gobierno no evolucione hacia su dilución en sucesivos autogobiernos, finalmente anclados en la comunidad municipal, toda estructura autonómica o federalista está abocada a multiplicar los centros de poder coactivo, con el consiguiente incremento en derroche y arbitrariedad. Como muestra nuestro país, por ejemplo, la pseudo-descentralización conduce de inmediato a dieciocho burocracias donde había una, aunque no por división de la primera, sino manteniendo aquélla intacta y añadiendo otras diecisiete. Traspuesto al símil previo, sería el caso de que los renacidos hijos de Saturno no quisiesen en realidad reproducirse, sino ir engullendo a la prole como sistemáticamente hiciera su caníbal y ya desterrado padre.

1.- Varios historiadores —empezando por Gibbon— destacan como factor decisivo en la decadencia de Roma una pérdida progresiva de la amplísima autonomía que caracterizaba a los ayuntamientos en la época republicana.

Eso sucede, por no decir que es la regla. Con todo, no depende de que los seres humanos nazcan así —como con cuatro extremidades, un corazón, dos riñones, etc.—, sino de que muchos gobiernos han sido saturninos, entendiendo por ello un esquema organizado sobre cierto parricidio seguido por fuerza de infanticidios. Más de un escriba ha expuesto esa reiterada circunstancia como paradigma de lo inevitable o razón del Estado, y de ahí que valga la pena detenerse un momento en los casos donde no sucede; pues hubo o hay casos donde no sucede, y resultan ser —hace ya siglos— los focos políticos del presente.

1

El primero es la montañosa Suiza, que novecientos años atrás se constituye como pueblo soberano mediante un juramento (el *Serment* de 1291) apoyado sobre tres puntos: *1*) Aquello que nos une es el respeto por la diferencia, y si algún cantón entiende que ese respeto se ha quebrado podrá separarse en cualquier momento, sin otro requisito que una decisión mayoritaria de sus habitantes; *2*) Ninguno pagará protección a iglesias, nobles o casas reales, ni admitirá otros administradores que los elegidos en cada circunscripción por sufragio directo; *3*) Nadie podrá hacer del gobierno un medio de vida, y los ciudadanos asumirán todas las responsabilidades de administración y defensa, con mandatos muy breves y siempre irrelegibles.

Este modelo fascinó a algunos colonos de la actual Norteamérica, que concibieron sucesivas y frustradas confederaciones hasta estabilizarse como Estado federal. Les unía el mismo deseo de independencia o autogobierno, si bien entre sus próceres había una duda primaria en cuanto a la nueva república. ¿Iba a ser un reino de puro respeto por la idiosincrasia de los miembros, o se atribuirían a un poder central incumbencias distintas de las previstas por los suizos?[2]. Mediar entre lo primero y lo segundo fue la incumbencia principal de Thomas Jefferson, que aun faltando en términos físicos —por ser embajador en Francia— sigue presente a través de James Madison en las deliberaciones que conducen a la Constitución, y —tras su muerte— en los destinos inmediatos del país a través del propio Madison y de Monroe. A él, y a los partidarios de su punto de vista, se debe que Estados Unidos no sea una monarquía —con Washington como primer rey—, y a su pluma la bien conocida Declaración de Independencia, donde leemos:

> «Pues los poderes legítimos del gobierno emanan del consentimiento de los gobernados, y cuando una forma cualquiera de gobierno pone en peligro esos fines el pueblo tiene derecho a alterarla o abolirla, y a instaurar nuevo gobierno, fundamentándolo en los principios y formas que a su juicio ofrezcan más posibilidades de alcanzar seguridad y felicidad[3]».

Dando por hecho que en cada territorio hay *un* pueblo, capaz por eso mismo de alterar, abolir e instaurar normas, lo resuelto en 1776 por Virginia, Massachusetts y otras once colonias trae a colación el principio de las mayorías, del cual pende que cualquier grupo humano pueda actuar como *uno*, enarbolando reivindicaciones de independencia o autogobierno. Si lo popular no alcanza cierto estadio de unidad es imposible considerarlo operante. Pero este obstáculo lo salva el colono norteamericano (como medio milenio antes los pastores y cazadores suizos) sometiéndose a la regla del número. Al igual que en un juego de apuesta, el número mayor gana, y el resto de la mesa se compromete a acatar este preciso resultado.

Solo así puede cierto grupo «disolver los vínculos que le atan a otros, asumiendo un puesto separado e igual a ellos», como añade

---

2.- Representación diplomática, acuñación de moneda, transportes y comunicaciones, defensa.
3.- Jefferson, 1987, pág. 24.

de inmediato esa Declaración. Constituir no es separable de escindir, y el principio de la mayoría resulta ser a la vez el principio de la minoría. En realidad, la mayoría es siempre minoría, mayoría en cierta —pequeña— parte del mundo, que solo aceptando su propia relatividad cobra el rango de algo legítimo. Sagrado y relativo al mismo tiempo, el número más alto mide el propósito duradero o transitorio— de establecer una autonomía de la voluntad. Cuando toma posesión como presidente, Jefferson recuerda a los ciudadanos:

> «... que —si bien ha de prevalecer en todos los casos la voluntad de la mayoría— esa voluntad ha de ser razonable para ser legítima; y que la minoría posee sus derechos iguales, que leyes iguales deben proteger, y que violar esto sería opresión[4]».

El fundamento jurídico de que un grupo pueda constituirse como Estado soberano es indiscernible del fundamento jurídico en cuya virtud puede siempre escindirse de otro (Estado soberano), con lo cual su derecho de constitución es indiscernible de su derecho a la secesión[5]. El único límite de semejante decisión es extrajurídico, y concierne al grado de tenacidad y coraje con que proceda, pues esa decisión suscitará sin duda represalias. Pero un repaso a la historia pasada y reciente muestra que cuando este binomio se omite o niega surge de inmediato una espiral de violencia, cada vez menos discriminatoria a la hora de elegir blancos, donde compiten en crueldad separatistas y unionistas. A diferencia de otras épocas[6], en lo que va

---

[4].- Jefferson, 1987, págs. 332 y 333.

[5].- Es lo que ha venido a establecer el Tribunal Supremo de Canadá, en un fallo que podría sentar jurisprudencia mundial: «... una clara mayoría a favor de la secesión en Quebec [...] conferiría a la independencia una legitimidad democrática que los otros miembros de la Confederación estarían obligados a reconocer».

[6].- El último y más sangriento ejemplo de triunfo unionista duradero fue quizá la guerra civil norteamericana, tras la cual no solo estaba el asunto de abolir la esclavitud, sino un crecimiento del gobierno federal a costa de los gobiernos estatales. Es indudable que los Padres Fundadores del país —origen de la Constitución— habrían apoyado en bloque a la Confederación contra la Unión, aunque buena parte de ellos fuesen abolicionistas. Apenas un siglo después de haber proclamado el derecho de todo

de siglo ni uno solo de estos conflictos se ha zanjado duraderamente con una victoria militar del unionista, sellada por la rendición de su adversario.

2

Sí se observa, en cambio, una cronificación y explotación mercantil del enfrentamiento, ya que gracias a infiltrados recíprocos el terrorismo y el contraterrorismo acaban convirtiéndose en un emporio. Sus verdaderos enemigos pasan entonces a ser quienes aspiran a una salida negociada, sean del bando que fueren, pues amenazan interrumpir el comercio de mano dura. Sin abandonar España, vemos cómo Brouard y Muguruza —los *abertzales* más proclives a conversaciones de paz— son abatidos por personal de Interior, que perfectamente podría haber acabado con alguno de sus correligionarios más belicosos, mientras ETA se encarga de hacer lo mismo de puertas adentro, abatiendo a otros tantos partidarios del diálogo.

Naturalmente, los gobiernos que contribuyen al enconamiento progresivo de una reivindicación nacionalista son cómplices de ella, en parte por arrogancia y en parte por hipocresía. Saben que su línea de conducta no servirá para abolir el círculo de venganzas y expolios, pero aprovechan ese círculo para sugerir a poblaciones alborotadas entre el pánico y la cólera que les concedan poderes extraordinarios, con los cuales atajarán el extraordinario mal. Puesto que ellos, y su larga clientela, viven en realidad de presentar una candidatura constante a instancia salvífica, nada mejor que exacerbar tanto abierta como secretamente la violencia. Esta política —que tradicionalmente se ha articulado sobre una jura obligatoria de bandera, impuesta a

---

pueblo a la secesión —y luchado contra Inglaterra para defenderlo—, el Norte negaba precisamente ese derecho al Sur. Cuatro años de guerra, un millón de muertos y suspicacias indelebles serían su secuela.

reclutas forzosos— pasa a finales del siglo XX por patriotismo culto o patriotismo «constitucional» (Habermas). Para ser grande, la patria ha de ser una, y para ser verdaderamente una debe parecerse a una amalgama del reino y la finca: reino para nostálgicos de la autoridad imperial, finca o predio privado para la clase política.

En el caso español, al principio del reino-finca se añadieron —durante los tres mandatos socialistas— dos pretextos. Primero, que el exigible referendo no se convocaría, pues los plebiscitos son competencia exclusiva del gobierno, según la Constitución. Segundo, porque la Constitución declara a España indivisible, y no cabe que un referendo lo ponga en duda. Como los pretextos no son argumentos, sería perder el tiempo tratar de refutarlos. Baste tener presente que el otorgante de esa Constitución —allí mencionado como «pueblo español»— puede otorgar tantas como decida, cuando lo decida, y que cualquier pretensión de sujetar el hoy o el mañana a un ayer implica la estafa de confiar en general a los muertos el gobierno de los vivos[7]. Esta evidencia la expresa otra vez Jefferson, cuando redacta el proyecto sobre libertad religiosa de Virginia, en 1779:

> «Y aunque bien sabemos que esta asamblea no tiene poder para restringir las leyes de asambleas posteriores, constituidas con poderes iguales a los nuestros propios, sí somos libres para

---

[7].- Cabe alegar que las asambleas políticas se reúnen para propósitos ordinarios y no ordinarios, y que la mayoría exigible para aprobar los ordinarios podría ser insuficiente para aprobar los no ordinarios (o «constituyentes»). Sin embargo, todo cuanto puede hacer *efectivamente* una asamblea política es partir ella misma de mayorías reforzadas, predicando con el ejemplo, y *recomendar* que toda enmienda a lo acordado cumpla la misma pauta seguida para acordarlo. Mientras una Constitución siga mereciendo el respeto de la ciudadanía, seguirá pareciendo justo que al menos el 66,6 por 100 de los diputados y senadores apoye cualquier enmienda. Pero tan pronto como deje de merecerle ese respeto genérico —sea cual fuere el criterio del legislativo en funciones— no solo podrá ser abolida, sino que ha venido siéndolo a menudo en la historia moderna, unas veces mediante revoluciones y otras por medio de una transición pacífica. De ahí el valor singular del plebiscito, que sin necesidad de disolver las Cámaras y convocar elecciones generales devuelve el aquí y el ahora a la ciudadanía, interrumpiendo —para ese caso extraordinario— su habitual delegación de las cuestiones ordinarias en el poder ejecutivo y el legislativo.

declarar, y declaramos, que los derechos aquí reconocidos son derechos naturales de la humanidad[8]».

Por otra parte, la vileza de gobiernos que enconan reivindicaciones nacionalistas —en vez de darles curso, mediante los oportunos plebiscitos— no asegura que esa reivindicación sea justa, o siquiera argumentable con verdaderas razones. En el caso vasco, por ejemplo, a la siempre legítima aspiración de autogobierno no solo se engancharon los tradicionales intereses caciquiles de cualquier región, sino ingredientes tan exóticos como el racialcatolicismo de Sabino Arana y el marxismo-leninismo de ETA. Da una idea de ello que las juventudes nacionalistas, representadas por Jarrai, rechazaran al principio el único brote libertario eficaz y espontáneo acontecido en Euskadi y el resto de España —el movimiento de los insumisos ante una recluta militar forzosa— como traición a la disciplina revolucionaria. Encomendándose primordialmente a la nitroglicerina, el combinado de comunismo albanés y aranismo no tardó en producir formas de autosabotaje, como la «irrenunciable» aplicación de la independencia a Navarra, un territorio comparativamente mucho más autóctono que Euskadi, aunque decisivo en 1936 para reprimir el nacionalismo de sus vecinos, y todavía refractario a él, donde —por cierto— se observa el mayor porcentaje español de insumisos.

En este caso, como en tantos otros, la reivindicación nacional tiene tintes étnicos —el «¡esto se va!» de algunos vascos a finales del XIX, cuando empiezan a llegar masas de emigrantes—, con lo cual «pueblo» no es solo gente de un país, sino estirpe acreditada por generaciones de estancia. A finales del siglo XX el «esto se va» debe ponerse en pretérito perfecto —*se ha ido*—, y los llamamientos al conservacionismo pasarse por idéntico filtro, pues los genéticamente puros o autóctonos nunca ganarán allí un plebiscito de independencia sin el concurso de

---

8.- Jefferson, 1987, pág. 323.

otros paisanos. Pero eso no significa que la independencia deje de interesar a los menos puros, y hasta en medida igual o superior, ya que a fin de cuentas impone la descentralización de un escenario.

Aquello que finalmente atrae consecuencias, como el imán limaduras de hierro, es una inclinación al autogobierno. Dicha inclinación se ha ligado tradicionalmente con factores tribales y raciales, si bien hoy —en un momento de rápido y general mestizaje— se apoya sobre consideraciones mucho más laicas, de eficiencia o buena administración, así como de justicia, ligadas a «una deferencia hacia la diferencia»[9]. Cualquier proyecto de preferir etnia a cultura no solo comulga desde el comienzo con infames xenofobias, sino que arriesga derrotas electorales inmediatas. Finalmente, el mercado global es ante todo un fenómeno de comunicación planetaria entre inversores, productores y consumidores, que ya no necesita el estanco arancelario de las naciones-estado, y encuentra en las naciones prosaicas un marco mucho más afín a su amalgama de grande, mediana y pequeña escala[10].

No andan, por eso, descaminados algunos economistas como J. Naisbitt cuando anticipan un mundo futuro compuesto por mil países, y ni siquiera es descartable una privatización de los propios Estados, sugerida por N. Macrae, ex-editor de *The Economist*[11]. La nación-estado tradicional, que nace con el Tratado de Westfalia (1648), hace frente a la emergencia de factores tan nuevos como irreversibles: su clase política depende cada vez más de la empresa privada, padece una fuerte competencia de entes supranacionales y naciones-región,

---

[9].- Rubert de Ventós, 1999, pág. 142. Rubert se decanta —para Cataluña y países en situación análoga— por «un proceso de independencia liberado de su tradicional lastre identitario, nostálgico, victimista» (pág. 25).

[10].- La trama empresarial hace y deshace unidades sin pausa. Un ejemplo inmediato es el nacimiento de cierto territorio sin precedente administrativo ni étnico, en una zona que abarca el País Vasco, Navarra, La Rioja y el norte de Castilla-León, y que se basa en relaciones comerciales y productivas específicas (automoción, electrónica y transformados metálicos). Asturias, tradicionalmente una de las regiones más industrializadas, no forma parte ahora de este territorio. Cfr. C. Sánchez, «Las regiones del Norte vuelven a ser el motor industrial de España», *El Mundo*, 11-IV-1999, pág. 43-E.

[11].- Cfr. Hidalgo, 1998.

es impotente ante la independencia de los mercados financieros, se ve llevada a privatizar empresas públicas (reduciendo así su zona de influencia) y tiene por delante una crisis fiscal en aumento, derivada de que los ricos apenas tributan y los modestos acabarán reclamando lo mismo, por medio de las urnas.

3

Contagiado por el diálogo de sordos que sostienen separatistas raciales y arrogantes centralistas, el concepto mismo de nación se desdibuja y banaliza, hasta el extremo de equivaler en círculos ilustrados a maldad en estado puro. Acumula tantas determinaciones negativas, en contraste con ninguna positiva, que sugiere preguntarse cómo llegaría a surgir algo aquejado por carencias tan absolutas. Ernst Gellner —tenido por máximo especialista en nacionalismos— acabaría, por ejemplo, considerando que su objeto de estudio era «finalmente una estupidez».

También puede uno, por ejemplo, considerar que los celos son finalmente una estupidez, colmo de la debilidad y fuente de innumerables maldades. Desde más de una perspectiva, los celos —así como la territorialidad que rige el comportamiento de toda clase de animales— son algo indeseable e incluso impresentable. Pero es tan trivial denunciar en abstracto a los celos (de quienes tanta lucidez, humildad y lirismo aprendemos luego, cuando apretaron sin llegar a ahogar) como redescubrir al miserable perfecto como nacionalista. La trivialidad viene de que aún no se ha descubierto otro medio para que las sociedades gestionen sus intereses, y se autodeterminen. Aunque para Gellner la reivindicación nacional sea un producto del mundo industrializado[12], es en realidad un corolario de regímenes

---

12.- Cf. Gellner, 1988; también 1998.

democráticos —únicos donde decide (más o menos vagamente) el «pueblo»—, y en Europa está presente desde 1291, con los procesos que cristalizan como Confederación Helvética. Nación viene de nacimiento, remitiendo al instante en que cierto grupo estima tener un espíritu común, y se constituye por eso en fuente de leyes y costumbres. Fundadas o no sobre un espíritu común, el centenar de naciones emergidas o reemergidas en nuestra época muestra que sus orígenes pueden ser pacíficos y luctuosos, tiránicos y liberales, fundamentalistas y laicos, pero que el hecho nacional sigue siendo comparable en política al territorial en zoología. Para ser algo más precisos, el hecho nacional es tan ubicuo que su crítica se hace siempre *desde* algún otro hecho nacional, sencillamente más consolidado. En contrario puede argumentarse que:

> «El nacionalismo no es simplemente un mecanismo de descentralización administrativa [...] sino algo menos emancipador y más perverso: el proyecto de transformar lo heterogéneo —siempre en gran parte foráneo— en homogéneo y autóctono, la vocación de convertir a la autoridad política defensora de la pluralidad de derechos individuales en guardiana de la identidad colectiva [13]».

Persona de indudable sobriedad intelectual, Savater propone evitar la «etnomanía» vasca mediante cosmopolitismo. Con todo, la reivindicación vasca no se opone en principio al ideario cosmopolita, sino tan solo al ideario indiscutiblemente etnómano del gobierno *español*, basado durante más de medio milenio en una autoridad que claramente es y se pretende «guardiana de la identidad colectiva». Comparado con otras reivindicaciones independentistas —como la catalana—, el independentismo vasco rebosa «etnomanía», pero no hay a

---

13.- F. Savater, «Aumentan los enigmas», *El Mundo*, 11-IV-1996, pág. 13.

priori el más mínimo roce entre nacionalismo (un espíritu particular que reclama autogobierno) y cosmopolitismo (un espíritu que aspira a hacer respetar la dignidad humana en todas partes). El choque frontal solo se produce al topar concepciones dispares sobre la *administración* de un mismo país. El Canadá francófono, por ejemplo, debería ser más uniformista y etnómano que el anglófono —pues pretende constituirse en país independiente—, si bien un análisis de sus instituciones muestra que es tan democrático como el otro, que se encuentra más marcado aún por una actitud de solidaridad civil, y que admite una inmigración igual de negros, asiáticos y latinos. Si su base es una uniformidad apoyada sobre fundamentos étnicos, ¿cómo tira piedras contra su propio tejado?

De ahí que canadienses, vascos, catalanes, saharauis, corsos, irlandeses, escoceses, flamencos, chechenos, kurdos, armenios, kosovares, tamiles y otros tantos grupos bien puedan ser minoría en los territorios donde plantean reivindicaciones de autogobierno, y estar por eso mismo equivocados en sus demandas. Pero no estarán nunca equivocados mientras hayan de someterse —sin un previo (y perdido) referendo de autodeterminación—a leyes emanadas de alguna nación en sentido metafórico, que no les inspira atención a lo común del género humano, sino formas de orgullo patriótico y gestión colectiva rechazadas como particularidad extraña por su propia particularidad.

> «A mí no me asusta ni me repele la independencia, aunque pueda verla como actualmente inviable o inoportuna: a mí lo que me asusta y me repele es el nacionalismo[14]».

Insultado y amenazado en su tierra, quien escribe estas líneas tiene buenos motivos personales para decir lo que dice. No obstante, el

---

14.- Savater, art. cit.

sentimiento nacionalista se comporta como cualquier otro fluido: si es oprimido resistirá intacto, sea cual fuere la presión aplicada, y en otro caso tenderá a diluirse como agua o aceite al ocupar espacios abiertos. Que consume su proyecto equivale en realidad a que lo trascienda, porque la patria mundial del cosmopolita se construye en buena medida reaccionando ante los límites de una patria chica previa, establecida demasiadas veces sobre alguna mezquina grandeza, que por eso sirve de escabel para avizorar grandezas propiamente dichas. Lo supuesto mismo —el «pueblo» reivindicado en cada caso— es aquello que al desarrollarse acaba desembocando en alguna forma de superación; y esa superación incluye tanto fructificar satisfactoriamente como quedar refutado o devaluado.

4

El fondo de la cuestión es si proyectos supranacionales —pongamos por caso la Unión Europea— topan con más amenazas por incluir naciones en sentido prosaico, o por depender de naciones en sentido metafórico, naciones-potencia. Temiendo el tribalismo y fundamentalismo implícito en las primeras, se pasa por alto que la soberanía excluyente —no solo capaz de, sino acostumbrada a decretar persecución y destierro para razas, religiones, culturas y pensamientos, o de convocar guerras contra países vecinos o remotos— está ligada siempre a naciones-potencia, donde la forma saturnina de organizar el Estado es una pauta histórica con escasas excepciones, al menos hasta hace algunas décadas. ¿Qué defendemos entonces, al denunciar el «nacionalismo»? A mi juicio, cierta complacencia respecto de la misantropía, cierta desconfianza referida a la sociedad civil.

Savater lo reconoce sin ambages, considerando que los principios jeffersonianos y el programa helvético (básicamente plebiscitario, anclado en una soberanía fiscal de los municipios y opuesto frontalmente al establecimiento de cualquier clase política) no son «indeseables, sino todo lo contrario», aunque las ventajas de su aplicación aquí y ahora, en lugares distintos de Suiza, sean «dudosas», pues el concepto mismo de pueblo resulta «problemático». Solo un insensato no estaría de acuerdo en ambas cosas —tanto los albures de aplicar cualquier principio político como la problemática unidad del «pueblo»—, y convendrá siempre desconfiar de lo meramente ideal, lo mismo que de imitaciones improvisadas, simplismos y cualquier atajo que ahorre asumir cada realidad intermedia. A los efectos de quien esto escribe, «pueblo» no solo carece de notas místicas y de una apelación a razas elegidas, sino que está más allá del bien y el mal; se entiende ventajosamente como una objetividad física compuesta por sujetos conscientes, cuya forma describe o limita cierto proceso a la vez impredecible e irreversible, en el que una pluralidad se acerca y se aleja de su totalidad, una totalidad implicada en lo plural mismo, inmanente.

Pero aquello que a Savater le parece dudoso y problemático no es cómo poner en práctica tal o cual principio, cuándo, por qué o para qué, sino más bien que haya algún nexo entre ser y pensamiento. Ciertos proyectos e ideas resultan deseables, e incluso mucho, si bien son *meras* ideas y proyectos; ciertos conceptos son muy sugestivos, aunque no logran rozar la realidad. Lo fáctico desborda todo razonamiento, la sociedad está lejos de poder asumir compromisos colectivos, una clase gobernante es todavía necesaria, los controles tradicionales siguen siendo preferibles a navegar el caos... En definitiva, si el cambio depende de que «reine la buena voluntad general»[15], el cambio va a hacerse esperar un buen rato, y mejor será.

15.- Savater, art. cit. pág. 12.

> «La independencia es como el cielo de los creyentes: una situación imprecisa llena de armonía y delicias, pero a la que solo los suicidas tienen prisa por llegar[16]».

Ya Voltaire había sugerido a Luis XV que aproximara su gobierno al del emperador chino, cortando de raíz sugerencias plebiscitarias como las avanzadas por Rousseau, ese «energúmeno gótico» venido de Suiza. El pueblo es fundamentalmente populacho; y aunque no lo fuera sería temible siempre. La dependencia —pues ¿quién está libre de parasitismo en algún menester?— no constituye necesariamente el camino equivocado. Atendiendo a la propensión locoide de individuos y grupos (tanto más explosivos cuanto más numerosos sean y más resueltos a obrar estén), el proyecto a corto y medio plazo es mucho más una educación que una emancipación de los pueblos.

Sin perjuicio de admitir que este punto de vista incorpora dosis notables de realismo, su orientación pedagógica no evita que la vida humana —singular y grupal— sea una aventura de libertad, mejor o peor resuelta en cada lance. Aunque la independencia parezca una meta suicida, desde la dependencia sencillamente carecen de sentido tanto el respeto mutuo como la cooperación, y sin ambas cosas se derrumba el edificio entero del hoy, donde todo pende de que los ciudadanos confíen unos en otros. De eso vive el sistema bancario, cimiento de la seguridad, cuando supone que tener en metálico una pequeña fracción de los depósitos custodiados bastará para pagar a todos sus acreedores, y cuando esa suposición acierta. Allí donde no acierta —o no tiene ni esa pequeña fracción de los depósitos— faltan cantidades mínimas de respeto mutuo y cooperación, como en las llamadas repúblicas bananeras, donde realmente no vale la pena pagar impuestos.

Simultáneo a la globalización económica, y a la emergencia de unidades supranacionales en cada continente, el retorno de los na-

---

16.- «La secesión y sus enigmas», El País, 17-III-1996, pág. 14.

cionalismos puede concebirse como brote de irracionalidad, sostenido por el resentimiento y anclado a horizontes caducos de la vida humana. No es menos cierto que actualiza formas de administrar lo común, interrumpe el discurso patriotero de la nación-potencia, y acelera una descentralización del gobierno en cada periferia. Periódicamente, los electores aprovechan para moderar un poco más el poder de todas las facciones, amenazando con una pérdida de votos al partido de ámbito global que se burle del independentismo, y amenazando al partido nacionalista con defraudarle si convoca un plebiscito de independencia. Llevado tantas veces al voto «útil» y al «de castigo» —por faltar candidatos que muevan a un apoyo directo—, el margen de elección se estrecha más aún cuando en la Autonomía no hay partido nacionalista disponible, y la opción es abstenerse o regalar la papeleta a uno de los dos o tres partidos de ámbito general.

La desfavorable situación de estos concretos ciudadanos en el conjunto indica hasta qué punto es enriquecedor que haya un independentismo activo en todas las regiones de una democracia. Mientras se mantenga el sistema exclusivamente indirecto de participación, los electores de zonas sin «problema nacional» tendrán bastante menos margen electivo que el resto. Adaptado a los tiempos actuales, es otro argumento contra lo que Pericles llamaba tranquilismo o idiocia, pues quien hoy carezca no ya de uno sino de varios partidos nacionales a elegir podría, además, sentirse tentado a rechazar los del prójimo, pasando por alto que solo a escala de naciones-región pueden plantearse «formaciones políticas más modestas y ocasionales, más prácticas y plásticas»[17]. Para evitar el tranquilismo, y para reclamar márgenes siempre crecientes de autogobierno, *todos* los territorios harían bien recordando alguna nacionalidad prosaica, y exhibiéndola periódicamente. Así se retratarán ante sus vecinos y ante el mundo: unos cele-

---

17.- Rubert de Ventós, 1999, pág. 140.

brando fiestas parecidas al carnaval, orientadas a gozar su descentralizada heterogeneidad, y otros celebrando fiestas parecidas al ramadán o la cuaresma, orientadas a gozar su centralizada ideología.

Allí donde no son religiones civiles —como el confucianismo—, sino cultos redentores, que prometen paraísos e infiernos a sus fieles, las Iglesias muestran una instructiva dinámica. La fase inicial —caracterizada por alto fervor y gran capacidad de proselitismo— cumple el sentido primario de estas asociaciones, que es devolver pertenencia, arropar mediante alguna comunidad a quienes no tienen un mínimo de alegría o capacidad de obrar; y el que se incorpora a una Iglesia en esa primera fase es básicamente el tipo de individuo celebrado por el Sermón de la Montaña: pobre por falta de recursos materiales, pobre por falta de salud o de belleza y —muy particularmente— «pobre de espíritu».

En la fase ulterior —caracterizada por mayor cohesión de los fieles, fervor disminuido y mucho menos proselitismo— los arropados por esa comunidad empiezan a ser menos pobres (en todas las acepciones del término) y se hacen más selectivos, decepcionando primero y generando después un fuerte rencor en los desarropados del momento. La etapa siguiente se abre con nuevos cultos salvíficos, que denuncian a los ya establecidos por traición, y vuelven a conseguir altos niveles de fervor y proselitismo.

El ciclo suele proseguir durante siglos, incluso milenios. Etapa a etapa, el resultado es una extensión de la *pertenencia*, paralela a una intensificación de lo colectivo en el individuo. Esa intensificación de lo colectivo puede seguir coexistiendo con altos niveles de barbarie —tanto entre las vociferantes sectas en fase inicial como entre los lacónicos cultos ulteriores—, porque el paso de la tolerancia al respeto es en buena medida el paso de una actitud religiosa a una actitud científica y artística ante la vida, que ni paga un céntimo ni otorga un segundo de su tiempo a quien venda redenciones, alternativas u ortodoxas. Pero no hay mejor modo de trascender las distintas ofertas salvadoras que empezar por deslindarlas del Estado, y esforzarse luego por conseguir que mengüe el porcentaje de pobres materiales y espirituales, algo a su vez muy ligado a que reine la libertad, tanto formal como material.

El caso del nacionalismo es distinto, pues la tensión no se verifica entre pertenencia y no pertenencia a un mundo inmediato. En principio, el nacionalista tiene muy clara su pertenencia a cierto mundo, y trata simplemente de no ser interferido en su disfrute del mismo. Solo a posteriori, al adaptarse al proceso de constitución y secesión, puede dar nacimiento a una dinámica de rechazo en su propio seno, donde se oponga a su vecino como a un traidor y pretenda desterrarlo o reeducarlo ideológicamente. Si llegara a esa fase ya no estaría luchando por el autogobierno de un territorio, y la nación metafórica de la cual aspira a separarse siempre podrá arrasarle convocando un inmediato referendo de autodeterminación.

Otra cosa es que llegue a convocarlo, porque —fuera de las elecciones— cualquier consulta desagrada a la clase política, y en este aspecto nacionalistas y antinacionalistas coinciden de lleno: unos para no sentar precedente, otros para mantener intacta la ilusión de una posible victoria.

15

Moral, mercado y misantropía

La mente es lo divino en el hombre.
ARISTÓTELES

Como observaba Ortega, entre masas y grupos organizados en minorías no hay una división basada sobre adscripción a alguna clase social, sino a una clase de humanidad[1]; los primeros se deleitan con la égida del Conductor, o la padecen, mientras los segundos aprenden a hacer bien alguna cosa, y suelen prosperar. En nuestras sociedades la diversificación es un fenómeno espontáneo, donde la supuesta pérdida irreparable de alguna energía construye en realidad una forma cada vez más sensible o autoadministrada.

El imperio de los faraones pervivió ofreciendo vida sempiterna, con técnicas momificatorias adaptadas a cada bolsillo. Más ambicioso aún en sus métodos de control, el catolicismo medieval inventó el perdón de los pecados; todos podrían obtenerlo acudiendo a un confesionario, arrodillándose y sincerándose con el

---

1.- Cfr. Ortega, 1947. Un cuarto de siglo antes, en *España invertebrada* (1921), atendía más a criterios como el de Mussolini, y lamentaba que las masas quisieran «individualizarse». Allí leemos: «Cuando en una nación la masa se niega a ser masa —esto es, a seguir a la minoría directora— la nación se deshace, la sociedad se desmembra y sobreviene el caos social» (1970, t. III, pág. 108). Sin embargo, la experiencia sugiere que la masa no es tanto algo que nace como algo que *se hace*, y precisamente demoliendo una estructuración previa. Esta desestructuración se observa ya en el concepto newtoniano de masa o materia inercial, resultado de idealizar los cuerpos concretos.

clérigo en funciones, que —de paso— funcionaba como brigada de información. Al llegar la Reforma algunos pensaron que el mal comportamiento no se remedia con absoluciones, sino mediante reparación o enmienda, y que en vez de esperar periódicos milagros redentores el buen cristiano estaba obligado a comportarse con cualquier prójimo como si tratara con Dios mismo. Aunque podría seguir soñando todos los días con el Cielo[2], y lamentando habitar todavía la concupiscente Tierra, estaba obligado a tener una sola palabra para los negocios, a no engañar ni chapucear, y en definitiva a encontrar un modo irreprochable de ganarse la vida.

Cuando esta actitud cundió —y allí donde cundió— las profesiones, el comercio y la industria experimentaron un vigoroso impulso. Tan inflexibles en asuntos de fe como convencidos de que acumular bienes materiales nunca sería un fin en sí, aquellos puritanos ampliaron el deber de lealtad familiar y clánica al conjunto del cuerpo social, fomentando así el surgimiento de innumerables asociaciones, cuya consecuencia sería dividir el trabajo y optimizar tanto la producción como el intercambio de mercancías y servicios. De este modo, lo inesencial para ellos —aquello susceptible de compraventa— se multiplicó y ramificó hasta extremos nunca vistos, pues para crear genéricamente riqueza no hay procedimiento más seguro que considerarla simple medio. Quien aspira a la riqueza como fin en sí tiende a practicar hábitos de engaño y derroche, que acaban empobreciéndole. En definitiva, no se ha inventado mejor modo de obrar con provecho que una ética del trabajo, cuya esencia es exigirse mucho, en la confianza de que el prójimo hará lo propio[3].

---

[2].- Sin perjuicio de creer en la predestinación, esto es, en que nacemos salvados o condenados de antemano, como propuso Calvino.

[3].- Por razones no religiosas, algo análogo descubrió Japón en la primera mitad del siglo XVII, con el surgimiento de las primeras ciudades comerciales, y sobre todo a finales del siglo XIX, al consumarse la restauración Meiji.

1

Exponiendo de qué manera cierta actitud —religiosa o no, aunque en principio *a*rracional— preside una creación sostenida de riqueza y racionalidad, saltando sobre cualquier yugo económico a priori, Max Weber[4] no solo demolió el newtonianismo de Marx y sus epígonos, sino que volvió a ligar el desarrollo material de sociedades e individuos con formas de espíritu. Tanto o más que raza o geografía, la cultura —entendiendo por ello una pauta transmisible de significados[5]— condiciona decisivamente el destino de grupos e individuos. Una confirmación tardía del criterio weberiano se observa hoy en Latinoamérica, sometida a una intensa evangelización por parte de iglesias reformadas desde los años sesenta, que en algunos países (Brasil, Chile, Guatemala, Nicaragua) se acerca a una cuarta parte de la población total. No pocos trabajos de campo indican que las conversiones se relacionan con mejoras sustanciales en higiene, rendimiento escolar, ahorro y, como consecuencia final, ingresos per cápita[6]. El fenómeno, que en la Europa del XVI y XVII protagonizó el protestantismo luterano y calvinista, se reprodujo en Norteamérica desde finales del XVIII a principios del XX básicamente gracias al metodismo, y en el momento actual es asumido por sectas pentecostales, última oleada del fundamentalismo cristiano.

Hay notables diferencias entre la formación teológica de Calvino o Lutero y la de los actuales líderes evangelistas, pero unos y otros tienen en común predicar una cultura de la integridad y la laboriosidad. Aplicado al prójimo en general, y no solo a la familia o al temido por poderoso, poner en práctica el principio de que los pactos deben cumplirse genera una acumulación de riqueza donde casi lo de

---

4.- El texto clásico es *La ética protestante y el espíritu del capitalismo*, en Weber, 1998.

5.- «Sistema de conceptos expresado en formas simbólicas, por cuyo medio los humanos comunican, perpetúan y desarrollan conocimientos y actitudes ante la vida» (Geertz, 1973, pág. 89).

6.- Cfr. Martin, 1993, págs. 50 y 51.

menos es multiplicar los bienes muebles e inmuebles disponibles en cada territorio; más allá de esas mercancías inmediatas hay un proceso combinado de capacitación y especialización —el surgimiento de capital *humano,* también denominable *social*[7], como suma de saberes y aptitudes—, cuyo efecto resulta mucho más rentable económicamente para cualquier grupo que tener reservas de oro o plata. Allí donde esta transformación acontece en origen —la Europa del norte— no hay rastro de oro o plata, sino páramos azotados por vientos feroces, crónica falta de luz solar, tierras convertidas en carámbanos desde el final del otoño a la primavera, naturaleza más adaptada a osos y lobos que a seres provistos de epidermis, antiquísimas tradiciones de barbarie e indolencia[8]. Paséese hoy el turista por Alemania, Suiza o Flandes, recorriendo el casco antiguo de ciudades y pueblos, para constatar hasta qué punto lo habita un espíritu de maestría y autosuperación.

Aunque su núcleo teológico —circunscrito inicialmente a negar sacramentos, bulas y otros abusos del Papado— no tarda en evolucionar hacia una quema generalizada de católicos y librepensadores, bastó poner en contacto ese espíritu con el renacentista para operar una multiplicación en el contenido de los mercados. Apoyada sobre una ciencia contable —que permite deslindar las cuentas de la hacienda privada y las del negocio—, florece una apuesta por el manejo del riesgo con cheques, letras de cambio, opciones y otros medios no familiaristas o gremiales de intercambiar futuros. El dinero, emancipado del límite establecido por Roma como definitorio de usura, y defendido de pérdidas ilimitadas con el esquema de la corporación mercantil, afluye en forma de crédito para toda suerte de aventuras. Gracias al reloj de cuerda —inventado básicamente por

---

7.- Cfr. Fukuyama, 1998.

8.- Historiadores griegos y latinos comentaban, siempre escandalizados, que los moradores de aquellas regiones carecían de lengua escrita, apenas cultivaban la tierra, ignoraban la ingeniería y no solo bebían hasta embriagarse de modo calamitoso, sino que permitían hacerlo a las mujeres, y hasta a los niños.

Huygens— los marinos comienzan a poder medir la *longitud*, y ese progreso abre una era de navegación. Europa es una cultura abierta, que derrama su influencia sobre todos los continentes, y recibe aportaciones de todos ellos.

2

Por lo demás, la laboriosidad no es tanto un sentimiento religioso genuino como un *hábito*. Cuando la trama de oficios y negocios se hizo lo bastante densa como para dar acomodo a muchos pasos intermedios, ese tapiz generó al empresario mercantil. Héroe moderno por definición, el empresario es ante todo un sabio (o proyecto de sabio) en utilidades ajenas; identifica alguna cosa o servicio que interesa a otros, y asume la compleja tarea de suministrarlo, operación tanto más delicada cuanto que implica obtener a la vez un lucro propio. Combinando la ventaja propia con la ajena, lo benéfico de su intervención viene de suministrar artículos ligados crecientemente a la idiosincrasia o particularidad subjetiva. Frente al noble o señor de la guerra, que vende protección para esta vida (ante peligros representados básicamente por él mismo), y frente al eclesiástico de cualquier confesión, que vende protección para alguna vida venidera (ante peligros básicamente imaginarios, o directamente ligados a su propia caza de infieles), el empresario derrama las bendiciones del no-chantaje o, si se prefiere, las ligadas a ofrecer bienes y servicios sin coacción, adaptados al albedrío del destinatario.

A medida que el empresariado mercantil gana horizontes, el empresariado militar y clerical se contrae, pues en vez de vincular a los individuos informe o másicamente —a título de vasallos o feligresía— el experto en utilidades prosaicas y no coactivas engendra una clientela cada vez más diferenciada, que tiende al laicismo de manera espontánea, y va produciendo uniones voluntarias desconocidas, olvidadas o reprimidas por el mundo previo. Esta socialización no uniformizante determina, a su vez, que el «pueblo» vaya abandonando su estatuto como grey de un dios o de un monarca para emerger como ciudadanía, representada ejemplarmente por una trama de empresas y profesiones que sustituye el viejo ideario de rango y obediencia por ideales de eficacia y libertad.

El europeo se siente *renacido*, y aprovecha los recursos de una estructura económica fina, basada sobre altos márgenes de confianza, para consolidar la propuesta de la autonomía: ya no convencen las profecías del famoso sermón, que en el banquete del Todopoderoso reservan la cabecera para timoratos, dependientes, imprevisores y otros pobres de espíritu; de esos cuidarán —y por razones de mera humanidad, no teológicas— los servicios de beneficencia. Como cada mástil debe aguantar su vela, la resolución, la independencia, la previsión y la riqueza de espíritu compendian con la honestidad el canon de virtud civil. Desde ese instante sobran los protectores tradicionales, pues el gobierno ha dejado de ser un fin en sí. Políticamente, el único fin en sí es la sociedad como foco creador de individuos libres, y por eso mismo responsables.

Pero la fragua de individuos libres o responsables es un mercado lleno de distintos puestos y tratantes, cuyo esplendor radica en una gradación cada vez más amplia de lo caro y lo barato, lo sublime y lo abyecto, lo fugaz y lo permanente, que al intercambiarse de ilimitadas formas funciona como un flujo autónomo de iniciativas y contrainiciativas, manteniendo viva la invención de su propia realidad. Lo que se escenifica en ese horizonte es una diversificación de la *destreza*, azuzada por el deseo de dinero y otras ganancias, que va sembrando cada terreno con reglas de juego limpio para hacer frente a una no menos espontánea proliferación de trampas o reglas de juego sucio, destinadas a sustituir el «precio natural» (Smith) de cada bien por un precio privilegiado, monopolístico. La enorme complejidad del engranaje solo permite asegurar que la diversificación de las destrezas depende del tamaño que tenga el mercado, cuyo funcionamiento se irá haciendo más y más inconsciente a medida que crezca.

3

Cuando las sociedades no se han estratificado y precisado son tratables como grey, y quedan encomendadas a la benevolencia de algún gobierno. Si su grado de desestructuración creciera acudirán con cartillas de racionamiento a almacenes, guardarán el orden de la fila india, toparán con estantes vacíos o semivacíos, trabajarán sin pausa y recibirán de su custodio la confortadora nueva: ya no hay siervos ni pobres, gracias a los Planes. Cuando las sociedades se han estratificado y precisado cunde la idea de una mano invisible[9], que articula el interés egoísta con una eficaz asignación de los recursos económicos. Atemperado el egoísmo de cada uno por un sentimiento que Smith llama «simpatía», multitud de esfuerzos individuales sin orden ni control desembocan en márgenes de bienestar superiores a los observados cuando la pauta genérica es pura envidia, y los esfuerzos tratan de planificarse rigurosamente, siguiendo una cadena exterior de mando. La conciencia de esta mano invisible —«armonía oculta, superior a la manifiesta» (Heráclito), «astucia de la razón» (Hegel)— inaugura una crítica del control gubernativo, basada sobre el principio de que solo será útil y legítimo si resulta frugal, comedido.

He ahí una novedad de incalculable alcance, que —como la virtud kantiana— pide un porvenir ilimitado, pues siempre habrá modo de acercarse más y más a su realización. Frente al poder político tradicional, y al totalitario, donde todo cuanto le cabe al ciudadano es elevar oraciones para que el monarca o conductor sea clemente, el proyecto de la libertad consiste en perfeccionar un instrumento de

---

9.- Cfr. Smith, 1982, libro IV.

control sobre el control, que tiene por adversario específico la llamada razón de Estado, y por adversario genérico la discrecionalidad gubernativa. Se da por evidente que cierta medida de gobierno es imprescindible, y que sin una organización capaz de primar los bienes comunes sobre los particulares cualquier sociedad está abocada a graves convulsiones, e incluso a la desintegración. Pero esa medida imprescindible de organización coactiva es el *derecho*, que puede reformarse hasta constituir una tecnología moderadora del gobierno, dependiente de la propia libertad.

A diferencia de la ley previa, que o bien consagra costumbres privadas o bien expresa la voluntad del regente, la legalidad supone ahora una participación de los gobernados y, así, el establecimiento de una vida política. Esa vida viene justamente de trascender el determinismo ligado a la idea antigua de lo jurídico —representada de modo ejemplar por las llamadas leyes de la naturaleza—, ya que ahora el derecho no solo es algo cambiante y coyuntural, sino ligado por definición al «pueblo», cuya entronización genera una estatalidad distinta[10]. El privilegio y la razón de Estado perviven, gran parte del liberalismo es antiliberal, y solo como reacción a los brotes totalitarios de este siglo empezarán a perfilarse sendas menos oligárquicas y demagógicas para su andadura. Sin embargo, la semilla ha sido plantada, fructifica en varios puntos y, en cuanto a principios, resulta expresable con bastante nitidez:

> «Una economía organizada (aunque no planificada ni dirigida) dentro de un marco institucional que, por una parte, ofrezca las garantías y limitaciones del derecho y, por otra, asegure que la libertad de los procesos no cree distorsiones sociales[11]».

Que la libertad de los procesos pueda evitar distorsiones dista de ser fácil, por no decir que siquiera factible. Es una meta ligada a

---

10.- *Rechsstaat, Rule of Law*, Estado de Derecho, imperio de la ley.
11.- Foucault, 1979, pág. 371.

navegar creativamente el caos, en vez de pretender soslayarlo con promesas de control lineal, que impone una presión agonística a quienes intervienen en el mercado desde cualquiera de sus escalones. Lejos de contraponerse al trabajo, la riqueza deriva aquí de dividirlo y especificado sin pausa, haciéndolo más productivo cada vez. El resultado inmediato de esta apuesta es que haya incomparablemente más cosas y servicios permutables en los distintos puestos, satisfaciendo aquello que Smith llama «propensión humana al cambio». El resultado mediato —como aclara él mismo— es «dar lugar a diferencias de aptitud más importantes que las diferencias naturales [...] y a hacerlas útiles»[12]. Reconociendo que gran parte de los tratos están regidos por motivos egoístas, el mercado abandona pretensiones de planificación sin renunciar a unas reglas de juego, que finalmente vienen a ser las del *derecho,* y pueden reformarse tanto como le parezca oportuno a una democracia. Eso no evitará topar con su permanente enemigo y compañero —el monopolio o privilegio—, que por una parte premia una conducta mercantil astuta, y por otra estafa al mercado, impidiendo el «fomento de la baratura» (Smith).

Fomentar la baratura requiere niveles crecientes de competencia, cosa problemática cuando a las tentaciones tradicionales de la sociedad industrial se suman las del entorno telemático. Resistir esas tentaciones —manteniendo alta la competitividad requeriría que los consumidores tuviesen una cohesión o capacidad de huelga comparable a la de muchos productores, pues lo que está en juego ahora no es tanto una explotación del trabajo como una explotación del consumo. Algo de un reorganizarse orientado a la no-adquisición de cosas o servicios viciados está naciendo ya, en forma de exigencias sobre materiales, durabilidad, reciclado y —en general— de atención a lo ecológico. Pero esa actitud todavía incipiente se enfrenta a un

---

12.- Smith, 1982, cap. II, Intr.

desafío promocional —el marketing— que se propone sustituir la demanda por la oferta, y suele contar para ello con márgenes monopolísticos de maniobra[13].

Es indiferente hacia dónde miremos, pues apenas hay campo donde no se observe esta inversión en el orden tradicional de factores, Si queremos una forma *light* del asunto, pensemos en comprar ropa como se ha comprado siempre, buscando prendas concretas; por ejemplo, un traje invernal de franela, otro estival de hilo, alguna camisa de seda sin estampar y una cazadora sencilla de ante. Situados en las enormes extensiones dedicadas a «caballero» por nuestro líder en grandes almacenes, pedimos esas cuatro cosas a un dependiente. Tras reflexionar un momento, nos comunica que algunas las tuvieron tiempo atrás aunque ahora no; un gusto tan clásico —añade con leve ironía— quizá encontrará lo buscado en Loewe o Armani. Precisamente allí vamos, repetimos nuestra precisa comanda, y un empleado todavía más amable vuelve a excusarse: algunas de esas prendas las tuvieron, y hace poco, pero ahora mismo no. Visitamos entonces unos grandes almacenes más humildes, con idéntico resultado. También puede ser casualidad, y los escaparates estarán llenos pronto de franela, hilo, seda y ante, que en cuestión de ropa equivalen a alimentos como huevos, carne, verdura y fruta.

Para una forma truculenta del mismo asunto, pasemos al transporte. Si quisiésemos viajar en autobús de Madrid a Valencia, nos indignaría que fuese preciso comprar un billete cerrado de ida y vuelta, que nos conducirá a la ciudad del Turia haciendo una escala en Vigo, y que no permite el retorno antes de siete días ni después de catorce. Sin embargo, esto sucede volando en la tarifa económica de cualquier avión. Para redondear estos abismos de miseria, el número de

---

13.- J.B. Say había observado —ya a principios del siglo XIX— que una oferta crea su propia demanda. Sin embargo, la apuesta del marketing es que la oferta gobierne en general sobre la demanda, cosa distinta, y sin duda impensable para Say.

centímetros por pasajero se recorta año a año, martirizando no solo a obesos y a grandes, sino a personas de tamaño simplemente normal, y produciendo efectos colaterales insólitos, como que al aumentar la cantidad de filas las luces de lectura —diseñadas para iluminar el regazo— caen sobre la nuca de uno y sobre el asiento de enfrente, nunca sobre el libro.

Aunque las estadísticas indican que la altura media del español ha aumentado casi veinte centímetros en las últimas cuatro décadas, Iberia —durante las últimas dos— ha reducido el espacio medio por pasajero en más de cuarenta, suponiendo implícitamente que los ibéricos (y cualquier otro incauto cliente) son tan comprimibles como un humo tenue. A cambio de establecer récords mundiales en el precio de sus billetes, la compañía adquiere también alguna obligación, como acabar depositando a las personas en el lugar de destino (aunque medien retrasos tan formidables como sistemáticos), o pagar por la pérdida del equipaje y conferir puntos de bonificación por volar en ella, si bien establece nuevos récords mundiales —ahora de tacañería— en estos dos aspectos. Coronando los agravios, el aire de sus cabinas, que podría reciclar cada poco tiempo con el exterior, solo se recicla así para el cubículo de la tripulación, mientras el resto del pasaje respira una mezcla mal filtrada de su propio hacinamiento; hacerlo gastaría un poquito más de combustible, como costaría también un poquito más cambiar las fundas de los asientos cada dos o tres viajes, y por la minucia de esos ahorros —en una línea cuyos ejecutivos y pilotos baten récords mundiales de remuneración— los aviones se convierten en focos de miasmas comparables a un hospital de campaña.

O pensemos simplemente en buena parte de la televisión, que regalando transporte, bocadillo, refresco y mil duros por cabeza traslada al antiguo público de teatros —hoy casi vacíos—hasta platós de discusión, donde presentadores transforman la tragedia, comedia o revista de turno en algo aparentemente participativo. Cuando un grupo minoritario de invitados dialoga con un grupo mayoritario de público el resultado habitual suele ser que muchos hablaron —casi siempre de sí mismos—, mientras el argumento o deliberación queda para otro día. Sin embargo, esa es solo una forma singularmente inocua de promoción domadora de la intención. Tal como el comprador de ropa —o el aspirante a volar— acude buscando una cosa y topa con otra, el espectador busca con su mando a distancia algo atractivo, y no pocos se detienen al ver un plantel de famosos. Y aquí acontece un escamoteo análogo, de manera que por cada imagen de este último aparecen diez o veinte de otras personas[14].

5

La idea primaria del caso —un público adaptado a proveedores, en vez de lo inverso— se redondeó gracias a la política. Hasta que los mesías totalitarios enseñaron cuán sencillo era sermonear sobre las ventajas de la unidad, e imponerla con amenazas y propaganda, los conjuntos desestructurados de seres humanos se producían en ocasiones excepcionales, como tras la voz que grita «¡fuego!» en la oscuridad de una sala abarrotada de personas, o en el desvarío mucho menos perdonable de una horda que exige linchamiento. Luego murieron aquellos próceres de la masificación, aunque no sin legar parte de sus esquemas —ante todo, modos de convertir al cliente en masa— a distintas secciones promocionales, que han ido siendo cada vez más potenciadas dentro de las empresas. Como tal cosa resulta imposible sin minar lo específico en la inclinación de cada uno,

---

14.- De cuantos conozco, el programa ejemplar en esta materia lo emite un canal público (Telemadrid) bajo el nombre de *Tómbola,* pues allí un grupo de periodistas del corazón interroga a un grupo de celebridades sobre su vida privada. Sin el canon del marketing agresivo, ¿cómo entender que en vez de exhibir generosamente rostro y figura de la celebridad —alguien que ha cobrado por someterse a esos interrogatorios indiscretos, y se encuentra allí— muestre sin pausa rostro y figura de periodistas gráficamente anodinos?

es común una política de alternativas ásperas, que a su vez frena el crecimiento imperial de la promoción, provocando nuevos ensayos para inducir obediencia.

En efecto, el público másico o incondicional acepta con gusto el plato de lentejas, mientras otras franjas de consumidores —clientes potenciales, no acuciados por escasez de metálico, ni entregados al ahorro— contestan con una retracción de la demanda. Así, el aparato promocional debe inventar cada día modalidades de imponer disciplina a un objeto esquivo, que resulta ser la variedad del deseo, alimentada por idiosincrasia, arbitrio, influjo del momento y otras fuentes aleatorias. Aquello que la promoción puede hacer —aparte de informar, en las raras ocasiones donde se lo propone— es más un breve efecto de sorpresa que un reflejo condicionado[15], y el único modo perdurable de que la inclinación siga cautiva de la sugestión es un mercado construido sobre privilegios o chantajes, esto es: un mercado no-libre, donde el monopolio prospere abierta y veladamente.

6

¿Llega entonces alguna variante de la orwelliana *1984*, con multitudes infantiles y bárbaras, teledirigidas por émulos de Murdoch o Berlusconi, aún más capaces que ellos para la empresa de demoler la mente? Profecías agoreras y catastrofismo son géneros favoritos del estrés promocional, del mismo modo que sospecha y calumnia son géneros favoritos del pseudolibertario. La libertad nunca se ha regalado, y los casos antes referidos —que conciernen a la discrecionalidad del consumidor— no suponen excepción a dicha regla. Es muy factible vivir de la manera más excelente sin encontrar buena franela, hilo, seda y ante en las tiendas de ropa, y nada hay más legítimo que

---

15.- Aunque el publicitario ofrezca la creación de un reflejo, y quien le paga así lo exija.

emitir la televisión pagada por uno —cuando y como a uno le dé la gana—, pues quienes se sientan imbecilizados por contemplar tales emisiones siempre pueden acudir al juzgado de guardia, y presentar *personalmente* la oportuna denuncia.

De hecho, a cada esfuerzo por uniformar o domar el deseo responden la técnica y las comunicaciones con centenares de inventos que estimulan la diversidad, como atestigua un mero vistazo a cualquier ferretería o quiosco de prensa. Otra cosa es exigir márgenes reales de competencia para el transporte; o que el tipo de material etiquetado como telebasura no obtenga el favor de aquellas televisiones que —por el origen de sus activos— son servicios públicos, comparables a colegios, bibliotecas y universidades estatales, regionales o municipales. El fundamento de esa exigencia no es que algunos —actuando como benévola elite— quieran mejorar el gusto o el cociente intelectual del resto, sino que el derecho prohíbe tales atropellos y malversaciones. Parte de esa elite hace consultoría para empresas productoras de basura mediática, y recurrir a sus buenas intenciones en vez de hallar modos más eficaces para mantener o restablecer márgenes reales de competencia— es demasiado indirecto.

La misantropía bebe unas veces del elitismo[16], otras del horror al elitismo[17], pontificando en ambos casos sobre el gusto y el cociente intelectual de los demás. Ellos, los demás, no pueden evitar ser explotadores o explotados, verdugos o víctimas, explicando así que el mundo sea tan manipulable como manipulado.

Pero la letanía sobre sanedrines secretos que ya tomaron posesión del planeta —con formas tanto sutiles como groseras de telemanipulación— no solo recomienda cruzarse de brazos, o plantear exigencias exorbitantes y caprichosas, sino que ignora el estado de

---

16.- Y entonces desprecia a todos cuantos no tengan poder o dinero, si bien su compromiso con lo elitista exige despreciar también el poder y el dinero.

17.- Y entonces desprecia a todos cuantos tengan poder o dinero, si bien su compromiso laboral impulsa a preciar grandemente el poder y el dinero.

cosas concreto. ¿Dónde estamos, siquiera sea de modo aproximado? Básicamente, invirtiendo el gran éxodo del campo hacia los centros fabriles que acontece desde principios del XIX, y que da origen a la producción en masa y a una generalizada *desindividuación* del trabajo. Siendo cierto que en los mercados prospera el monopolio, abierta y veladamente, es cierto también que hay dinámicas descentralizadoras en casi todas las esferas. De ahí que las empresas vayan delegando en otras y otras —conectadas a ellas por redes virtuales— todo cuanto no sea su «competencia nuclear»[18], una competencia muchas veces desligada de cosa parecida a una oficina o fábrica tradicional.

A diferencia de la propaganda, la telemática no es una técnica sesgada o parcial por naturaleza. Las tres mayores cadenas federales norteamericanas de televisión, por ejemplo, pertenecen a tres grandes corporaciones —salvo error: NBC a General Electric, CBS a Viacom, ABC a Disney—, y barrerán para casa en cuanto afecte a sus propietarios, desde centrales nucleares y electrodomésticos a industria discográfica y cinematográfica. Lo mismo cabe decir de todas las televisiones subvencionadas estatalmente, que nunca serán imparciales en cuanto afecte a los gobiernos de quienes dependen. Pero la hegemonía de esos gigantes está destinada a sucumbir como Goliat ante David con la proliferación de canales temáticos, adaptados al gusto de cada espectador, y resulta cada vez más evidente que el medio televisivo es en sí un extraordinario instrumento de democracia directa. La tecnología empleada para precisar índices de audiencia puede usarse de inmediato para conocer *otras* preferencias; en concreto, tanto las del consumidor general como las del ciudadano, tanto la economía doméstica como la economía política, pues no hay un solo proceso orientado a manipular información que no pueda orientarse a deshacer manipulaciones. Y no tardarán en aparecer mecanismos sencillos, baratos y fiables para simples usua-

---

18.- Cfr. Davidow y Malone, 1992.

rios de *cualquier* pantalla, que ofrezcan intervenir y averiguar —sin la música ambiental incorporada tradicionalmente a elecciones y sondeos— qué piensa minuto a minuto la ciudadanía sobre esto o aquello, qué estaría dispuesta a hacer, etc. Esa será la ocasión para una *real time democracy* si alguna vez la hubiese.

Más quizá que ningún otro aspecto, la condición de aislamiento, la falta de datos fiables y otras consecuencias de la distancia han sufrido recortes sustanciales, que prometen seguir aumentando. Fue el Pentágono, modelo de organización jerárquica, quien empezó a montar en los años setenta una malla informática capaz de interconectar ordenadores de todo el planeta, y la criatura resultante —Internet— es una organización teóricamente ajena a jerarquías, rentable para una gama muy amplia de empresarios que inventan portales, páginas y otros recursos capaces de señalizar y poblar sus «autopistas», o que simplemente usan la red para promover toda suerte de objetos e iniciativas. La *interacción* humana conquista así nuevos horizontes, y aunque esa red sea todavía una caricatura de sus verdaderas posibilidades[19], habilita ya un traslado de preguntas y respuestas que pueden producir amplias noticias sobre casi todo lo imaginable.

7

En paralelo, a fuerza de volatilizarse progresivamente —al pasar de economía básicamente productiva a economía en buena medida financiera—, los activos se han ido vinculando cada vez más a civismo y conocimiento, hasta formar núcleos autónomos de capital humano, grupos e individuos capaces de *aprender*. Adaptada a tecnología e innovación, la empresa mediana e incluso la pequeña llevan

---

19.- En efecto, ahora se vende un servicio inconcluso en lo fundamental (que es velocidad, baratura y exhaustividad del contacto), como empezaron a venderse automóviles o televisores experimentales, antes de tener disponibles los realmente eficaces.

tiempo conociendo una nueva prosperidad, y generando mucha más proporción de empleo que la grande. Algunas megacorporaciones industriales cambian operarios por robots[20] mientras despliegan la paradoja de contraerse a mayor, con un «redimensionado» que no afecta al volumen de sus cúpulas gestoras[21], y que se combina con más y más fusiones, dirigidas —al menos en parte— a tapar los agujeros negros generados por sus propios problemas de adaptación. Otras megacorporaciones, como las inspiradas en el «toyotismo»[22], persiguen alternativas rentables a la producción en masa y a sus principios organizativos.

Mientras el gigante calca los apuros de Gulliver con platos y comida liliputiense, toda suerte de empresas mucho menores —son célebres las del Silicon Valley, la *Terza Italia,* Taiwan o Hong Kong— exhiben variadas muestras de vitalidad, y a veces incluso un dinamismo notable. Lo propio de «algunos negocios —observaba el finado Versace— es reinvertir cada semestre». Desde que Compaq y Sun Microsystems —dos enanos mercantiles en origen— desplazaron a IBM de su hegemonía en la industria informática, apenas ha pasado un año sin que algunas de las corporaciones supuestamente todopoderosas fuesen superadas por empresas cuyo capital se reducía a unos pocos individuos, provistos de energía y conocimientos.

También se ha verificado que la globalización es compatible con un resurgimiento de lo artesanal, allí donde se adapte al estado de la técnica. La sociedad de la información podría tener otro de sus paradigmas en la «especialización flexible»[23], una alternativa a la producción en

---

20.- En diciembre de 1998, por ejemplo, Boeing anunciaba como inminente una reducción de 48.000 puestos de trabajo, y Philips, 50.000, prácticamente todos ellos a pie de planta.

21.- Al contrario, es frecuente que las crisis susciten —como ensayo de cura— una ampliación de dichas cúpulas, así como generosas gratificaciones para el gestor supremo y su equipo de colaboradores inmediatos. Un caso llamativo (por estar entonces muchas fábricas en huelga, a raíz de despidos polémicos) fue el de Roger Smith, presidente de General Motors durante la terrible recesión de 1981-1982, que en pleno desastre recibió una prima extra de millón y medio de dólares. Cfr. Katz, 1985, pág. 175.

22.- Véase cap. XVIII.

23.- Cfr. Piore y Sabel, 1990.

masa que presenta ventajas de anticipación e independencia para enfrentarse a mercados de consumo como los actuales, muy irregulares, complejos y fluctuantes. De hecho, gran parte de las empresas mayores intentan adaptarse al estado de cosas dotando de iniciativa e incluso total autonomía a amplias partes de su organigrama. Y si no fuera porque el político prefiere la especialización inflexible, taylorizada, un proceso de especialización flexible —apoyado sobre mecanismos telemáticos muy simples— podría aplicarse también a los actos de gobierno, dando testimonio de que la vida política se adapta a un mundo tan irregular, complejo y fluctuante como sus mercados de consumo.

8

De ahí que lo esencial para el proyecto democrático[24] —des-masificar o re-individuar, encontrando a la vez modos de fortalecer el *nosotros* de cada escenario— no sea lo inverso de aquello que va aconteciendo por sí solo. Al contrario, dicho proceso parece cumplirse hace tiempo, a golpes de simple azar y conveniencia económica. Sin previa coordinación, como cristalizan los procesos espontáneos, cunde por todas partes la idea de «adelgazar» el gobierno, y —más aún— la de convertirlo en gobierno a distancia, ejercido por cada cual de puertas adentro, con hábitos de responsabilidad, competencia, previsión e iniciativa que apoyan en todas las esferas procesos de descentralización y auto-organización. Finalmente, «el gobierno debe trabajar *como* una empresa»[25], entendiendo por ello un espíritu de auto-superación y eficacia, ajeno a toda jerarquía distinta del merecimiento.

Con todo, vale la pena observar que algunos aliados de esa perspectiva son en buena medida aparentes, pues la conciencia misan-

---

24.- Como observa Savater, «... este proyecto en último término aspira a que se suprima la separación entre unos especialistas en mandar y los obligados a obedecer» (1982, pág. 200).
25.- Burchell, 1993, pág. 274.

trópica —elitista o colectivista— no admitirá para los intercambios moneda distinta del desprecio. Arraigadas sobre visiones angustiosas de entreguerras, estas divergentes escuelas tienen en común un juicio de valor referido exclusivamente al prójimo, donde al faltar uno mismo los demás son siempre redomados canallas o inocentes víctimas. El que se alista con los superiores pide frenos a la expansión del populacho, y el que se alista con los inferiores quiere encarcelar a los ricos, sin que ninguno practique la cortesía de observar lo diferencial en cada presente.

Otro cómplice previsible —aunque ambiguo— del proyecto democrático es un «campo periodístico»[26], que al noble compromiso de informar con veracidad añade el de difundir lo políticamente correcto. Llamado a una cobertura de la noticia, en realidad disemina:

... una filosofía de la historia como sucesión absurda de desastres, [...] un entorno de amenazas incomprensible y preocupante, ante el cual lo mejor es retirarse y protegerse [...] un sentimiento de que el juego político es asunto de profesionales, para impulsar —sobre todo en los menos politizados— un desapego fatalista, evidentemente favorable al orden establecido[27].

Buena parte de los demás somos también favorables al orden actual, aunque menos tentados por el desapego fatalista (quizá porque no vivimos de montar simulacros participativos, ni mostrando tanta prisa para unas cosas y tan poca para otras, ni contribuyendo tan directamente a que todos los días —y son trescientos sesenta y cinco cada año— haya amplias declaraciones y variados aforismos de varios portavoces de cada partido político). Situados ante la opción de reflejar selectivamente una audiencia, o distribuir un mensaje-masaje orientado a su cretinización, los *media* no producen tanto una conducta uniforme como resultados alternativos y bifurcaciones. Por una parte, el campo periodístico es el pastor, y su público

---

26.- Cfr. Bourdieu, 1997, pág. 57.
27.- *Ibídem*, pág. 135.

es lo apacentado; una proporción notable del dinero necesario para ser políticamente elegible viene de quienes lo controlan. Por otra, las posibilidades de reflejar y escuchar a una audiencia estructurada crecen de modo exponencial, ofreciendo cauces para una relación de doble vía —del emisor al receptor y viceversa—, donde el «pueblo» intervenga cada vez más de cerca en su destino. De momento, se diría que ambas direcciones coexisten: las posibilidades de democracia directa (y de reinstalar la demanda como motor de la oferta) son una especie de virus anticentralista para el programa de dominio, aunque puedan acabar reclutándose como complemento al proceso concentrador y monopolizador.

16

Loterías electorales

Ese sentimiento impersonal a favor del otro individuo, por el hecho de compartir con él la común esencia humana, es lo que trata de promover de forma cada vez más sustantiva el proyecto democrático.

F. SAVATER

La noción de riesgo reviste importancia central en una sociedad que se despide del pasado.

U. BECK

Genéricamente, el capitalismo necesita más a la democracia que la democracia al capitalismo. En su forma actual, que no solo incluye un mercado de negocios y bienes tangibles, sino un mercado financiero compuesto por activos que se asemejan a partículas exóticas de la física subatómica, con vida muy breve y creada en laboratorio, el capitalismo es una construcción demasiado azarosa, compleja y frágil para cualquier dictadura, tanto totalitaria como de tipo tradicional. Las democracias, en cambio, no solo son compatibles con estructuras económicas muy simples —agrarias en lo básico, con un sector comercial incipiente—, sino que surgen mucho antes de la revolución industrial y, desde ese evento, intentan (sin demasiado éxito) combatir monopolios y otras maniobras orientadas a anular la libre competencia. La primera constitución democrática —debida al ateniense Clístenes[1] (c. 570-500 a. de C.)— concierne básicamente a

---

1.- Clístenes persuadió a sus compatriotas —unos 30.000 hombres libres del Ática— para que se constituyeran en *demos* («pueblo»), bajo el principio de la *isonomía* («misma regla»), creando una igualdad ante la ley para todos los varones no esclavos con más de treinta años. Ello suponía sustituir su

minifundistas, y desde el principio se propone desterrar a cualquier ciudadano que parezca «peligrosamente poderoso». La siguiente, cuyo germen brota en Suiza con el Juramento de 1291, tiene como *demos* a poblaciones muy humildes de tres valles alpinos, que se dedican ante todo al pastoreo y la caza, y decreta desde el comienzo que los cargos públicos no serán fuente de ingresos. Solo la última democracia ensayada, la norteamericana, parte en buena medida de latifundistas, aunque —como sus dos precedentes— exige desligar gobierno y negocio, ocupación transitoria de un cargo político y medios profesionales de vida[2].

Originalmente, en esas tres ciudadanías era tanto más elegible quien menos ambicionara serlo, y quien ya hubiese sobresalido en algún campo profesional. La emergencia de estafadores, dispuestos a retransformar el servicio público en canonjía privada —como en el despotismo recién abolido—, no representa problema alguno en un régimen de democracia mixta, como el griego y el suizo. Basta hacer que el mandato político sea muy breve, y reelegible una sola vez, o ninguna[3]. Los norteamericanos, diseminados por territorios mucho más vastos, renunciaron desde el principio a instituciones de participación directa, estableciendo mandatos reelegibles indefinidamente

---

previa organización en familias, clanes y fratrias por una ciudadanía basada en la residencia, y no solo el nacimiento. Las decisiones las adoptaba una Asamblea soberana, que se reunía —como máximo— cuarenta veces al año en la colina de Pnyx, y a la cual rara vez asistieron más de 6.000 ciudadanos. Las tareas administrativas y judiciales eran incumbencia de consejos en cada uno de sus treinta distritos, coordinados por el Consejo de los Quinientos. Elegidos por sufragio, y sujetos a la *euthuna* o rendición de cuentas, el mandato de estos consejeros y magistrados era siempre de un año, renovable una sola vez en la vida. Cfr. Hornblower, 1995.

2.- Aludiendo al «principio romano» de la república, Jefferson escribe: «Los cargos son allí [en un gobierno virtuoso] lo que deberían: responsabilidades para quienes han recibido los nombramientos, pues harían mal en rechazarlos, aun previendo que les causarán mucho trabajo y grandes pérdidas personales» (cfr. Wood, 1995, pág. 112). Jefferson morirá pobre, obligado a vender su biblioteca, tras descuidar su empresa agrícola en tres décadas de intensa vida política (conspirador, gobernador de Virginia, embajador en Francia, secretario de Estado, vicepresidente y presidente durante dos mandatos). Ni Washington ni él aceptaron cobrar emolumento alguno.

3.- En Suiza, fiel aún a esa regla, los cantones nombran cada dos años a cuatro cónsules, que van asumiendo por turno la presidencia de la Confederación durante seis meses; a ellos, y a cualesquiera otros representantes políticos, el erario público les compensa esa responsabilidad con un estipendio, que viene a ser la media de los ingresos que percibían antes de ocupar el cargo público.

para gobernantes y legisladores[4]. James Madison, padre de la Constitución y cuarto presidente, teme gestar así un sistema donde haya «partes que sean al mismo tiempo jueces de sus propias causas».

Y no lo teme en vano. Sus sucesores pertenecen a un programa de campaña o conquista electoral[5], sufragado por intereses que solo así podrían intervenir en el proceso legislativo y ejecutivo. El espíritu de libre empresa ha llegado a la cosa pública, y leyes electorales habilitarán medios de financiación adicional, cuyo efecto es reactivar un hormigueo de facciones, solo que ahora en vez de nobles hay una clase política con variopinto origen, unificada por el espíritu de misión, la *militancia*. Este nuevo segmento social —un precipitado democrático de orientación inevitablemente antidemocrática— se desarrolla en paralelo al salto del capitalismo hacia lo especulativo, obligado a vivir de una mediación desintermediadora como la que cumplen los instrumentos de ingeniería financiera[6]. El gobierno ya no se inmiscuye en los negocios como cuando había dictadores[7], y justamente por eso los negocios pueden inmiscuirse a fondo en el gobierno.

1

Afín en principio a la burocracia, la clase política es al mismo tiempo mucho más y algo menos. A diferencia del funcionario, occiden-

---

4.- Solo a mediados de los años cuarenta, tras los cuatro mandatos de F. D. Roosevelt, la reelección se limitó a dos.

5.- También llamado *spoils system* o sistema de botín.

6.- El banco dice al cliente: *cobran demasiado por el dinero que le prestan, y pagan demasiado poco por el suyo*. El candidato político dice al elector: *votándome asegura sus intereses privados*. Clientes y electores son lo «desintermediado» por su mediación; los primeros porque deberían romper su relación con otros prestamistas y prestatarios, los segundos porque deberían hacer oídos sordos a otras campañas. Ambos son desintermediados también consigo mismos o de puertas adentro, porque sin la ayuda del banco —y del candidato— sus asuntos irían sin duda mucho peor.

7.- Donde el latrocinio se limita a un círculo de parientes y amigos próximos, pero sigue sometido a imperativos de interés común, sencillamente porque el dictador tiene interés personal en la supervivencia del conjunto.

tal o confuciano, sus miembros no son personas que han superado pruebas públicas de capacitación, y entran luego a desempeñar tareas determinadas (como administrativos, profesores, contables, arquitectos, etcétera). El político ingresa por designación de alguien ya metido en política, despliega un margen de actividad prácticamente ilimitado —en la esfera local, regional y nacional—, y a partir de un pequeño núcleo originario su número crece hasta alcanzar cientos de miles, compitiendo en números absolutos con la burocracia propiamente dicha. Al nivel de sus recursos, el profesional del mandato representativo se distingue del burócrata en que nunca le bastarán las partidas del tesoro público destinadas a «gastos electorales», pues conseguir efectivamente los votos necesarios se supone ilusorio sin una abundante filantropía privada.

Invariable desde los primeros programas de campaña, esa circunstancia exige obtener el beneplácito no ya de uno, sino de varios mandantes. Pero el servicio de varios amos, con intereses casi siempre divergentes, asegura en vez de comprometer un ciclo de sístole y diástole, ciertas veces con mando en plaza y otras desde el mirador de la oposición. Sorprendentemente estable para un campo tan competitivo, este ciclo traspone a su terreno el marketing, haciendo que el capitalismo avanzado acabe siendo tan esencial para la democracia como ella lo es para él. Bastan unos pocos años de mandatarios crónicos o profesionales para que en el campo político se imponga —como en el de otros consumos— una generalizada sustitución de la demanda por la oferta.

La *vox populi* desconfía de quienes tienen algún trabajo seguro aunque no sea bien remunerado —como los funcionarios—, suponiendo que no solo pueden incurrir en desidia a veces, sino que lo hacen por sistema. Aún más sospechas recaen sobre quienes tienen algún trabajo también seguro, e incomparablemente más lucrativo —como los miembros de la clase política—, invitando a generalizar sobre su falta de virtud. Dichas suposiciones podrían ser tan abusivas como que todos los ginebrinos son relojeros, o todos los franceses galantes. Pero el juicio acerca de la burocracia empieza admitiendo su necesidad, y lejos de ponerla en duda discute volumen, procesos para seleccionar personal, calidad de su gestión, etc. El caso de la clase política es diferente, pues si bien nadie niega la representación en general, y la necesidad de delegar en otros infinidad de asuntos, la profesionalización y consiguiente cronificación del mandato representativo no acaba de parecer una necesidad evidente; al contrario, crea ánimos parecidos a los que evoca el vendedor puerta por puerta, o la ruidosa irrupción del anuncio en mitad de alguna película. No una sino cualquier *clase* dedicada en exclusiva al gobierno parece una amenaza social, cuyos compromisos ridiculizan el proyecto de adoptar decisiones democráticamente.

Cuando se produce el primer asalto al poder de este estamento, que es desde el último tercio del siglo XIX a la Gran Guerra —mientras la democracia representativa va penetrando en países tradicionalmente monárquicos—, el rechazo adquiere proporciones explosivas, hasta el punto de sugerir antídotos como Stalin, Hitler o Mao. Hoy, con sociedades más prósperas y por eso mismo más apacibles, solo minorías exiguas militan con o sin carné. La radiografía del voto arroja victorias allí donde algún partido logra algo más del 25 por 100 sobre un contrincante primario (que obtiene algo menos del 25 por 100), con un porcentaje de abstención parejo o superior al número de sufragios conseguido por el partido victorioso.

Como una proporción muy alta de electores emite votos útiles y *de castigo*, que en realidad no apoyan a ninguna formación, y solo tratan de minimizar el éxito de otra u otras, el respaldo directo necesario para conquistar un gobierno durante cuatro años —con fundadas esperanzas de elevarlo a ocho— puede rondar el 10 por 100 del censo, y muy rara vez alcanzará el 20 por 100, mostrando hasta qué punto el principio de la mayoría simple alberga sutilezas[8]. Entre jóvenes españoles de trece a diecinueve años, por ejemplo, el 94 por 100 estaría «dispuesto a dar la vida por su familia», pero solo el 9,3 por 100 a darla «por un partido político». Una «confianza en el gobierno» caracteriza al 5 por 100 de los encuestados, y una «confianza en el Congreso/Parlamento» al 3,3 por 100[9]. Entre adultos la actitud varía poco, tanto en sectores acomodados como humildes.

2

Tras milenios de sociedades donde los ricos gobernaban sobre pobres y menos ricos, mediando para ello una burocracia funcionarial, el surgimiento de una clase específicamente gubernativa se ligaba a la tarea titánica de suprimir esa desigualdad, como propusieron varios totalitarismos. Liquidado por ahora el totalitarismo, la ciudadanía no acaba de aceptar que haya burocracia, ricos cada vez menos acosados fiscalmente y, *además,* clase política. La propuesta que entonces cobra fuerza es profundizar la democracia, inyectando dosis crecientes de intervención popular, y resulta significativo que haya empezado a oírse en Norteamérica, país pionero en el establecimiento de una clase política.

> «El atasco en la adopción de decisiones, y la parálisis cada vez mayor de las instituciones representativas determinan, a largo plazo, la posibilidad de que muchas de las medidas que ahora toman unos cuantos pseudo-representantes tengan que retornar gradualmente al propio electorado[10]».

8.- Un caso curioso ha sido las elecciones a la alcaldía de Austin, capital de Tejas, celebradas a principios de mayo de 1999, donde la abstención alcanzó el 95 por 100. En San Antonio, otra de las principales ciudades del Estado, la abstención fue del 93 por 100.
9.- Encuesta a 5.500 estudiantes, hecha por el Centro de Estudios de la Universidad Complutense. Cfr. *El País,* 10-II-1999, «Una macroencuesta escolar revela...», Madrid/3.
10.- A. y H. Toffler, 1995, pág. 126.

Con un prólogo entusiástico del líder republicano Newton Gingrich, el breve libro del que se extrae esta cita ha merecido también el apoyo de Gore, actual vicepresidente norteamericano. Su punto de partida es un razonamiento sencillo: «a largo plazo» los avances en técnicas de comunicación permitirán devolver al ciudadano parte destacada de aquello que delegó otrora, por imperativos de distancia o aislamiento. Esto ya lo había intuido Marshall McLuhan hace casi medio siglo, al vaticinar que el rápido desarrollo de los *media* supondría una transformación del mensaje informativo en masaje propagandístico, al mismo tiempo que un vigoroso estímulo a la «responsabilidad» de sus receptores[11]. Pero es notable que los críticos de semejante perspectiva no pertenezcan al estamento afectado, sino a la mediología. Uno de ellos, por ejemplo, entiende que cualquier presencia directa de los ciudadanos en decisiones de gobierno es «intelectualmente aterradora», y llevará a devastaciones.

> «Es como decir que si los hospitales están saturados, y los médicos son unos ineptos, la solución es la auto-medicina: el enfermo que sustituye al médico, que se receta las medicinas y se realiza una intervención quirúrgica con ayuda de un amigo [...] Quien apele a un *demos* que se autogobierne es un timador sin escrúpulos o un simple irresponsable, un increíble inconsciente[12]».

La tendencia que empieza a sugerir formas mixtas de democracia no propone abolir en general las instituciones de democracia indirecta, y es por eso un abuso —el de tomar alguna parte por el todo— imputarle cosa distinta. Pero el ejemplo no solo llama la atención por sofístico, sino a la vista de aquello en lo cual confía. Sin ir al extremo de operarse solo, o con ayuda de un ignorante, la automedicación es

---
11.- Cfr. McLuhan, 1964.
12.- Sartori, 1998, págs. 124 y 128.

una conducta universal entre adultos de todas las culturas, que solo se ha discutido hace poco, cuando el estamento terapéutico pudo imponer el *consulte a su médico* para toda suerte de remedios como —siglos antes— sus predecesores eclesiásticos impusieron el *consulte a su confesor* para toda suerte de libros. Instado a no asumir responsabilidad directa alguna por su propia salud, el paciente contemporáneo delega todo en su médico-tutor, y topa con eventos previsibles: colusión entre recetadores y laboratorios[13], sistemático borrado de las fronteras entre ética y medicina[14], aumento en el número de intervenciones coactivas con pretextos salutíferos, difusión de remedios básicamente ineficaces y, como remate genérico, un emporio profesional basado en poder tratar a los adultos de otras profesiones como si fuesen niños o débiles mentales.

Mutatis mutandis, no asumir responsabilidades por la propia libertad suscita colusión entre candidatos y patrocinadores, sistemático borrado de las fronteras entre política y negocio, aumento en el número de intervenciones coactivas con pretextos pacificadores, difusión de soluciones básicamente ineficaces y, rematándolo genéricamente, un emporio profesional basado en poder tratar al adulto de otras profesiones como si fuese un niño o un débil mental.

3

Ahora bien, ¿no serán los demás, casi todos, alguna variante del incompetente? Siguiendo a Riesman y otros, a mediados de los años

---

13.- El fabricante premia al médico con un porcentaje del precio de lo recetado, a lo cual éste responde recetando cantidades mayores, y de los productos más caros. Las proporciones de semejante estafa —al organismo del cliente y al bolsillo de su asegurador— motivaron hace ya tiempo la creación de policías especializadas, que suelen declararse «impotentes» para atajar el fenómeno.

14.- Cfr. Szasz, 1999; y 1979. Convirtiendo vicios en «enfermedades», la lógica expansiva del terapeutismo ha descubierto la cleptomanía, la bulimia, la ludopatía, la toxicomanía y la anorexia, y estudia ahora ampliar su «tratamiento científico» a la enfermedad de los compradores y televidentes compulsivos.

cincuenta pasaba por ciencia social opinar que el hombre medio carecía de vida interior: era conformista y aborregado, «gregario»[15]. A finales de los noventa pasa por ciencia política opinar que un caos suicida caerá sobre el mundo si el hombre medio desarrolla alguna tendencia a la autogestión. Aunque los tiempos hayan cambiado bastante, prosiguen las suposiciones sobre vida interior del prójimo en general. Un comunicólogo observa que «hoy la gente se arrodilla ante la máquina»[16], otro que «cualquier llamamiento a la responsabilidad es surrealista, porque la gente ya no tiene ninguna convicción»[17], y un tercero entiende que «Internet se abre de par en par a un arco que va desde pedófilos a terroristas»[18]. La ciudadanía actual resulta ser «un vídeo-niño que no crece»[19], y cualquier forma de permitir que interactúe con el gobierno político producirá efectos tan destructivos como «confiar en conductores sin permiso de conducir»[20].

Lejos de ofrecer una primicia, esta línea de pensamiento estuvo muy en boga a finales del siglo XIX —cuando se ventilaba la cuestión de extender a todos los adultos el derecho de voto—, y entonces se opuso al sufragio de mujeres y no-propietarios[21], alegando que la mayoría de los ciudadanos o bien pertenecían al sexo débil o bien eran demasiado pobres y analfabetos como para conocer su conveniencia. Hoy, cuando los índices de pobreza y analfabetismo han caído espectacularmente, alega contra instituciones de democracia directa que —a fuerza de ser bombardeados por información televisiva— los ciudadanos son demasiado idiotas para gobernarse.

15.- Cfr. Riesman, Glazer y otros, 1965. También, Whyte, 1956.
16.- Cfr. Virilio, 1996.
17.- Baudrillard, 1998, pág. 93.
18.- Sartori, 1998, pág. 145.
19.- *Ibídem.*, pág. 128.
20.- *Ibídem.*, pág. 142.
21.- *Y a algunos más, como «itinerantes», «desinteresados» y —sobre todo— jóvenes y adultos pertenecientes a otras etnias.*

En una conferencia reciente, dictada ante las Cortes para celebrar el vigésimo aniversario de la Constitución, un comunicólogo aleccionó a sus señorías a que «no operen como chicos de los recados para el votante [...] pues la entidad soberana es la nación, no el pueblo»[22].

En consecuencia, solo optimistas infundados —N. Negroponte[23], P. Huber[24], F. Fukuyama[25], H. y A. Toffler— imaginan que la tecnología descentralizará el poder, devolviéndolo a sus orígenes merced a un desplazamiento de la propaganda por información, y —menos aún— que los ciudadanos «se unirán de buen grado para alcanzar objetivos comunes»[26]. La conciencia misantrópica desterraría al *autó* o uno mismo, no tanto por pensar que la heteromedicación, el heterogobierno y las demás servidumbres sean cosas fiables o fructíferas en sí, sino para seguir endosando al prójimo la carga de su menosprecio, sin aclarar qué parte de esa opinión refleja una observación desapasionada, y qué parte una personal congoja.

4

Bastante menos selectiva ha llegado a ser la clase política. Mientras los misántropos siguen acariciando moratorias —primero educación, luego participación—, el profesional del mandato representativo percibe en su empleo una volatilidad paralela a la que informa el mercado financiero, y hace frente a esa circunstancia con dilución ideológica. Lograr efectos equivalentes a la vieja instrucción de orden cerrado presenta dificultades de enorme envergadura, y apunta índices decrecientes de audiencia. De ahí posgobernantes y poslegis-

---

22.- Sartori, 1999, pág. 4.
23.- Cfr. Negroponte, 1995.
24.- Cfr. Huber, 1994.
25.- Fukuyama, 1998.
26.- *Ibídem*, 1998, pág. 42.

ladores, que preparan su sucesión sin muchas tentaciones de imitar al reverendo Jim Jones o al comandante Castro. Acostumbrados a recibir en público duras críticas de cualquiera, los políticos profesionales evitan con esmero gestos de prepotencia aparente. Ganar elecciones —con un apoyo directo rara vez superior al 10 por 100 del censo— les redime de vínculos con lo mayestático para ligarles al llano público, que aplaude o no la función de cada día. Más que autores de alguna política son actores —personas volcadas sobre una audiencia—, y actores de algo tan esforzado como el *respaldo,* que para sobrevivir en un medio lleno de rivales sacrifican espontaneidad, autonomía y otros dones de la vida hasta extremos apenas conjeturables. Aunque sigan siendo privilegiados dentro del espectro económico, su acceso a la opulencia exige dosis crecientes de abnegación cotidiana[27].

Con los militantes de base en deserción, sus apoyos primarios son grupos privados de intereses y la cobertura de un campo periodístico, que es en buena medida un altavoz para el profesional de la política, auxiliado a esos fines por asesores de imagen, cineastas, empresas de sondeos a la carta, cuantificadores de público y otros expertos en influjo subterráneo. Si se comparan con los métodos del gobernante predemocrático, las técnicas de seducción audiovisual compendian amabilidades, combinando la cortesía de los buenos comercios («el cliente siempre tiene razón») con una cobertura informativa que abrumaría por su densidad si —como una gentileza más— ocho de cada diez noticias no fuesen idénticas en texto e imagen.

Pero esa reiteración del estímulo tampoco logra hacerlo entrañable. Con el escenario maduro para cosmetólogos y tramoyistas, en el espectador cunde una desconfianza semejante a las fallas geológicas, cuyas fisuras crecen en el invisible aunque determinante subsuelo. El hecho mismo de haber arriado estandartes ideológicos en

---

[27].- Una descripción detallada hace Enzensberger, 1999, págs. 105-118: «Y puesto que incluso el político más íntegro está obligado a moverse entre las tinieblas de la financiación de los partidos, entre la maleza de las subvenciones y las exportaciones de armas, así como entre el lodazal de los servicios de inteligencia, constantemente se ve dominado por el miedo» (pág. 115).

favor de un pragmatismo eficaz, dirigido a mantener y ampliar el nivel de vida, agudiza la disonancia entre devota entrega al bien común y montaje de circos autopromocionales, invocaciones a austeridad para el prójimo y generoso trato otorgado al propio gremio. Cuanto más secular o prosaico se hace el proceso de gobierno, más aparece el profesional de la política como alguien que tiene un *suyo* indiscernible del patrimonio ajeno, cuya ocupación vitalicia del servicio público transforma ese servicio en privilegio particular.

5

En respuesta a abusos flagrantes emerge entonces el más marginado de los poderes, el judicial. Sus órganos supremos dependen de la partitocracia, pero en primera instancia no arrastra hipoteca, y su imprevisto ataque enardece a la ciudadanía. Iniciada en Italia como Manos Limpias, la operación se propaga rápidamente a toda Europa y luego al resto del mundo con un ímpetu que derriba gobiernos, fulmina partidos aparentemente indestructibles, encarcela o procesa a altos mandatarios y, en general, reaviva las esperanzas puestas en un Estado de Derecho, donde las leyes se apliquen también —o más bien ante todo— a quienes asumen el encargo de aprobarlas o refrendarlas. Apoyado sobre frágiles alianzas para gobernar, unido a patrocinadores y compromisos con el campo mediático, el gobernante descubre que sus aliados políticos exigen concesiones muy peligrosas, que los patrocinadores interrumpen el flujo de liquidez, que los medios amplifican con secreto o público alborozo cualquier pesquisa penal contra el Ejecutivo, y que gran parte de la sociedad disfruta anticipando su inmediata ruina. Desacralizado como oficio, y puesto en cuestión por jueces a quienes protege el carisma de tribunos populares, ejercitar discrecionalmente el antiguo poder de vida y muerte cede paso a una libertad vigilada o a una celda, que inspira al sucesor del político depuesto un estilo cada vez más cauteloso en el uso de sus prerrogativas.

Al mismo tiempo, se trata solamente de un estilo. Sigue habiendo dos o a lo sumo tres formaciones con posibilidad de acceder electoralmente al gobierno en cada circunscripción, y eso basta para estrangular las alternativas factibles. Por una parte, son más necesarios que nunca verdaderos políticos o estadistas, personas capaces de conciliar lo general con lo particular, y convertir lo meramente posible en realidad. Por otra parte, la política profesional funciona como un filtro que expulsa a cualquier disconforme con su inmovilismo. Quien mejor conoce la compleja trama operante es el profesional de la política, pero su profesión le impide resolver con ecuanimidad en ese preciso horizonte. Es imprescindible que haya ideas cambiantes, iniciativas de toda índole, si bien su producción *ad curriculum* o subvencionada lleva a formas agravadas de inmovilismo. Finalmente, el sistema sostenible se basa en una interacción supervisora —rendir cuentas el gobierno al ciudadano, y rendir cuentas el ciudadano al gobierno—, cosa ilusoria mientras el electorado no constituya una ciudadanía más activa.

Se diría que estamos otra vez como a principios de siglo, en democracias desmoralizadas o en países que rumian remedios totalitarios para su catástrofe. Pero el cuadro es distinto. Tras consolidarse la práctica del sufragio universal, el fundamento para mantener sistemas de participación exclusivamente indirecta —vastas extensiones territoriales y altos niveles demográficos— es recortado por algo tan prosaico como la digitalización, que hace converger procesos informáticos y comunicaciones, sembrando el futuro de una consola telemática (que integra televisor con ordenador y teléfono) cada vez más manejable y potente. A la misantropía esto le sugiere que las máquinas se han rebelado contra nosotros, que empobrecen un «tiempo *necro*» donde cierto Gran Hermano de nueva factura convertirá la interactividad en «interpasividad»[28], pues «nuestro quehacer se reduce a pulsar botones de un teclado»[29]. Pero este criterio tampoco es una primicia histórica, pues en otro tiempo algunos astrónomos se negaron a mirar siquiera por un artefacto como el telescopio, que ponía en aprietos al criterio geocéntrico.

6

Dos siglos después de introducirse, el proyecto democrático —una apuesta que tantos consideraron disparatada— ha mostrado ser adaptable a cambios de pequeña y de enorme entidad (como la revolución industrial), y por eso mismo capaz no solo de permanecer, sino de innovar. En el Primer Mundo al menos, la ciudadanía existe como cuerpo de electores, ciñendo su responsabilidad a elegir representantes y sin resolver sobre ninguna especie de asunto. Pacíficamente aislado por intereses particulares, y falto de la información necesaria, se supone que no sabría hacerlo de modo coherente, atendiendo con ecuanimidad a las variables reales de cada asunto.

Por eso mismo, los comicios deberían parecerse al azar salvaje de una lotería, donde dos bombos sincronizados —uno con tantas bolas como votantes, y otro con tantas bolas como premios o partidos— fuesen arrojando sucesivas arbitrariedades. Sin embargo, en cada consulta el censo imparte una lección de política aplicada, donde exhibe una forma unitaria recurrente dentro de su diversidad, como delimitando el perfil de acción para algún proceso. Vota o se abstiene con coherencia, como si fuera otra mano invisible, unas veces confiando en algún cambio, y casi siempre minimizando el margen de discrecionalidad o hegemonía adjudicable a cualquier facción. Sin haberse puesto de acuerdo, y estorbados por el fragor promocional de cada campaña, resulta que buena parte de los electores están de acuerdo.

28.- Cfr. Baudrillard, 1998, págs. 93-102.
29.- Sartori, 1998, pág. 135.

Y si obran de modo armónico, en un proceso de estructura fina como moderar periódicamente el poder político, ¿hasta cuándo aplazarán moderarlo continuamente? Idiota viene del griego *idiotés,* un término que en la Grecia arcaica no era peyorativo[30], y que pasó a serlo con el advenimiento de la democracia, cuando empieza a simbolizar la actitud demasiado tranquila —«incauta»— de quien delega sistemáticamente en otros el cuidado de lo común. El idiota, dice Pendes en un famoso discurso[31], es alguien que al hacer dejación de su responsabilidad como ciudadano pone en peligro la *isonomia,* el principio de una misma ley para todos los hombres libres. Dos milenios y medio más tarde, una irresponsabilidad como la temida por Pendes —aunque justificada por el tamaño de las nuevas democracias— ha creado un estamento de representantes profesionales, que en parte obra como gestor a plazo y en parte como albacea testamentario[32].

Puesto que el mandante solo puede votar ternas cerradas de mandatarios, ofrecidas por un aparato que controla la representatividad municipal, autonómica y nacional, el poder ejecutivo y el legislativo de cada país —y las instancias supremas del judicial— acaban confiándose a una dinámica de concentración monopolística, cuyo resultado es el invariable en dichos casos: cualquier demanda será domada por la oferta. En el tránsito de gobiernos autocráticos a democráticos hay una etapa inicial de democracia vigilada —por los poderes tácticos previos— que desemboca en una etapa de democracia no tanto vigilada o tutelada como secuestrada; el secuestro se consuma desvirtuando el mandato *inter vivos,* que no solo ha de ser revocable en cualquier momento, sino estar abierto —mientras persiste— a toda suerte de orientaciones emanadas del

---

30.- Significaba individuo o persona *particular.*

31.- El discurso fúnebre que sigue a las primeras hostilidades de Atenas con Esparta; cfr. Tucídides, *Historia de la guerra del Peloponeso,* 1, 140-144.

32.- Ya en 1951 observaba Jünger: «El proceso electoral se ha convertido en un concierto automático, orquestado por quienes lo organizan» (1988, pág. 69). En Norteamérica la dinámica se percibe bastante antes. Dewey, en 1937, comenta que «santificada la urna como símbolo de libertad [...] el sufragio se va reduciendo a un formalismo vacío; la corrupción se generaliza, las maquinarias políticas de partido se perfeccionan» (1996, pág. 178).

mandante. Esta independencia con respecto al mandante la reconoce de modo sibilino nuestra Constitución, cuando declara que «los miembros de las Cortes no estarán ligados por mandato imperativo»[33].

Restringiendo el margen de elección a minúsculos grupos de quiénes, el qué o substancia se confía al programa presentado por cada facción, un prolijo documento que se sirve en bloque y se incumple de modo sistemático. A partir de ese momento, el corazón de la democracia —la consulta política— es cada vez menos una participación de la ciudadanía, y cada vez más un trámite legitimador para la clase que gestiona sus intereses. Sin embargo, ese momento es también el de un desarrollo tecnológico y cultural singular, que desde distintas perspectivas sugiere alguna transición del sistema. El espacio se ha hecho pequeño hacia fuera y enorme hacia dentro, siguiendo una dinámica de pliegues y repliegues; parte creciente del trabajo se realiza a distancia, en el medio íntimo de cada uno, si bien dentro de ese medio resuena sin pausa todo el resto del planeta. Ha sufrido una metamorfosis la distancia misma, cuyas coordenadas son otras. Estamos a la vez en varios sitios, varios sitios están a la vez en nosotros. De ahí que sean también otras las modalidades de acceso a una asociación, y las propias asociaciones.

Igualmente frívolo es que esto nos parezca bien o mal. En un mundo bien distinto del de hace un siglo o dos subsiste la suposición de que los «pueblos» se autogobernarán, invocando una ciudadanía más responsable. Pero es nuevo también que el motor de la invocación sean dispositivos cada vez más sencillos y sutiles para conocer el criterio de audiencias, impartir masaje de masas o contar votos. Si se compara con lo necesario para que un país elija periódicamente administradores políticos, lo necesario para adaptarlo a un sistema de sufragio continuo sobre decisiones con-

---

[33].- Art. 67.2.

cretas —en forma de respaldo o veto— es considerablemente más barato. Como si lo anticipara, el político profesional lleva décadas asimilándose cada vez más a un gestor del apoyo público —no a un gestor de su propia ideología—, atento en todo instante a prospecciones formales e informales.

7

Aunque el gobernante profesional surge aplicando el sistema democrático a grupos presididos por la distancia y el número en sentido antiguo —donde formas mixtas de participación resultan imposibles o muy difíciles—, quizá el obstáculo más sólido para que ese sistema se adapte a la distancia y el número en sentido actual sea una desconfianza ante la inevitable articulación de mayorías y minorías. En la Atenas de Clístenes, clanes y fratrias se opusieron a una república repartida en distritos geográficos e integrada por meros residentes, como exigía la constitución democrática, pues los vínculos de sangre —o los de familia indirecta— parecían un tranquilo oasis ante las turbulencias derivables de otorgar voto o participación idéntica a cada hombre libre adulto. En Norteamérica y Francia, durante sus periodos revolucionarios, sospechas prácticamente iguales albergaron los etiquetados como conservadores, a cuyo juicio todo podría estudiarse salvo fundar las decisiones en mayorías simples. Una virulencia apenas menor alcanzaron los conflictos derivados de instaurar un sufragio que incluyese a jóvenes, mujeres, no-propietarios y otras etnias. Los enemigos de un poder descentralizado son quienes viven o quieren vivir de monopolizarlo, desde luego, pero el objeto de escándalo son las reglas del juego democrático, y en particular el experimento del número más alto.

No hace falta postular que los humanos son ángeles en potencia, como hacía Rousseau, para pensar que el criterio de la mayoría debe prevalecer, pudiendo las minorías escindirse o migrar cuando eso les evite opresiones. Sí hace falta creer que el humano estándar es un necio, o algo peor, para preconizar que el criterio de la mayoría *no* debería prevalecer, y que las minorías *no* deberían tener derecho a escindirse o migrar.

Pareciendo una alternativa entre pesimistas y optimistas, el juego del número abre áreas nada afines al equilibrio, propiamente inventivas, pero funciona mejor que el despotismo. Los verdaderos demócratas están convencidos —como ya lo estuvo Aristóteles— de que el gobierno perfecto sería el de alguna persona muy superior a los demás, bien informada sobre casi todos los asuntos y dispuesta a entregar gran parte de su tiempo a la república. Cuando aparecen tales individuos, que es de tarde en tarde, las sociedades lo agradecen largamente. La tensión mayoría-minoría viene para las fases donde falta un estadista extraordinario, y la república debe seguir prosperando. En ellas se ensaya el número más alto como recurso económico o imparcial para roturar los azarosos caminos de la libertad[34].

Tras milenios de sufrir otras modalidades de orden, el experimento del número —confiar en la cordura media de nuestro prójimo— ha obligado ya al gobernante a buscarse un apoyo distinto de la deidad, el ejército o cualquier otro tipo de amenazadora instancia mesiánica. Y en el Primer Mundo bastan unas semanas sin el respaldo efectivo de la población para que cualquier equipo de gobierno, incluyendo a su jefe, dimita o sea procesado por abuso de poder. Eso implica que, finalmente, se ponen en la misma línea de salida los criterios: a igualdad de información, decidirá mejor quien menos hipotecas arrastre.

34.- Muy interesante es el sistema de simple sorteo —ensayado en alguna época por los atenienses—, que implica una asunción de la suerte como motor político. Seguido por una *euthuna* («rendición de cuentas») al dejar el cargo público, este procedimiento parece haber funcionado de modo tan satisfactorio como la elección voluntaria.

8

La información abunda desde luego en uno de los escenarios, tanto como se escamotea o falta en otros. Al mismo tiempo, esto lo ponen en cuestión la inminente consola telemática, el resto del utillaje interactivo que llegará, y la propia conciencia. La democracia no se propone salvar al infeliz ni guiar al descarriado, sino solamente ir ensanchando el autogobierno, para gozar el mundo que se inaugura con una responsabilidad compartida, emancipado el espíritu de lealtades ideológicas. No le falta noción de lo colectivo, y aún cabría decir que ninguna filosofía política ha insistido tanto en lo que Tocqueville llamaba «individualismo bien entendido». De ahí que los esfuerzos hechos en el ayer por reducir la extensión del sufragio parezcan hoy «prejuicios infundados o estratagemas para mantener un *statu quo*»[35]. La democracia solo exige que en vez de encontrarse como alguna masa, redimida o condenada por algún salvador, lo colectivo sean grupos tan diversos como resulte posible, y orientados primariamente a mantener una igualdad de oportunidades para todos.

Conservar, ampliar —y en muchas esferas establecer— igualdad de oportunidades no es solo el desafío más arduo, sino el más inexcusable y urgente. Convertida la sociedad industrial en una sociedad de comunicaciones y servicios, de poco servirá moderar la arbitrariedad del estamento gubernativo si el principio de la libre competencia no se aplica también al patrocinador de ese estamento. El republicano antiguo insistía ante todo en cultivar la virtud cívica, un consejo que tras larga amnesia parece ir cundiendo en el demócrata contemporáneo. Ahora reparamos en que sin ella —sin disposiciones como cooperación, veracidad, honestidad, conocimiento— no podremos mantener la batalla del derecho contra el *merum imperium*, del capital social contra el capital antisocial, de la libre competencia contra el monopolio.

35.- *Encyclopaedia Britannica*, «Electoral Processes», Macropaedia, vol. 6, pág. 528d.

Pero al constatar que sin virtud estamos indefensos recobra sentido lo práctico, y la necesidad de programas concretos sobre actuación política. ¿Cabe hacer algo sin entrar en una u otra camisa ideológica de fuerza? La cabeza y el corazón disputan sobre esto, sin llegar a un claro acuerdo.

17

Navegando el caos

La eterna vigilancia es el precio de la libertad.
J. Dewey

El verdadero incordio de este mundo nuestro es parecer un poquito más matemático y regular de lo que es; su exactitud resulta obvia, pero su inexactitud está escondida: lo salvaje yace a la espera.
G. K. Chesterton

El corazón querría intervenir con algún programa concreto de acción, mientras la cabeza le recuerda «la imposibilidad de que el proceso social pueda ser previsto y dominado desde arriba»[1]. Nadie —incluyendo a los administradores del poder coactivo— tiene criterios mínimamente fiables para cosa distinta de un pequeño sector en la inmensidad actual, e incluso cualquier pequeño sector resulta enorme aplicando los métodos disponibles de observación. Nueva y evidente a la vez, esta circunstancia corresponde al objeto hipercomplejo que hemos llegado a ser, gobernado por un azar en cuya génesis participamos. Al principio intervencionista, que querría hacer cambios enérgicos y benéficos sin demora, se contrapone el de aguardar sin esperanza —una feliz expresión de T.S. Eliot[2]— que empieza dándose tiempo para el asombro, reconoce lo impredecible y busca ante todo saber.

Descontentos con el modelo del partido caza-votos, Marco Panella, Emma Bonino y otros crearon hace relativamente poco una

---

[1].- Enzensberger, 1999, pág. 66.
[2].- Four Quartets, East Coker, III. Camus decía: «obra sin fe».

formación más afín al club democrático: sus fundadores no renunciaban a intervenir en política pero sí a vivir de ella, y en vez de representar a una u otra ideología se organizaban para contribuir a que el electorado interviniese más en la orientación del gobierno. Junto al poder judicial, al legislativo y al ejecutivo, el *partito radicale* reclamaba un campo de acción para el cuarto poder, el referendario, a la vez que proponía una generalizada descentralización y desnacionalización de la vida política[3]. Tras obtener algunos escaños, gracias a un apoyo no tan imprevisible, los radicales concretaron en varios frentes su programa de no gobernar, sino cambiar algunas leyes. Consiguieron convocar varios referendos (donde, de paso, ganó su postura), fueron decisivos para el surgimiento de Manos Limpias, y avivaron la imaginación democrática con actos tan sonados como repartir públicamente las subvenciones electorales de cada año: «El dinero del contribuyente vuelve al contribuyente, no permita que la política siga siendo un negocio».

En una atmósfera reducida básicamente a formaciones apoyadas sobre el patrocinio privado, y algún grupo de ultraderecha o ultraizquierda, esta actitud no merece omitirse. Convocar referendos es un modo seguro de llamar a pensar, y en la misma medida un acto de benevolencia social despojado de paternalismo. Dicha consulta resulta ser una simple elección, si bien referida a algún *asunto* que no se pone, como el resto, en manos del mandatario profesional para evitar que sea juez y parte. En otras palabras, es una elección que se refiere tradicionalmente a retoques constitucionales y cambios en las leyes, a cuestiones de moral y a modos de recaudar y gastar dinero público, temas donde el representante podría carecer de imparcialidad por distintas razones. Si se debate el propio poder referendario, pongamos por caso, la clase política incurre automáticamente en una causa de recusación, pues de la amplitud que se le reconozca

---

3.- Por ejemplo, presentando candidaturas mixtas, integradas por personas de distintos países.

depende lo directa o indirecta que sea una democracia. Igual sucede con diversos asuntos éticos —divorcio, aborto, objeción, obscenidad, eutanasia, etcétera—, donde móviles electoralistas y otras presiones atenazan a los partidos con ansias de gobernar. Y lo mismo se aplica a la recaudación y el gasto públicos, actos que el mandatario querría hacer tan abundantes como autocráticos.

1

Pocos políticos profesionales se opondrán de manera explícita al poder referendario en general, y a que el votante sea consultado alguna vez en materias de moralidad o economía. Con todo, dejar en sus manos la consulta equivale a archivarla. Lo básico —el derecho del «pueblo» a dictar ocasionalmente legislación— se reconoció en el siglo pasado[4], y cuanto más joven es una democracia más propensa parece a ignorarlo. Nuestra Constitución, por ejemplo, determina que el referendo «consultivo» es «competencia exclusiva del Estado»[5], dependiendo su convocatoria del presidente del Gobierno y el Congreso de los Diputados En lógica correspondencia, durante veinte años solo se ha convocado uno[6]. A pesar de ello, en cualquier consulta no amañada tiene altas probabilidades de vencer la propuesta de que los referendos serán vinculantes en lugar de consultivos, y que

---

4.- El uso de referendos para dictar legislación ordinaria parece haber comenzado en el cantón de Sankt Ganen (1831), desde donde pasó al resto de la Confederación Helvética y a Norteamérica, influyendo en que sus Estados dispongan de una acción popular espontánea (la *Iniciative*). La Constitución española de 1978 contempla (en su artículo 87.3) una «iniciativa popular», si bien regula esa eventualidad de manera sumamente restrictiva, y contraria al espíritu del poder *constituyente* o popular. Determinar: 1) que serán necesarias «500.000 firmas acreditadas» (notarialmente), cuando en Suiza, por ejemplo, hacen falta diez veces menos, para un país con un tercio de nuestra población, siendo innecesario el trámite notarial; 2) que «no procederá en materias propias de ley orgánica, tributarias o de carácter internacional ni en lo relativo a la prerrogativa de gracia», esto es, que no procederá en gran parte de su campo *natural*.

5.- Art. 149.1.32.

6.- Art. 92.2.

en vez de estar sujetos al plácet del presidente del Gobierno y el Congreso de los Diputados contarán con la *colaboración* de estas instituciones. Panella se adelantó a percibirlo, comprendiendo que había todo un programa político simplemente potenciando la interacción entre electorado y representantes, con un partido que ni pretendiese gobernar ni ofreciera algún tipo de programa salvífico.

Reconocido el derecho del «pueblo» a dictar legislación, y simplificado el ejercicio de ese derecho —en Suiza bastan 50.000 firmas para impugnar cualquier nueva ley del Parlamento confederal[7]—, algunas consultas sobre asuntos éticos y económicos podrían hacer más por la libertad y la igualdad de oportunidades que décadas de partitocracia. Tratándose de ética, por ejemplo, preguntar sobre eutanasia obligaría muy probablemente a suprimir lo que dispone el Código Penal sobre ayuda al suicidio. Algo análogo es imaginable si las preguntas versaran sobre aborto, o drogas. Preguntas referidas a otros sectores de la moralidad —sin ir más lejos, los actuales estímulos a *vivir* de la política— producirían resultados no menos dignos de atención. Sometido a referendo, es probable que los españoles eligiesen un sistema semejante al helvético, donde todos los cargos públicos son irreelegibles, y en vez de sueldo quienes los ocupan cobran una media de sus ingresos privados en años previos.

Otra propuesta sencilla es que el mandato político no se derrame sobre miles de diputados y senadores, sino que confiera a cada formación política la proporción obtenida de sufragios. En cada Congreso y Senado habría tres, cinco o siete compromisarios, uno con 213 votos, otro con 157, otro con 61, etc., sujetos a la misma regla de no aprobar norma alguna sin haber obtenido el apoyo de la mayoría. Eso convertiría los hemiciclos en despachos, donde en vez de practicar absentismo, maledicencia y tertulia ciertas personas trabajan, además de transformar la prosopopeya parlamentaria en

---

7.- El de la OTAN, distorsionado por convocarlo un partido con mayoría absoluta entonces, que empleó todos sus recursos para condicionar el resultado.

una responsabilidad *personal* por cada ley aprobada. El proceso de preparar los proyectos legislativos seguiría siendo el mismo —encargado a comisiones, que consultan los aspectos técnicos a gabinetes (extraparlamentarios) de estudio—, pero la decisión correspondería a fulano y mengano, con la oposición de perengano y zutano, en vez de vincularse a una disciplina de voto impuesta sobre hordas de compromisarios, cuyo ejercicio del sentido crítico se condena como «transfuguismo».

2

Por contrapartida, los asuntos económicos se dirían demasiado técnicos, si no lo fuesen también para el representante profesional, que empieza siempre con el informe de expertos. En la fase recaudatoria topamos con el impuesto general sobre la renta de las personas físicas —un tributo cuyo establecimiento marca en algunos países su transición hacia formas democráticas de gobierno[8]—, que resulta ser un gravamen errático, pues empezó atacando sin misericordia a los opulentos y acabó cebándose de manera exclusiva en asalariados de nivel modesto. Confiado enteramente a los oficios de la clase política, ese giro copernicano se redondea con toda suerte de alternancias y arbitrariedades en materia de gastos deducibles[9], gracias a las cuales cada gobierno puede premiar o castigar graciosamente, dependiendo de que aspire a un voto futuro o usufructúe un voto pasado. No obstante, tanto el giro copernicano como los márgenes de discrecionalidad tendrían altas probabilidades de ser considerados abusos de

---

[8].- Sobre la práctica del sistema suizo puede consultarse un informe bastante reciente, publicado por *The Economist* («Full Democracy», 21-XII-1996).

[9].- No así en Norteamérica, donde el *income tax* exigió convocar un referendo en 1913 (origen de la enmienda XVI a la Constitución, que autoriza al Congreso a gravar «ingresos»). Es interesante, sin embargo, que el motivo inmediato de la enmienda XVI fuese poder aprobar la enmienda XVIII —también llamada «Ley Seca» o *Volstead Act*—, pues el impuesto sobre elaboración y venta de bebidas alcohólicas era, con mucho, la primera fuente de rentas para el gobierno federal.

poder, y corregidos, si el asunto se elevara a consulta popular[10]. A diferencia de los impuestos indirectos, cuyo objeto son cosas y servicios que echamos en falta (y por eso adquirimos), el impuesto directo grava por definición la riqueza, esto es: aquello que nos sobra o es prescindible en aras del bien común, y cualquier manejo de sus tarifas y conceptos que sea ajeno a dicha circunstancia —al hecho de ser el gravamen ético por excelencia— no es solo una aberración jurídica, sino una invitación adicional a defraudar.

Tampoco sería ocioso que el votante fuese consultado en materia de desembolsos públicos, cuando disminuye sin pausa[11] el gasto social per cápita en porcentaje del PIB, pero no el porcentaje de otros gastos dependientes de los gobiernos. Aunque este campo presenta también una enorme complejidad, y no hay milagros simplistas, confiarlo exclusivamente al establecimiento político produce soluciones poco o nada democráticas. Por ejemplo, en España un quinto del gasto sanitario público se destina a productos farmacéuticos, de los cuales el 97 por 100 son artículos con patente viva o no caducada[12]. Una alternativa sería comprar o financiar la elaboración de «genéricos» (productos de idéntica potencia biológica y mucho más baratos, por haber expirado ya su patente). Países nada inclinados al socialismo, como Estados Unidos, logran que el 70 por 100 de los productos farmacéuticos cubiertos por la sanidad pública sean genéricos, y si

---

10.- Planes de pensiones y mutualidades, compra de primera vivienda, alimentos para hijos comunes, pensión compensatoria al cónyuge, familia, atención médica, etc. Un caso reciente fue suprimir los alimentos como partida deducible, manteniendo ese carácter para la pensión compensatoria al cónyuge. Este cambio enigmático —por afectar primariamente a gran número de niños— deja de serlo considerando que el botín fiscal derivado de desincentivar los alimentos para la prole superaba por mil a uno el botín derivable de desincentivar las pensiones compensatorias al cónyuge. Genéricamente, el truco consiste en establecer ciertos conceptos desgravables, que gradual o bruscamente dejan de serlo, mientras emergen de la nada nuevos conceptos gravables. La última reforma augura el fin de las deducciones por gastos de enfermedad e intereses de préstamo hipotecario, anunciándose cosa análoga para la pensión compensatoria al cónyuge.

11.- A igualdad de rentas, por ejemplo, quien mantenga a dos descendientes y un ascendiente podrá deducir 76.500 pesetas (según la declaración de 1998, que aumenta algo la desgravación). Los tres mandatos socialistas —de quien depende todo esto— entendieron que mantener un bebé, un adolescente y una madre anciana, por ejemplo, supone *menos* de 6.000 pesetas al mes.

12.- Cfr. Navarro, 1999, págs. 11 y 12.

entre nosotros esa proporción ronda el 3 por 100 la regla *cui bono* (¿quién se lucra?) apunta a intereses farmacéuticos, que así triplican el precio de sus mercaderías. Las buenas relaciones de esta industria con los mandatarios permiten recortar y hasta suprimir prestaciones de la Seguridad Social, por inexcusable ahorro, mientras cargan a la propia Seguridad Social con el despilfarro de no utilizar masivamente productos genéricos.

Un modelo aún más puro de lo que sería barrido en caso de someterse a referendo es el llamado contrato de adhesión —típico de los servicios hoy más básicos (agua, energía, banca, transporte público, comunicaciones)—, que en realidad no constituye pacto o «contrato» alguno, pues no existe negocio jurídico licito o vinculante sin una *autonomía de la voluntad* en quienes contratan, y no tiene el menor parentesco con ello cierto ritual donde una parte impone todos los términos, mientras otra debe acatarlos en bloque o renunciar al servicio, un servicio muchas veces objeto de monopolio u oligopolio.

Denunciar ese acuerdo como pseudo-acuerdo no implica exigir que dichos contratos sean individuales, sino asegurar unos mínimos de equidad: quien oferta el servicio puede establecer unilateralmente su precio, pero los contratos deben especificar —y en letra no pequeña— qué compensaciones corresponden al usuario cuando el servicio se interrumpe o deteriora. Si la luz va y viene a saltos —devorando documentos y hasta discos duros del ordenador con el que tantos trabajan ya— es una burla cobrarla como si hubiera fluido de modo continuo, si no fuese una burla todavía mayor que los contadores instalados a fin de medir su consumo no midan *también* ese perjuicio, aunque hayan sido homologados expresamente por la autoridad gubernativa. Con las diferencias de cada caso, el mismo principio de reciprocidad es aplicable a los demás contratos de adhesión, que así dejarían de ser relaciones amo-siervo para convertirse en contratos propiamente dichos. ¿Qué proporción de votantes apoyaría algo tan simple como que los defectos y omisiones en la provisión de esos servicios básicos se compensen con automáticas y proporcionales rebajas de sus respectivas tarifas?

Se trata de meros ejemplos, cojos como todos los ejemplos. Pero lo que distingue al demócrata del demagogo —con su oferta permanente de solucionar los problemas en nombre del resto— viene de asumir lo común a esos ejemplos, que no es tanto una buena o mala decisión como una divergencia *concreta* entre el criterio del electorado y el de sus representantes. Dichos supuestos son la materia reformable o encomendada por excelencia a la virtud cívica, y ofrecen una tarea sin duda abundante.

3

Por otra parte, el criterio del corazón —intervenir, mejorando las cosas— tropieza enseguida con el de la cabeza, que aguarda sin esperanza, tratando de conocer. El mero transcurso del tiempo mostró que algunos radicales podían ser tan corruptos como cualquier político de carrera, y su empresa ha perdido casi todo el primer impulso. Nada más natural, pues este mundo no es el del mecenas antiguo, cuya virtud cívica dependía de ocio ilimitado para atender a la república. Comparados con otras eras, que profesaban algún convencimiento, nosotros sencillamente no sabemos; no estamos convencidos de qué sea mejor a fin de cuentas, y empezamos a acostumbrarnos a percibir que los actos desencadenan consecuencias muy complicadas e irreversibles. De ahí confiarnos a la estructura disipativa del mercado, encomendando a la compraventa una solución incesante al dilema de fijar los respectivos e inestables precios. En una sociedad de este tipo el radicalismo democrático logrará conquistas mientras despliegue altas dosis de energía, altruismo y talento, conquistas que en otro caso se ajarán, dibujando una fluctuación donde todo lo inmediato va siendo abolido.

En realidad, la democracia extiende sus prácticas de consenso sin esperar a los reformadores políticos. Que muchos tengan automóvil supone una sufrida hermandad diaria en el tráfico; que un porcentaje creciente viva en colonias residenciales supone formas nuevas de vida vecinal, donde se multiplican los asuntos y las propiedades comunes. Hay diez asociaciones voluntarias por cada una del siglo pasado (época que ya multiplicó de manera espectacular las previas), y son abrumadoramente monotemáticas: energía, protección de especies amenazadas, homosexualidad, familias monoparentales, residuos, transporte escolar... Nos hacemos más sociables, aunque no por ir engrosando la Mayoría Silenciosa, la Mayoría Moral y otros conjuntos —reales o imaginarios— del pasado, sino por participar en medios muy poblados, heterogéneos y libres.

El porcentaje de votos requerido para formar gobierno se obtiene encajando laboriosamente grupos minoritarios, porque la mayoría ideológica está en fase de colapso, dando paso a continuas ramificaciones. También se ramifican las naciones-estado en naciones-región, las macrocorporaciones en empresas adaptadas a la diversidad del consumo, la mano de obra inespecífica y vitalicia en trabajadores cualificados y ocasionales, aparentemente atraído todo ello por la descentralización que acompaña al remolino globalizador de un incipiente Estado universal. En los países prósperos ni siquiera cabe decir que la mayoría sean pobres, o ricos[13]: ambas cosas son ciertas, y por eso mismo falsas.

El colapso de la mayoría ideológica refleja una crisis en el culto a la masa como cemento para proyectos políticos, pues en vez de fomentar homogeneidad las sociedades promueven individuación. Arruinada la fe en Planes, divinos o humanos, la complejidad del mundo replantea su control en términos económicos o realistas, lo

---

13.- Atendiendo al libro blanco de la Comisión Europea, entre 1970 y 1992 los salarios altos pasaron en Estados Unidos del 25 al 34 por 100, y los bajos del 30 al 32 por 100. Es el centro lo que se despuebla; cfr. Castells, 1997, pág. 19.

cual implica discernir entre caos creativo y caos embozado, azar y promesas de evitar el azar en general, aceptación de lo imprevisible/irreversible y empecinamiento en la instrucción de orden cerrado. De ahí que «democratizar la democracia tenga una esfera ganada de antemano —defenderemos el derecho del prójimo como recurso óptimo para defender el nuestro, promoveremos la diferencia— y otra indecisa, pendiente de que se asimilen con provecho las técnicas.

Aunque consulten a la ciudadanía en casos excepcionales, las democracias contemporáneas no parecen inclinadas a complementar *motu proprio* sus instituciones de participación indirecta con otras de participación directa, al menos mientras votar suponga ir a un colegio electoral, ser identificado por la mesa, elegir y cumplimentar papeleta, etc. Solo si cupiese otro tipo de prospección —para empezar, doméstica— se estimularía un cambio cualitativo en las relaciones de representantes y representados, sobre todo si esa fuente de prospección fuese gubernativamente incontrolable.

No obstante, ese otro tipo de prospección gubernativamente incontrolable es lo que habilita Internet, cuando deje de ser una red lenta, insegura, muy cara y de prolijo manejo. Última etapa en una superación de la distancia geográfica, su efecto comercial —un contacto más directo entre vendedores y compradores— quizá presagia algo equivalente y ulterior en la esfera política, menos rápida a la hora de reaccionar. Según Bill Gates, «la velocidad de envío y la interacción con el cliente convierte los productos en servicios»[14], y promueve lo que Adam Smith consideraba un mercado perfecto, donde el nexo inmediato de productores y consumidores amplía la oferta, garantizando mínimo precio. El intermediario está llamado a desaparecer, añade Gates, si no incorpora valor añadido. Transpuesta a la esfera política, esta garantía de ahorro sería alguna especie de foro abierto para iniciativas, capaz de medir casi instantáneamente el apoyo a cada una, y que

---

14.- Cfr. *El País*, 1-IV-1999, *Ciberp@ís*, pág. 6.

en caso de superar cierto porcentaje del censo vetaría automáticamente cualquier resolución contraria del gobierno en funciones.

4

Pero si algo se debate hoy es apoyar o no el libre mercado, una decisión que polariza a supervivientes de la izquierda y la derecha, y que —a diferencia de asuntos como mantener o desmantelar la Seguridad Social— resulta poco o nada despejable con sondeos. Quienes confían en la racionalidad capitalista son mucho más numerosos y, sabiéndolo o no, identifican lo idóneo con aquello que va cumpliéndose[15]. Sus oponentes ven en ello una imposición del cruel orden darwiniano, donde el trabajo queda condenado a ser precario e inseguro, los colectivos tradicionales se desintegran y la explotación sustituye por sistema a la cooperación[16]. A medio camino están quienes observan que la riqueza depende cada vez más de acumular conocimientos, y cada vez menos de acumular cosas; en otras palabras, que «el progreso espontáneo de la opulencia» (Smith) acontece al alcanzar niveles altos de capital social o humano, entendiendo por ello una ética del trabajo que actualiza maestrías profesionales sin pausa. Por su parte, los gestores de la economía decidieron ya, y su apuesta es que donde crece el peligro crece lo que salva. Lo aclaraba A. Greenspan, autoridad suprema de las finanzas en Estados Unidos:

> «Algunos alegarán que el papel del supervisor bancario es minimizar e incluso eliminar el fracaso bancario; pero están

---

15.- Como observa Enzensberger, «en lugar de abrigar esperanzas en una idea salvífica prefieren confiar en un proceso complicadísimo y autocorrector, que conoce tanto el progreso como la retirada, tanto la intervención como la evitación» (1999, pág. 69).

16.- Cfr. Bourdieu, 1999. Para Bourdieu —un pascaliano de izquierdas— el neoliberalismo es «una máquina infernal», que implanta «un mundo sin inercia, sin principio inmanente de continuidad» (pág. 142).

equivocados, a mi juicio. Estar dispuesto a asumir riesgo es esencial para el crecimiento de una economía de libre mercado [...] Si todos los ahorradores y sus intermediarios financieros solo invirtiesen en activos sin riesgo, jamás se cumpliría el potencial crecimiento de los negocios[17]».

Cabe responder que el potencial crecimiento de los negocios no compensa entrar en dinámicas caóticas, y que preferiríamos bancos protegidos de la quiebra a créditos baratos para todos, por ejemplo. Pero las finanzas actuales requieren mucha incertidumbre para no asfixiarse, y el dinero invertido en distintas (e interdependientes) Bolsas es una magnitud tan descomunal como en rápido aumento[18]. Ayudado por los ordenadores, el afán de ganancia ha descubierto en el mercado financiero algo análogo a las minas del rey Salomón, donde logros científicos conviven con sagaces inventos, frecuentes estafas y amenazadoras fluctuaciones. No es extraño, pues, que en la cúpula gestora resuene cada vez más un discurso intervencionista o favorable a la regulación, propuesto entre otros por un especulador de gran éxito como George Soros, hoy destacado filántropo. Dada la fragilidad del capitalismo global que surge al amparo de este nuevo mercado, establecer o robustecer instituciones internacionales de garantía y control concedería alguna especie de moratoria, aplazando el empeoramiento de las crisis mientras se inventan salvavidas más ingeniosos.

5

Por lo demás, examinar argumentos favorables o desfavorables al libre mercado no es ni siquiera tangencialmente una finalidad de

---

17.- En Bernstein, 1996, pág. 328.
18.- En Estados Unidos es hoy el 40 por 100 de la riqueza familiar, y el 60 por 100 de los fondos de pensiones.

este libro. Buena parte de los juicios condenatorios son un reducto de añoranzas marxistas y bakuninistas, cuando no de fundamentalismos basados en alguna teología propiamente dicha, y a menudo describen un perímetro de ingenuidad animado por muy buenas intenciones. Sin embargo, añoranza e ingenuidad afectan también a los juicios rendidamente favorables, que son en realidad un artículo de fe basado en ignorar el parentesco cotidiano del *laissez faire* con el juego llamado *Monopoly*. Los esponsales políticos de Ronald Reagan y Margaret Thatcher defendieron como evidente, e impulsaron a nivel mundial desde 1980, una interpretación de la democracia que algunos llaman fundamentalismo de mercado[19], en cuya virtud a los negocios le sobran tantas reglas de juego como le faltan a otros campos de la vida humana. De ahí que los años ochenta fuesen una mezcla de bula para el *big business* con rearme moral puritano y desmantelamiento de servicios comunitarios, todo ello basado en aumentar la riqueza de las naciones.

Coherente o no con el programa democrático, esta iniciativa ha incumplido su promesa básica, que era reducir la cuota del gasto público en el producto de cada país. Lejos de hacer más barato el Estado para la ciudadanía, Reagan-Thatcher y sus correligionarios sustituyeron unos impuestos por otros, manteniendo e incluso aumentando la parte destinada a sufragar gastos estatales —cada vez más indiscernibles de contribuciones a la propia clase política y su clientela—, por el sencillo sistema de suprimir tributos sobre capital y empleo, e instaurar o reforzar otros sobre trabajo y consumo[20]. El paso del tiempo ha mostrado que era también un farol la pretensión de no intervenir en los mercados, y especialmente en el financiero, pues sin operaciones de salvamento crediticio y otras medidas —puestas en práctica por el FMI y la Reserva Federal— el sistema habría colapsado al menos en cinco ocasiones (1982, 1987, 1994, 1997, 1998),

---

19.- Soros, 1999, pág. 232.
20.- En todo el mundo occidental las grandes empresas tributan un máximo del 13 por 100, mientras

aunque esos rescates siempre hayan sido asimétricos, en el sentido de orientarse a evitar la bancarrota para un sector del mercado (los especuladores del centro capitalista), ignorando sistemáticamente al otro (productores de la periferia)[21].

Lo que resta de su égida económica son fiscos piráticos (precisamente por no abordar a los navíos opulentos), una ciudadanía pasiva y tentada al cinismo cuando no descontenta, un progreso del monopolio a escala mundial[22], un mercado financiero tan volátil como llamado eventualmente a la baja, y a fin de cuentas una tendencia a la recesión (ya avanzada en algunas zonas), seguida quizá de una depresión más o menos profunda. Evitar que la burbuja especulativa estalle —«deflactarla» o hacer que sea reabsorbida poco a poco— parece lo más delicado y urgente.

A cambio de esa sombría herencia, el fundamentalismo mercantil sostuvo el mundo mientras saltaba hacia la globalización, inventando formas de actividad que multiplicaron la riqueza de muchos[23]. Este emporio nuevo, tan opulento y tan continuamente próximo a los números rojos, es lo que incumbe administrar a sus herederos, conscientes de que ya no juegan con los ahorros de unos cuantos; la nómina de cada empleado y el capital de bancos, mutualidades y fondos de pensión llevan ya tiempo invertidos en instrumentos financieros de un tipo u otro, que para no ver asfixiada su rentabilidad quedan sujetos al efecto dominó que puede desatar cualquier crisis grave. Aderezada por suspense, una estrecha correlación sustituye al previo aislamiento de los partícipes.

---

ciudadanos modestos pueden acercarse al 50 por 100. Cfr. Ralston Saul, 1998, pág. 163.

21.- La única excepción a esa actitud ha sido la crisis rusa, donde no solo se permitió el castigo del país, sino el de los especuladores occidentales. Pero Clinton y sus colaboradores no comulgan en la misma medida que Reagan, Bush y los suyos con el absolutismo económico. Sobre la influencia decisiva de los gobiernos en la constitución y regulación de distintos mercados, el texto clásico sigue siendo el de Karl Polanyi, publicado originalmente en 1944.

22.- Hay cuatro firmas auditoras con reconocimiento internacional, dos calificadores mundiales de riesgo (Standard & Poor's y Moody's), y dos monopolios planetarios (Microsoft e Intel).

23.- A la vez que conseguía reducir la inflación, abaratar el dinero, aliviar los intereses de la Deuda y reducir el déficit presupuestario de numerosos países.

El afán de ganancia —aliado natural del ingenio— tiene ahora muchos más incentivos para pensar democráticamente o en vista de lo común, alineándose con una política de información transparente como alternativa a la no injerencia en el oscuro mundo de los negocios. Pero ni el secreto ni la luz pública cambiarán que una y otra actitud son singladuras llenas de bifurcaciones, donde los inventos del sistema deben estimular una mediación o intervención de sus actores, tanto más asidua cuanto más compleja sea la actividad. Ante un horizonte en buena medida nuevo, madura el momento de reorganizar tanto la intervención como su opuesto, definiendo otra vez cuáles serán los campos librados a regulación y desregulación.

6

Y eso nos devuelve a las fuentes de orden, tanto en el reino llamado natural como en las específicas instituciones humanas. La economía del caos —su frugal eficacia— no invita a pensar que la ordenación pudiera dejarse de lado, como pretende el anarquismo clásico, ni menos aún que deba ejercerse como proponen las sectas controlistas. Un orden es necesario siempre, y quien lo olvide enajenará tanto su libertad como su capacidad de obrar. Nada vivo se mantiene sin esforzarse continuamente por realizar su específica naturaleza, y es por eso un mero conato o aspiración orientado al cumplimiento de cierto sí mismo, lo cual significa parecerse a un *estar* antes que a un *ser*.

Pero la función del esfuerzo en la génesis y mantenimiento de todo lo físico debe aligerarse de interpretaciones tendenciosas, que o bien presentan el orden como producto de regalos invariablemente externos, o bien presentan algo basado sobre abundantes regulaciones externas como si fuese independiente de ellas. Opuestos en apariencia, los sesgos tienen en común un criterio cartesiano, donde lo material (*res extensa*) se conecta de modo extremadamente problemático con lo pensante (*res cogitans*). El dilema viene de que lo primero resulta tan inerte como animado lo segundo, definiendo una cesura insalvable entre máquina y maquinista, mano de obra y dirección. Es, finalmente, el énfasis puesto en un dios como el de la Biblia —pura volición desprovista de corporeidad— que gobierna siempre desde la trascendencia[24]. Atribuido en principio a una gracia del Todopoderoso, y poco después a «leyes matemáticas o fuerzas», este orden traspone básicamente el mecanismo del reloj antiguo (activado por un muelle o una pesa), y domina el modo de entender toda suerte de fenómenos hasta hace pocas décadas. A diferencia de la emoción y el pensamiento, que brotan de dentro a fuera, la voluntad ejerce un papel en buena medida inverso, gracias al cual uno se decide a haber decidido ya, a tener en vez de inclinación o intuición momentánea planes a largo plazo.

No hace falta insistir —pues a ello se dedicó la primera parte— en el esquema fuerza-cosa forzada, ley-caso práctico, que se liga a la creencia en un universo inerte o muerto, donde los procesos son reversibles porque en realidad no son tales procesos, sino más bien un baile de masas ajenas a su propio compás, traídas y llevadas por las normas del demiurgo/pontífice/rey/secretario general/presidente. Pero sí hace falta insistir en que hemos comprendido el orden natural de una manera mejor, más ecuánime, y que toda suerte de sistemas y estructuras físicas describen pautas mucho más finas o económicas, donde empiezan desarrollando mecanismos de adaptación y desembocan en formas de auto-organización, instados a ello por su desequilibrio.

7

En vez de mostrar fascinación por mecanismos de relojería, ahora percibimos un engranaje basado sobre sucesivos retornos —bastante más

---

[24].- «Rige todas las cosas, no como alma del mundo sino como dueño de los universos», dice Newton en los *Principia*.

universal y eficaz— que se conoce como bucle de realimentación. Si alguna vez nos ponemos al timón de un barco, y el patrón pide que mantengamos cierto rumbo preciso mirando una brújula, constataremos enseguida que no es nada sencillo. El viento, la deriva y el oleaje desvían desde el principio mismo, y para evitarlo el piloto bisoño moverá enérgicamente el timón —a izquierda o derecha— hasta que la proa apunte a la muesca de la brújula establecida como rumbo. Sin embargo, al hacerlo observará de inmediato que se ha excedido, y volverá a mover la rueda en dirección opuesta no menos enérgicamente, para descubrir entonces que ha vuelto a excederse. En ese vano zigzag seguirá —cada vez más atónito o irritado— hasta comprender que lograría una proximidad incomparablemente superior a su propósito abandonando la política de bandazos, y ejerciendo en vez de ello una leve y sostenida presión hacia la derecha o la izquierda. El timonel ducho reduce al mínimo la corrección (y, con ello, la desviación), del mismo modo que el ciclista competente reduce al mínimo las oscilaciones de su manillar, exhibiendo una causalidad no unidireccional, sino a la vez abierta y vuelta sobre sí en forma de sucesivos retornos.

El timonel y el ciclista inexpertos siguen los criterios organizativos del cuartel y el monasterio, apoyados sobre líneas descendentes de órdenes inapelables; y ese voluntarismo les urge a practicar un programa de bandazos en serie, equiparable a la tropa que al son de alto y en marcha, media vuelta a la izquierda y media vuelta a la derecha, acaba yendo del puente a la alameda, o del piso superior al inferior. El timonel y el ciclista expertos practican un criterio organizativo flexible, donde la información inicial —en su caso, el rumbo elegido— regresa adaptada al medio o, si se prefiere, realimentada por él. Vistos en el detalle de su operación, sistemas relativamente simples (barco, piloto y estado del mar, o bicicleta, conductor y camino) se organizan en una red de interconexiones donde cada nudo va operando sobre el siguiente, hasta volver sobre el inicial para «nutrirlo» con la información obtenida.

Como observó Wiener, un bucle de realimentación es «el control de un ingenio mecánico en base a su comportamiento *real*, no al esperado»[25]. En vez de alguna profecía —lo esperado—que se dicta a golpes de reloj para un sistema inercial, el bucle realimentador implica intención, teleología, aunque para nada un tejido nervioso de tipo animal, pues caracteriza la actividad de artefactos tan elementales como un termostato. De hecho, los ingenieros conocían hace casi tres siglos el mecanismo del termostato, aunque fuese de modo inconsciente, al no conceptualizar ese concreto tipo de causalidad. La máquina de vapor, inventada por Watt a finales del XVIII, emplea ya un regulador centrífugo basado sobre realimentación, pero ni James Clerk Maxwell —uno de los mayores genios científicos de todos los tiempos— sospechó su nexo de *input-output*, a pesar de haberse aplicado a hacer un análisis matemático sobre el trabajo específico de dicha pieza[26].

El motivo de semejante inconsciencia es sin duda la construcción clásica del control, basada sobre una lógica donde estabilidad y equilibrio son sinónimos, cuando algunos estados estables no solo son compatibles con lejanía del equilibrio, sino muchas veces provocados directamente por ella. Encendiendo y apagando la calefacción cuando la temperatura de una casa baja o sube de cierto nivel, el termostato supone un formidable ahorro de energía si se compara con la política de bandazos que implica encender cuando sentimos frío, y apagar cuando hace demasiado calor. Pero la historia contiene una sucesión de castillos y palacios donde las chimeneas de vastas estancias crepitan sin aguardar a que sus propietarios decidan visitarlas. El invierno de 1788-1789, meses antes de caer la Bastilla, mató de frío a muchos campesinos, obligados a un alto tributo de leña para calentar mansiones de nobles muchas veces ausentes.

25.- Wiener, 1950, pág. 24. La primera descripción completa de «servomecanismos» se encuentra en McColl, 1946.

26.- Cfr. Capra, 1996, págs. 75-82.

También la historia pasada es el relato de un desencuentro entre el alma y el cuerpo, la fuerza y lo forzado, la autoridad y el buen juicio. Su concepción del mundo sencillamente no encontraba acomodo para lo más evidente en materia de orden, e hicieron falta milenios para que el control se plantease como un asunto de comunicación entre elementos de un sistema, porque la regla organizativa no se basaba sobre informaciones, sino sobre órdenes, con su permanente invitación a acatarlas o morir. Cuando Wiener —un sabio antimilitarista y libertario, ave rara entre las figuras descollantes en su generación de físico-matemáticos— explicó lo evidente, los dispositivos capaces de auto-regularse se empezaron a llamar cibernéticos (del griego *kybernetes,* «piloto»), y eso hizo más por demoler la vieja idea de organización que todas las revoluciones políticas de este siglo[27]. El manejo costoso o despilfarrador de energía pasaba a ser sinónimo de sistemas *hetero*dirigidos, obedientes a alguna instrucción fija, aunque no antes de que los ojos se abrieran a ingenios tanto más eficientes o baratos —para hacer lo mismo— cuanto más ligados estuviesen a regular su operación adaptándose a la inestabilidad del medio, y sentando el principio de una autodirección.

Naturalmente, reparamos entonces en que realimentarse no es un fenómeno circunscrito a termostatos, timoneles y otros conductores de vehículos. Bajo el nombre de homeostasis, el bucle realimentador llevaba tiempo siendo sospechado por biólogos y neurólogos, y bastó dejar en claro el esquema de control por comunicación de informaciones para que esas estructuras fuesen reconocidas como pautas auto-organizadoras de los seres vivos. Desde las bacterias a las ballenas, todos practican esa actividad canalizada sobre sucesivas rectificaciones[28], que minimiza el esfuerzo necesario para conservar la integridad de su cuerpo y cada una de sus partes. De hecho, es

---

27.- «Una de las lecciones de este libro es que cualquier organismo mantiene la coherencia de su actividad poseyendo medios para adquirir, usar y transmitir información» (Wiener, 1985, pág. 211).

28.- El bucle de realimentación resulta autoequilibrante («negativo») cuando la corrección es propia-

un bucle realimentador —aplicado a ciertos números complejos— lo que permite construir y percibir fractales, pues la iteración hace que ciertas funciones matemáticas operen sobre sí mismas una y otra vez, hasta desplegar objetos de complejidad infinita.

---

mente tal, y se verifica en dirección contraria al primer cambio, y autorreforzador («positivo») cuando sigue la misma dirección. Dentro de este segundo tipo destacan los fenómenos que llamamos círculos viciosos; cfr. Richardson, 1992, págs. 5-7. Por contrapartida, los autocorrectores son círculos «virtuosos»; cfr. Hidalgo, 1998, pág. 45.

18

El «pueblo» y nosotros

Las crueldades del poder son la rabia de la impotencia.
S. Vizinczey

Sin embargo, el ejemplo quizá más ilustrativo de la diferencia entre sistemas heterodirigidos y autodirigidos es el montaje industrial en cadena. A principios de este siglo, el ingeniero norteamericano F. W. Taylor publicó un libro[1] destinado a ser el catecismo de la producción a gran escala, cuya idea matriz era la del trabajador estándar como persona pasiva y aislada, másica, que solo podría optimizarse como mano de obra mediante una tabla de incentivos por pieza tocada. Ridiculizado en *Tiempos modernos* de Chaplin, aunque seguido a pies juntillas por empresarios fabriles del mundo entero, Taylor trató de optimizar la eficacia con «leyes» sobre el uso de tiempo y movimiento en la fábrica, entre las cuales destacaba el principio de una sola acción por operario (v gr.: oprimir periódicamente un pedal o girar un objeto presentado por la cinta transportadora), y una estricta separación de responsabilidades. El obrero quedaba aligerado de iniciativa —y capacidad— para intervenir sobre la línea de montaje, cuya puesta a punto correspondía a otro departamento, que a su vez dependía en cuanto al diseño de otro, todos ellos perfectamente estancos. Especializadas al máximo,

---
1.- Taylor, 1911.

cada una de estas «divisiones» trabajaría con independencia, asegurando que desde el ingeniero jefe a los operarios nadie perdiese el tiempo con asuntos ajenos. Por supuesto, no era infrecuente que un error cometido en las divisiones superiores se propagase en cascada sobre las inferiores, produciendo miles o docenas de miles de aparatos o piezas con algún defecto capital, pero así funcionaron todos los gigantes industriales norteamericanos, que asumían los costes de reponer o reparar grandes lotes de manufacturas taradas como gajes inevitables del oficio.

La situación era algo distinta en Alemania, el único competidor serio al nivel de producción en gran escala, pues si bien los principios tayloristas fueron bien recibidos la figura del *Meister* o encargado rompe esa rígida división de tareas. El hecho de haber ascendido desde los escalones inferiores asegura que puede ejecutar cualquiera de las labores implicadas en el diseño, puesta a punto y ejecución del montaje. Con todo, el estatuto básicamente acibernético de la gran factoría no experimentó cambios sustanciales hasta los años cincuenta, cuando Taiichi Ono, ingeniero jefe de Toyota, puso en práctica el sistema de producción flexible o ajustada como alternativa.

En esencia, este sistema parte de romper el aislamiento y pasividad de quienes intervienen en la cadena, estableciéndola no solo como línea fabril, sino como circuito interactivo de información, capaz de detectar en todo momento fuente y naturaleza de los problemas suscitados. En una planta de automóviles taylorizada, por ejemplo, la sección que se dedica a montar parachoques tiene todos los incentivos posibles para seguir haciéndolo, aun observando que alguno de sus elementos está mal alineado, y hasta en caso de querer evitarlo deberá plantear su constatación a una lenta vía jerárquica, compuesta por varios departamentos, ya que solo el responsable supremo puede interrumpir el funcionamiento de la cadena.

Entre las innovaciones de Ono[2] estuvo una tendencia a desespecializar al operario no en el sentido de hacerle menos capaz de realizar con maestría alguna tarea, sino en el de ampliarla, otorgando un margen más amplio de operación. Por ejemplo, en las fábricas tradicionales de automóviles los troqueles de las grandes prensas encargadas de estampar piezas son manejados por «especialistas» distintos de los instaladores; pero Ono pensó que esa cesura era arbitraria, y con ello redujo de un día a tres minutos el tiempo requerido para cambiar troqueles, abriendo —de paso— la posibilidad de fabricar piezas en pequeños lotes; eso evitaba el coste de adquirir y almacenar grandes existencias, así como el de comprar muchos robots. Delegando genéricamente el proceso de tomar decisiones en los operarios de la cadena, Toyota lograba muchas veces detectar inmediatamente —no a posteriori— vicios de calidad en cualquier parte de sus vehículos, además de elaborar una gama de productos mucho más extensa con herramientas de uso general.

El riesgo básico al que hacía frente era apostar por la economía del caos frente a la del control unidireccional, convirtiendo a sus operarios en *kybernetes* autónomos. Esa autonomía configuraba un proceso fabril delicado y tenso, donde cada trabajador no solo podía, sino que debía tirar de un cable para detener la cadena de montaje —paralizando el conjunto de la fábrica—cada vez que detectara un fallo, incurriendo en aquello que para Taylor y sus partidarios compendiaba el más abominable de los despilfarros. Y, efectivamente, en el periodo inicial, cuando estaba instalándose la primera gran planta, se produjeron miles de interrupciones, con aterradoras pérdidas de tiempo. Pero pocas semanas después el número de paradas se redujo de modo drástico, y el sistema de realimentación empezó a rendir sus frutos. A finales de los años ochenta, Toyota producía 4,5 millones de coches al año con 65.000 trabajadores, mientras General Motors fabricaba algo menos de ocho millones con 750.000; once veces más

---

2.- Para una descripción minuciosa, cfr. Lazonik, 1990.

operarios taylorizados no llegaban a producir el doble de unidades que once veces menos operarios auto-organizados[3]. En 1987 la fábrica de Toyota en Takaoka necesitaba dieciséis horas-trabajador para hacer un coche, mientras la fábrica de General Motors en Farmington necesitaba treinta y uno para lograr lo mismo[4].

1

Podrá decirse que la sociedad japonesa tiende a ser más productiva porque obreros y empleados canonizan a su empresa como los chinos o los sicilianos lo hacen con la familia —a cambio de ventajas significativas, desde luego, como empleo vitalicio o salarios ajustados al número de hijos y otros dependientes—, y que sin dicha condición el sistema autodirigido de sus grandes fabricantes carece de viabilidad. Pero esa suposición es desmentida por los hechos, y el sistema de fabricación ajustada o flexible se ha exportado desde hace décadas a los cuatro puntos cardinales, con envidiable éxito casi siempre[5]. Allí donde no acaba de funcionar a plena satisfacción ha sido como consecuencia del envenenamiento en las relaciones de obreros y directivos que produce espontáneamente el taylorismo, o bien porque ciertos países o regiones están muy rezagados en cuanto a capital humano, y al faltar una ética de la maestría falta un mínimo de competencia.

El resultado de tratar al obrero como masa es convertirle en algo más próximo a eso mismo, y añadir a los males de ser alguien pasivo e indiferente al éxito mercantil de quien le emplea un previsible recelo hacia sus métodos e intenciones. El sindicalismo norteamericano,

---

3.- Cfr. *The Economist*, «The Japanese Economy: From Miracle to Mid-Life Crisis», 6-111-1993, págs. 3-13.
4.- Cfr. Womack, Jones y Ross, 1992.
5.- Un modelo singular, aunque análogamente descentralizado, es Benetton.

que ni siquiera a principios de siglo manifestó veleidades anarquistas o comunistas, respondió a su progresiva taylorización con un terco formalismo centrado sobre ascensos, antigüedad, especificación de tareas, procedimientos de queja y temas análogos; sirve como botón de muestra que el acuerdo entre Ford y el sindicato UAW, firmado en 1980, ocupó millar y medio de páginas, distribuidas en cuatro tomos y un apéndice[6]. Fuente de innumerables litigios, sistemáticamente llevados a los tribunales en vez de resueltos por negociación, otra consecuencia indeseable ha sido que ningún operario pueda realizar trabajos distintos de los enumerados taxativamente en su clasificación —so pena de provocar represalias sindicales—, incluso en aquellos casos donde sabe y quiere hacerlos.

Las relaciones entre directivos y obreros son sin duda mucho mejores en Alemania, donde importar algunos métodos tayloristas nunca suprimió una relación directa e igualitaria entre el encargado y su cuadrilla, y donde sigue vigente a niveles más altos el principio de la *Mitbestimmung* o cogestión. Si bien los niños alemanes deben decidir inusualmente pronto si optarán por una formación profesional o universitaria, un sistema de becas (sufragado conjuntamente por las empresas, los *Länder,* el gobierno federal y algunas fundaciones) asegura que cualquiera pueda trabajar y estudiar gratuitamente una carrera entretanto. Si se añade a esto que ser un maestro tornero o chapista no solo resulta económicamente rentable, sino socialmente respetable, se entiende que la espiral norteamericana de desconfianza, litigio y conflictividad laboral brille por su ausencia. En rendimiento —medido por horas/vehículo— los fabricantes alemanes de automóviles no alcanzan ni de lejos a sus competidores japoneses, y son también menos eficientes que los norteamericanos, por ejemplo, aunque hasta ahora han compensado de sobra ese factor con una política de calidad e innovación. Su mano de obra especializada es la

---

6.- Cfr. Katz, 1985, pág. 13.

más cara del mundo, lo cual supone graves desventajas de competitividad, e impone hoy un éxodo de sus grandes empresas a países donde resulte menos gravosa. Pero ese inconveniente es también su más manifiesto éxito: quiere decir que, por ahora, su «pueblo» está bien.

2

Entre los proyectos supranacionales del presente el más ambicioso por ahora es la Unión Europea. Con unos 400 millones de habitantes, su PIB —en torno a los siete billones de dólares— dobla el de Japón y supera algo el de Estados Unidos, con quien mantiene todavía un balance comercial positivo. Ya no es la locomotora científica del planeta, pero el nivel cultural de su población sigue siendo el más alto; sufre mucha menos desigualdad social que Norteamérica y Oriente, sus bancos son mucho menos propensos a la quiebra, conserva un sector público capaz de acometer grandes obras (trenes de alta velocidad, túneles como el del canal de la Mancha, etc.), y tiene las vacaciones más largas[7]. Ningún continente es tan pacífico, liberal y cultivado, tan comprometido con el humanismo, ni exhibe proporciones comparables de estudiantes, parados que cobran, jubilados y funcionarios por concurso-oposición. No es de extrañar que conferencias telefónicas, conexiones de Internet o sencillamente gasolina cuesten tres veces más que en EE. UU. Si eso fuese todo, los logros compensarían sobradamente el retraso en competitividad.

No obstante, a una presión fiscal muy superior se añaden males clásicos como el subvencionismo y el proteccionismo (desde luego no exclusivos de Europa), y males nuevos como un acelerado envejecimiento de la población, que reduce el número de cotizantes a seguridad social mientras mantiene el de pensionistas; súmense a

---

7.- Cfr. Hidalgo, 1998, cap. IV.

ello un mercado laboral inflexible[8], retraso en sectores clave (biotecnología, nuevos materiales, microprocesadores, *software*), activos muy sobrevalorados en general, un campo de negocios que se centra demasiado en la actividad inmobiliaria, falta de incentivos empresariales eficaces, una tendencia al estancamiento derivada de que —para evitar los pagos por despido— tienden a producirse bienes con demanda estable[9], y un formidable agujero negro en el sistema de jubilaciones[10].

Admirable y frágil a la vez, el Viejo Mundo parece destinado a ceder cada vez más la supremacía económica a otras áreas del globo —empezando por el Pacífico—, y bien parado saldrá si conserva y ahonda su herencia humanista. La UE tiene un futuro muy problemático mientras dependa de que cada gobierno nacional ceda prerrogativas a un poder legislativo y ejecutivo propiamente *común*, reclutado con independencia de la clase política. Pero en otro caso los inevitables ajustes recíprocos podrían erosionar el respaldo de la población, haciendo que volver al estado previo parezca cada vez más un mal menor. Como apunta Soros, «la integración es un proceso dinámico: si no avanza, es probable que retroceda»[11]. En situaciones alejadas del equilibrio, todo intento de estabilizar el estado del sistema propende a cualquier cosa en vez de esa estabilización, y un movimiento probable es alguna inversión o dispersión del flujo.

8.- El 80 por 100 de los costes laborales no son salariales (en Estados Unidos solo un 40 por 100); cfr. Hidalgo, ob. cit.

9.- Cfr. Saint Paul, 1996.

10.- Cfr. Davis, 1997. En España el coste de la deuda por pensiones, comparado con los ingresos por contribuciones, arroja un saldo de -109 por 100 sobre el PIB de 1994. En Bélgica y Suecia llega al -153 por 100 y al -132 por 100, respectivamente; Italia les sigue en déficit. Y esto sin contar la deuda pública de cada país, que al añadirse a la cifra desborda con creces el cien por ciento de su PIB. Cfr. Hidalgo, 1998, págs. 84-86.

11.- Soros, 1999, pág. 259. Inmediatamente antes escribe: «El desencanto se expresa a través de una creciente minoría que rechaza la idea de Europa y abraza tendencias nacionalistas o xenófobas. Es de esperar que la elite política sea capaz de movilizar a la opinión pública una vez más, pero en esta ocasión la iniciativa ha de dirigirse contra dicha elite. El pueblo debe afirmar el control político directo de la Unión».

Las decisiones de la Comisión Europea —supuestamente fruto de superar diferencias nacionales— siguen adoptando la forma de tratados internacionales, como los de Maastricht o Amsterdam, y exigiendo en varios campos (fisco, política exterior, justicia, etc.) un voto unánime que cortocircuita toda suerte de iniciativas. Cierta soberanía *nacional,* cuyo único fundamento reside en la soberanía *popular,* se esgrime en realidad contra esta última, dilatando y entorpeciendo el proceso de cohesión iniciado con la moneda común o el fin de los controles aduaneros. La UE quiso desde sus comienzos[12] evitar semejantes conflictos de jurisdicción configurándose como «Europa de los pueblos» —en el sentido de las regiones o nacionalidades prosaicas—, y es ese proceso combinado de descentralización y unificación lo que sigue demandando impulso. Aunque resulte tentador atribuir a la burocracia encargada de gestionar la Unión una conducta tortuosa y altiva, su talón de Aquiles está en servir a quince amos distintos, cada uno amenazando movilizar ánimos patrioteros antes de ver recortada su esfera personal de influencia.

Por otra parte, la UE ofrece algunos signos de vitalidad. Uno de ellos fue que a comienzos de 1999 su Parlamento cesase a la Comisión por incompetencia y nepotismo, matizando ese juicio como informe de un «comité de sabios». Mientras la Comisión representa a las naciones-potencia, el Parlamento representa a las naciones-región, y toda ventaja de las segundas sobre las primeras fortalece en principio a la democracia. A fin de cuentas, consumar el proyecto original sugiere pasar del euro a una fiscalidad común[13], y de la unión económica a una federación o confederación política.

12.- En la CECA (Comunidad Europea del Carbón y el Acero), gracias a la incansable actividad de Monnet y Schumann.

13.- Lo cual dejaría en evidencia aquellos privilegios o propinas que fueron autoadjudicándose los distintos gobiernos; en el caso español sobresale el impuesto llamado «matriculación de vehículos», que encarece en un 30 por 100 los coches nuevos.

3

Entre otras suposiciones, caracteriza al orden de *la* orden confundir una propensión humana a imperar sobre otros[14] con el rendimiento real del trabajo de esos otros, y con los frutos mercantiles de semejante empresa. Da por hecho, así, que el trabajo más rentable es el verificado por esclavos, o por personas asimiladas a esa condición, que se esfuerzan prácticamente a cambio de techo y comida, sin expectativas de convertirse alguna vez en autoempleados o empresarios.

Como recuerda Smith, la agricultura de Atenas —una incumbencia confiada básicamente a hombres libres— no desmerecía en rendimiento por tipo de tierra con la de otros lugares, si bien sus manufacturas textiles y metalúrgicas —entregadas a la labor de esclavos— resultaban caras, primitivas y defectuosas comparadas con las de otras procedencias[15]. También sabemos que el éxodo del campesino romano a territorios conquistados (que se aceleró tras ganar los patricios la primera guerra civil, y con la posterior instauración del Imperio) entregó la agricultura de Italia a esclavos, dirigidos por capataces también esclavos, creando una generalizada catástrofe en rendimientos. No ya para los cultivos de regadío, sino para cultivos de secano como el trigo y otros cereales, los nuevos trabajadores del campo agravaron en gran medida la dependencia del exterior, ofreciendo un magro botín a sus dueños[16]. Al igual que en Grecia, las manufacturas romanas provenían casi siempre de mano de obra esclavizada, y tanto los tejidos como los muebles de calidad, por ejemplo, se pagaban a peso de oro, produciendo un sostenido desequilibrio en la balanza de pagos con Oriente.

Desde el Renacimiento, el vigoroso desarrollo económico de Europa se liga al trabajo de hombres libres, asociados libremente. Las

---

14.- «La soberbia del hombre hace que desee el dominio, y nada le mortifica tanto como no poder mandar» (Smith, 1982, pág. 348).

15.- Cfr. Montesquieu, 1748, IV, 8; Smith, 1776 (1982), págs. 609-611.

16.- Cfr. Plinio el Viejo, *Historia naturalis*, XVIII, cap. IV; Columela, *De re rustica*, I, Prefacio.

colonias americanas de España, Francia, Holanda e Inglaterra, repletas de esclavos, descubrieron pronto que ni en los bancos de taller ni en los campos era rentable su trabajo, si se comparaba con las utilidades derivadas de usar mano de obra libre, pues un colono y su familia producían grano, hortalizas y ganado al mismo precio —y de mejor calidad— que docenas de hambrientos y enfermizos africanos, espoleados por el látigo de sus no menos hambrientos capataces. La única excepción a esa regla fueron algunas explotaciones concretas —ante todo la caña de azúcar[17]—, gracias al exorbitante precio que entonces se pagaba en las metrópolis europeas por el azúcar refinado, un artículo vendido por las farmacias como hoy la cafeína. En el primer tercio del siglo XVIII, minas comparables de Hungría y Turquía, explotadas las primeras por mineros libres y las segundas por mineros esclavizados, permitían a los patronos húngaros producir «a menos costo y, por tanto, con más utilidades»[18].

La aparente paradoja no es paradoja alguna, pues el ahorro a la hora de pagar salarios desemboca en toda suerte de despilfarros y atrasos, que afectan a la naturaleza de lo producido:

> «Un hombre que no tiene la posibilidad de adquirir propiedad solo tiene el interés de comer lo más posible y trabajar lo menos posible [...] La experiencia de todos los siglos y naciones nos hace evidente que las labores hechas por hombres libres salen siempre más baratas, a la postre, que las realizadas por esclavos[19]».

La estulticia del amo le lleva a pensar que su beneficio radica en minimizar el beneficio de sus esclavos, hasta el extremo de con-

---

17.- El tabaco y el algodón también, aunque en medida mucho menor. Cfr. Smith, 1982, págs. 348 y 349.

18.- Montesquieu, ob cit., XV, 8; Smith, 1982, pág. 610.

19.- Smith, ob. cit., págs. 78 y 79.

siderar signos de pereza aquellas modificaciones de los aperos y aquellos estímulos a la maestría que permiten hacer el mismo trabajo más deprisa. En justa correspondencia, los esclavos son tan ajenos a la diligencia laboral como a cualquier iniciativa ingeniosa, por no decir que inclinados de manera constante al sabotaje. Como los caballos que el señorito o la señorita montan de cuando en cuando, enfermarán si no comen el doble o el triple que un caballo salvaje, aunque se muevan incomparablemente menos. De ahí que el trabajo servil sea a fin de cuentas el más caro, para el trabajador y para su patrono. Eso se hace manifiesto en una situación de competencia o libre mercado, donde los rituales de mandar y obedecer son sustituidos por pautas de productividad prosaica. Allí la cuestión para el empresario no es producir algo (y obtener algunas rentas con mínimo esfuerzo, como el amo), sino evitar una situación de retraso o desventaja que sin duda surgiría si el producto no fuese cada vez más accesible a otros, más diversificado, más capaz de adaptarse a fluctuaciones y más acorde con el estado de la técnica. Pero semejante cosa exige innovar, y un equipo laboral compuesto por esclavos no puede ser más ajeno a semejante empeño[20].

También puede decirse que donde no hay movilidad social no hay tampoco creatividad económica, ni riqueza o excedente propiamente dicho, porque la riqueza es un resultado de hacerse accesible la propiedad a todos, aunque solo unos pocos acumulen o conserven grandes patrimonios. Que pase por bicoca absoluta ser propietario de seres humanos muestra, una vez más, que el condicionante económico no lo es todo: por encima de su conveniencia (medida en dinero) algunos veneran aún puro mando, quizá mutilados —como

---

[20].- En un mundo como el nuestro las ventajas económicas de la innovación rozan lo sobrenatural. Véase, por ejemplo, que el precio de las acciones de una sola empresa dedicada a nuevas tecnologías —concretamente el valor de las acciones de Intel, o también el de las de Microsoft— *doblaba* ya en 1997 el de toda la industria americana del automóvil (General Motors + Ford + Chrysler); cfr. Hidalgo, 1998, pág. 31.

sugiere Canetti[21]— por el aguijón de haber obedecido a *la* orden. Nadie se ha librado de obedecer ese tipo de mandato alguna vez, en mayor o menor grado, pero ni los más resueltos aspirantes a amos rozan hoy la tranquila y segura renta del señor Birôme, inventor del bolígrafo, o la saneada posición de quien ponga en práctica cualquier otra cosa útil para un buen número. Es quizá el mayor regalo de estos tiempos.

4

Lo fundamental del control cibernético es ser «una cadena de transmisión y regreso de información»[22], lo cual supone en primer lugar disponer de noticias *veraces* (un termostato defectuoso, por ejemplo, provocará despilfarros insospechados) y, en segundo lugar, que no solo haya un traslado de señales —como sucede al impartir meras órdenes—, sino una reelaboración *autónoma* de dichas señales. La transmisión de informaciones solo producirá bucles realimentadores de un tipo u otro[23] mientras pueda regresar una y otra vez a sí misma, convirtiendo cierto sistema inerte o hetero-organizado en un sistema auto-organizado. De ahí que lo ajeno a esa precisa forma de dominio sean las modalidades clásicas del dominio, apoyadas sobre el secreto, la extorsión y el engaño. Por eso el mayor riesgo de sociedades como las actuales es que el monopolio llegue a reinar en los medios de comunicación, pues ellos son (y cada vez más) la garantía de que prospere su opuesto. A mediados de los años cuarenta, Wiener escribía:

«Los medios de comunicación están sometidos a una triple cruz: la eliminación de los menos rentables por los más rentables; el

---

21.- Canetti, 1986.
22.- Wiener, 1985, pág. 134.
23.- Auto-reforzadores o autocorrectores. Véase *supra,* nota 28, capítulo XVII.

hecho de servir las opiniones de una clase muy reducida de personas pudientes; y el hecho de atraer a los que más ambicionan poder político y personal. El sistema que más podría contribuir a la auto-organización social se halla en manos de los más interesados en el juego del poder y el dinero, que es uno de los principales factores sociales opuestos a la auto-organización[24]».

A finales de los años noventa esa observación sigue siendo pertinente, pero la mentalidad autoritaria que —en nombre de la razón de Estado y los derechos adquiridos— preconizaba sistemáticamente el secreto, la extorsión y el engaño como mecanismos idóneos de control social se encuentra muy erosionada. Aunque el recurso a esos métodos siga colmando de poder y dinero a algunos, ahora vemos allí trucos de prestidigitador, basados en distraer la atención hacia lo indiferente, o la mezcla de estafa y estupidez implicada en invocar fuerza bruta y jerarquía, allí donde el asunto pide conocimiento y acuerdo. En contraste con nuestros antecesores, ahora sabemos que lo descartado por caótico puede ser fuente de un orden más profundo y fértil que cualquier organización basada sobre voces de mando y dogma. Lo vemos en el surgimiento y posterior auge del mercado financiero, un prototipo de sistema volátil que concentra buena parte de la inventiva contemporánea; conseguir que el hallazgo no perjudique tanto como beneficia, cuando se ha hecho ya global, sugiere complementar esa singladura financiera con la de una sociedad global, si bien esa sociedad viene más despacio, e incluso podría hacerse esperar indefinidamente, mientras la caída del telón de acero no se vea seguida por un abandono del velo mahometano.

Es casi un lugar común hoy que todo ser vivo, y todo grupo de seres vivos, se inclina espontáneamente hacia formas de control por transparencia comunicativa y, debido a eso mismo, hacia pautas de

---

[24].- Wiener, 1985, pág. 212. He traducido «homeostasis» por «auto-organización».

autodirección, no ya solo por ser su substancia la libertad, sino atendiendo a llana economía. Tal como se acerca al fuego para percibirlo, el animal busca evaluar y rectificar constantemente su propio destino. Bucles realimentadores sirven lo mismo para producir plásticos o enzimas que para la optimización del propósito lograda por timoneles expertos, termostatos, vísceras de un cuerpo, iteración de funciones matemáticas o montaje flexible de vehículos. Así puede también entenderse el proceso constitucional, pues ver reconocidos ciertos derechos —entre ellos una búsqueda autónoma de la felicidad— funciona como rumbo, y la rectificación necesaria para mantenerlo (en presencia de la deriva, el oleaje y otros meteoros políticos) supone conferir un monopolio de la violencia legítima a cierto Estado. Al decir *cierto,* en vez de *el* Estado, se indica que ya ensayamos algunos tipos, y que previsiblemente seguiremos haciéndolo.

5

Aunque navegar el caos sea tan inevitable como inventivo en todas las esferas del reino físico, solo hoy —cuando irrumpe una cultura de la información/pasatiempo, potencialmente volcada sobre dinámicas muy interactivas— se hace aparente que en cuanto respecta a *res publica* o patrimonio común las pautas de autogobierno siguen sometidas a sistemática delegación[25]. Poco debería sorprender, precedidos como estamos por milenios de despotismo, cuyo último refinamiento fue universalizar el concepto de masa inercial. Además, no es en modo alguno obvio que el progreso en el traslado de señales desate una *responsabilidad* colectiva de gestión, siquiera sea en las franjas primarias de lo decidible.

---

[25].- Las personas viajan a velocidades próximas a la del sonido, las noticias viajan a la velocidad de la luz, pero la democracia parlamentaria se estructura todavía sobre la suposición de que personas y noticias viajan en diligencia o sobre veleros, y que la comunicación entre mandatarios y mandantes padece las mismas limitaciones que antaño.

Nos hallamos inmersos en un sujeto/objeto tan hipotético como insoslayable —el «pueblo»—, a mi juicio más sintetizado con una forma objetiva que con una subjetividad, en el sentido de que sus decisiones no son tanto conscientes como leales al origen, apegadas a su substancia, y más próximas a una actividad inventiva o abierta que afines a una identidad yoica o reflexionante como el sujeto. Eso quisieron sugerir los capítulos previos, donde se concibe como un atractor extraño, límite específico para el despliegue de un determinado proceso caótico. Sometido a transiciones de fase, en ese proceso el flujo de la deliberación racional se une a otros innumerables flujos, constantes e inconstantes, definiendo un curso que genera rápidos y se remansa para repetir ciclo en parajes siempre otros, haciendo camino hacia un mar de verdadero ser o verdadera nada, tan remoto como magnético.

El «pueblo» no carece de analogías con un objeto fractal[26]. En vez de igualdad, reina entre sus partes la semejanza; en vez de constantes de regularidad exhibe constantes de irregularidad; en vez de trayectorias finitas despliega —operando sobre sí mismo— trayectorias infinitas; en vez de superficies planas, que sometidas a progresiva amplificación pierden enseguida su significado, todo *zoom* descubre más y más zonas significativas en cada zona, como obedeciendo a alguna pauta de variedad absoluta, en cuya virtud cada detalle presenta un nuevo universo entero. Semejante a la noche estrellada, su densidad varía, pero su profundidad es inagotable: siempre hay modo de adentrarse más en ella, y —como les sucede a quienes surcan espacios siderales— nunca deja de haber materia estelar en todas direcciones, rodeando por completo a cada observador.

Desde la invocación al «buen» pueblo —normalmente enarbolada por tiranos— hasta la depresiva sospecha de que hay básicamente chusma —de la cual solo se excluye quien así opina, y quizá algún conocido—, una amplia gama de actitudes aprueba, reprueba e ignora

---

26.- Véase *supra,* cap. VI, anexo, 1.

de distintas maneras lo allí supuesto. Algunos, por ejemplo, dicen con soberana suficiencia que *la gente* es tal o cual, piensa así o asá, cuando tras esa supuesta gente solo hay un arbitrario *todos menos yo*, o una pusilánime manera de proyectar sobre otros el modo de ser propio, que excusa decir: soy o pienso así. Poniendo la primera persona del singular en la tercera del plural, el hábito de aprobar, reprobar o ignorar algo que más bien exige la paciencia del concepto simplemente aplaza la cuestión. Puesto que no nos referimos a «pueblo» en el sentido de lugar donde vivimos, o de donde vinimos, sino a una comunidad política —aquella en la cual estamos censados, y para la cual pagamos impuestos—, será oportuno que mencionemos ese contenido por su nombre, que es la primera persona del plural: *nosotros,* o mejor aún, nosotros *mismos.*

Un pueblo corrompido es populacho, plebe abyecta. Un pueblo extrañado de sí o alienado *es gente,* o sencillamente «los otros». Un pueblo desestructurado es masa, materia indiferente a su energía, ajena a su libertad y capacidad de obrar. Sin embargo, más que simples negaciones, esos estados son negatividades, fases de inestabilidad extrema que preparan su propia superación[27]. Como el dolor, que no es una contradicción abstracta sino *sentida,* y mueve a buscar un remedio inmediato (incluso en el suicidio), siendo por eso una brújula o privilegio del viviente, la miseria del yo sin su nosotros rescata una y otra vez a los pueblos de la disgregación y el irracional sometimiento, o les condena a padecer pobreza y decadencia.

6

Dentro de un mundo que se reconoce imprevisible e irreversible, admitir dicha responsabilidad sin paños calientes es un fenómeno en

---

[27].- Su tesis es, de hecho, una antítesis que genera alguna síntesis (simple tesis *ulterior*), en el esquema de Fichte y Hegel, que —por cierto— constituye el precedente más lúcido del mecanismo cibernético descrito por Wiener.

buena medida nuevo, que contrasta con versiones victimistas del pasado. Desde esa perspectiva, los logros —y las derrotas— de una democracia dependen más del civismo general que de apoyos o traiciones de su clase política; el electorado engendra candidatos a la altura de su propio espíritu[28]. De ahí que la división tradicional de la humanidad en ricos y pobres —explotadores los unos y explotados los otros— se coordine hoy con otra, donde quienes comulgan con las exigencias de competitividad se contraponen a quienes las rechazan.

Rico o pobre, el cínico piensa: lo mío es solo mío, lo del otro me lo apropiaré si se descuida; no debo nada a los demás, ellos me deben ser como soy. Rico o pobre, el demócrata entiende que la única fuente sostenible de obligación —entre adultos no discapacitados— es una reciprocidad: doy para que des, doy porque diste. La expresión aristotélica «animal social» *(zoon politikón)* no es para él una metáfora ni una invitación al gregarismo, sino la simple certeza de que hasta el estar más momentáneo resulta inviable sin un *tú* multiplicado en innumerables *vosotros*. Y las personas del verbo son como sus tiempos, intrínsecamente semejantes e intrínsecamente diversas.

¿Hay algún enemigo del «pueblo», aparte del «pueblo» mismo? Tras largos periodos de contestar afirmativamente, persiguiendo con saña a comunistas y liberales, la respuesta ya no resulta clara. El discurso oficial habla de crecimiento económico, un crecimiento que para mantener progresos en el nivel de vida debe incentivar al empresario como sea, incluso reduciendo su aportación a la carga fiscal. Otro discurso observa que las economías pierden gas y los salarios de casi todos se congelan (es decir, bajan), mientras el número y la retribución de políticos y ejecutivos se dispara[29]. Señora indiscutible del mundo, la corte del control corporativo es un ambiguo guardián de la democracia, que sufraga sus extravagancias reclamando auste-

---

[28].- Como comenta Ralston Saul, «el fracaso de la democracia es el del ciudadano, no del político»; cfr. 1998, pág. 93.

[29].- Cfr. Ralston Saul, 1998, págs. 143 y ss.

ridad al resto. Como los gestores de esos conglomerados no son sus accionistas (y rara vez invierten por gusto en los que gestionan), al riesgo genérico de manejar capitales sin finalidad productiva se añade el que deriva del desapego, y a éste el de una posición hegemónica. ¿Por qué orientar los recursos a innovación y desarrollo, si rutinarias operaciones de privatización y fusión ofrecen márgenes aparentemente más amplios de lucro, y cotas mayores de poder? ¿Y por qué mantenerse en países donde la mano de obra está bien pagada, y se exigen algunos impuestos, cuando otros países ofrecen mano de obra muy barata y subvenciones fiscales, directas o indirectas?

Si los impuestos mantienen su actual línea (gravar menos al opulento y más al humilde) se restablecerá alguna versión del Medievo, donde la nobleza y el clero estaban exentos de tributación, a pesar de que aun sin ese privilegio seguirían siendo muy prósperos. Siendo evidente también que el Estado de tipo sueco hace aguas, y que uno a uno amamos la ganancia, el proceso de competencia fiscal a la baja hoy en curso[30] solo parece mitigable o remediable si la globalización económica se acompaña de una globalización *jurídica,* generalizando el tipo de normas que mantiene la UE para evitar «vacaciones fiscales», como las que hoy pretende otorgar el gobierno vasco a una corporación coreana.

Aprobada por los oportunos tratados internacionales, esa exclusión del *dumping* fiscal favorecería tanto a las administraciones como a sus ciudadanías, evitando el consabido chantaje: si no obtengo bula tributa-

---

30.- «La competencia fiscal entre regiones y países por atraer a los factores de producción de mayor movilidad conduce a una clara discriminación entre los factores más móviles —como el de la tecnología, el capital y la mano de obra más cualificada— y los menos móviles, o sin movilidad alguna, como la mano de obra menos cualificada, los inmuebles y la tierra. Los primeros tenderán a desplazarse al país que ofrezca un mejor trato fiscal y abandonarán el país que tenga un peor trato fiscal por financiar un sistema superior de redistribución y solidaridad. Este último país, para poder hacer frente a la reducción de ingresos que esto supone, y mantener su sistema de redistribución, tendrá que reducir los impuestos sobre el capital y la renta de las personas más cualificadas y de mayor renta para que no se escapen a otros países, al mismo tiempo tendrá que reducir las prestaciones sociales para no atraer a personas desprotegidas de otros países y, finalmente, tendrá que gravar fiscalmente en mayor medida a la tierra y a las personas de menor cualificación, renta y movilidad» (De la Dehesa, 1998, pág. 42).

ria emigraré a otra parte. Una meta humilde, reformista, no pedirá que los gigantes económicos sufraguen los servicios públicos en mayor medida que otros sectores sociales, sino solo que cumplan las leyes como sus prójimos menos enormes, y empiecen a pagar impuestos parecidos.

7

Podemos lamentar fundadamente muchos rasgos de la democracia en funciones —lo mismo que felicitarnos por otros muchos—, siempre que el sentido crítico eleve el nivel de su exigencia y prescinda de simplezas ideológicas. A pesar de sus buenas intenciones, es insuficiente, por ejemplo, denunciar que lo político está sometido hoy a lo económico, que los empresarios son enemigos del progreso humano, y que los Estados mandan cada vez menos, pues la plutocracia transnacional reina a través de una clase gubernativa hipotecada casi en todas partes[31]. La nostalgia del control en sentido antiguo solo es albergada por algunos monoteísmos, y por las religiones políticas de masas. Mientras la democracia coexista con una clase gubernativa, el Estado será botín para distintos gobiernos, y no acaba de entenderse por qué —en el ínterin— administrarán peor el dinero los ejecutivos de algunas corporaciones que reyes, caudillos o profesionales del mandato representativo. Cabe decir que estos últimos fueron votados, pero el argumento se invalida considerando que la elección dependió y depende (como es el caso) de obtener su patrocinio. Mirado sin moralina, señores de la tierra y señores de la guerra han dado paso a presidentes de algunas empresas, asesorados por las piruetas matemáticas de una ingeniería financiera.

En contraste con las soluciones previas —adaptadas siempre al ámbito lineal—, nuestro sentido crítico debe adaptarse a un ámbito de ramificación y generalizado no-equilibrio, *cualitativo,* que determina

---

31.- Cfr., por ejemplo, Naredo, 1998, págs. 12-26.

un mundo tan indeciso como hipercomplejo. En esta región los sistemas «recuerdan» sus condiciones iniciales en vez de «olvidarlas», y rompen la inercia que les llevaría a buscar el estado de máximo equilibrio «posible». Al revés, en algunos casos amplifican puntos de inestabilidad hasta coordinarse u organizarse —como en el tránsito del flujo laminar a la turbulencia[32]— convirtiendo su conducta en algo «altamente específico» que no se rige por ley universal alguna[33], caso típico de las estructuras disipativas.

Despojada de su ropaje ideal, una realidad constantemente inventora muestra hasta qué punto lejanía del equilibrio es compatible con duración. Para no rezagarnos con respecto a nuestra propia obra necesitaríamos algo equivalente a las matemáticas de la complejidad, que permiten visualizar algunas pautas del orden caótico al descubrir sus atractores. Pero dichas técnicas apenas son imaginables para objetos propiamente complejos, y esas matemáticas nos han ofrecido ya un fruto extraordinario, sencillamente mostrando la diferencia que separa los atractores puntuales de sistemas circunscritos al ámbito cuantitativo de los atractores extraños que caracterizan al ámbito cualitativo, cuyo grado de libertad o complejidad resulta infinito. De ahí que nuestra participación en esa incipiente ciencia de lo real sin reducir, vivo, sea un compromiso genérico con el aprendizaje.

8

El *contagio,* la correlación de hechos en otro caso aislados, destaca entre lo que aguarda a ser conocido más profundamente. Para eso

---

32.- Donde «parte de la energía, que en el flujo laminar se encontraba en el movimiento térmico de las moléculas, se transfiere a un movimiento macroscópico organizado» (Prigogine y Stengers, 1984, pág. 142).

33.- «La estabilidad ya no es la consecuencia de las leyes generales de la física [...] En contraste con las situaciones cercanas al equilibrio, la conducta de un sistema alejado del equilibrio se hace altamente específica. Ya no hay ley universalmente válida a partir de la cual pudiera deducirse la conducta global» (Prigogine y Stengers, 1984, págs. 140 y 144).

disponemos en primer término de un robusto gremio científico-técnico, que entre otras informaciones promete descifrar el código genético, abriendo campos incalculables de actividad. Pero el compromiso con aprender brilla en fenómenos mucho más inmediatos, como el tiempo creciente que empleados y empresarios dedican a actualizar conocimientos, cuando aspiran a ser prósperos.

Aunque el nivel de consumo se ha multiplicado casi mágicamente, otro tanto puede decirse del agonismo que preside la existencia, inmersa en una acelerada movilización de todo y obligada a competir sin pausa, cada vez más afanosamente. Eso se percibe sobre todo en los jóvenes, que no conocieron el espartano mundo anterior y a menudo ven el actual como una realidad crepuscular, inclinada más al deterioro que al mejoramiento. En efecto, no acaba de verse cómo podría el agonismo seguir creciendo sin acercarnos a precipicios[34], y para las nuevas generaciones es crucial descubrir maneras de pacificar o serenar la existencia en sí, el ánimo.

A fin de cuentas, heredan de las generaciones previas un medio donde resulta mucho más rápido y seguro el intercambio de muchos más bienes y servicios. Es un avance prosaico y vulgar, comparado con fines como la compasión o la cooperación desinteresada, aunque amplía de raíz la vida humana. De ahí viene el mundo-mercado, fruto de laboriosidad tenaz, maquinaciones monopolísticas y avances en la confianza mutua, un fluido al menos tan esencial como la corriente eléctrica. Los cristianos pensaban —en palabras de Byron— que «la verdad es amarga, pues el árbol del conocimiento no es el árbol de la vida». El contemporáneo recoge a manos llenas los frutos de ambos árboles para alimentar una ciencia de la vida, con la cual enfrentarse al horizonte de su libertad. Renunciando a pontificaciones, al aceptar progresivamente el estado indeciso del mundo aprende progresiva-

---

34.- Si se quiere, a una realimentación solo positiva o autorreforzante —el círculo vicioso—, en detrimento de una realimentación autoequilibrante —el círculo virtuoso—, que procede por una sistemática negación de la negación. Las estructuras disipativas tienden a lo primero, aunque pueden enveredar también por lo segundo.

mente a aprender, y así deslinda lo que exige lucha de aquello que más bien requiere aquiescencia, entereza. Eso implica no paralizarse ante males sin remedio, ni transigir con uno solo de los remediables.

«Una vez más, la vida brota de la última resignación. Al aceptar sin lamentaciones la realidad social de la vida, el hombre encuentra un coraje indoblegable y la fuerza necesaria para suprimir cualquier injusticia suprimible, y luchar contra el más mínimo ataque a la libertad. Mientras se mantenga fiel a su ingente tarea de conseguir más autonomía para todos, no existe razón para temer que el poder o la planificación se opongan a él y destruyan lo que está en vías de conseguirse por su mediación. Tal es el sentido de la libertad en una sociedad compleja: nos proporciona toda la certeza que necesitamos para vivir[35]».

35.- Polanyi, 1989, pág. 405.

Addenda

La coacción solo puede reducirse a un mínimo si cabe confiar en que de modo habitual los individuos se conformarán voluntariamente a ciertos principios. Existe cierta ventaja en no imponer coactivamente la obediencia a tales reglas, no solo porque la coacción sea en sí misma mala, sino porque a menudo es deseable que las reglas se observen únicamente en la mayoría de los casos, y que el individuo pueda transgredirlas cuando juzgue que vale la pena incurrir en el rechazo suscitado por ello. También es importante que la fuerza de la presión social y la fuerza del hábito que aseguran su observancia sean variables. Es esta flexibilidad de las reglas voluntarias lo que en el campo de la moral hace posible la evolución gradual y el crecimiento espontáneo, cosa que permite a la experiencia posterior conducir a modificaciones y mejoras.

F. A. HAYEK

Dada su aridez en algunas partes, *Caos y orden* ha suscitado una atención que no esperaba por parte del público, así como bastantes críticas benignas, e incluso alguna entusiasta. A ellas deben añadirse dos reseñas feroces que son, por lo demás, las más extensas y dignas de comentario, pues proponen que hablo de ciencia sin la formación necesaria, incurriendo en errores minúsculos y mayúsculos que invalidan cualquier línea argumental. Uno de críticos[1] presentó 20 folios a cada jurado del Premio Espasa 1999, censurando su ligereza por «no separar el manjar de la bazofia». Otro resumió su criterio diciendo que la obra «solo añade confusión a la confusión»[2]

1.- D. Fernando Peregrín Gutiérrez, para quien se trata de «una verdadera antología de la cháchara epistémica en jerga posmoderna» (pág. 11).

2.- «Del caos posmoderno», *De Libros* (2000), pág. 34. El autor —A. Fernández Rañada— es catedrá-

Puedo añadir que mi incompetencia para pontificar sobre física o matemáticas es tan manifiesta como declarada desde la Introducción, y que la palabra «lego» se emplea de modo expreso en varios lugares. Parte considerable de lo que he consultado o estudiado sobre esos temas se reseña en el índice bibliográfico, cuyo exiguo tamaño habla por sí solo. Autodidacta, no ya en este ámbito sino en casi todos, solo la soberbia podría presentarme como experto, y al divulgar algunos conceptos todavía ausentes en los programas de enseñanza media (atractores extraños, estructuras disipativas, etc.) espero no haber extraviado en exceso al lector común. El consejo de los expertos me ha servido para corregir el texto en dos expresiones[3], y ojalá pudiera reescribir en profundidad los capítulos iniciales para borrar de allí cualquier equívoco sobre suficiencia.

El caso es, con todo, que nunca me propuse pontificar sobre física o matemáticas. Al contrario, describo algunas pontificaciones del físico y el matemático allí donde se relacionan con una concepción del mundo en crisis. La física y la matemática clásica aparecen como un ejemplo más de ello, flanqueadas por sus equivalentes en economía, política, sociología, derecho y hasta producción industrial en cadena. El argumento explícito del libro es un cambio en nuestra idea del orden —o, si se prefiere, del caos—, lo cual exigía reunir información compleja, habitualmente muy compartimentada, relacionando unos campos con otros sin recurrir a disuasorios tecnicismos. Es el caso de la ingeniería financiera, por ejemplo, que al granulizar el riesgo recurre a un expediente análogo al empleado medio siglo antes por la mecánica cuántica. Y aunque algo así atente contra la separación académica o gremial del conocimiento, no pretende negar los generosos frutos de la división del trabajo científico, sino

---

tico de Física Teórica en la Universidad Complutense.

3.- Atribuir a Pauli —y no a Fermi— el hallazgo del neutrino, una imprecisión por otra parte leve, ya que fue Fermi quien llamó «neutrino» a dicha partícula neutra y de masa nula o muy pequeña postulada por Pauli. Ese punto, y el mencionado en la nota 26, *infra*, son sugerencias que agradezco a los críticos.

percibir también la deuda de cada disciplina con hitos más generales en nuestra representación del mundo. Somos nosotros, los docentes profesionales, y no el público (graduado o por graduar) quienes sostenemos el riguroso divorcio entre ciencias de la naturaleza, ciencias humanas y filosofía en sentido estricto, instalándonos en casillas progresivamente angostas que condenan al cultivo de un estupor recíproco, donde sabiendo cada uno mucho de alguna, y apenas nada del resto, acaba sabiendo casi nada de prácticamente todo.

Por eso me asombra, y no me asombra, que los únicos críticos llamados a demoler radicalmente dicha intención limiten su comentario a cien páginas del libro (sobre unas cuatrocientas), y que dentro de ellas solo atiendan a cuestiones de detalle, tratando de pillar al intruso como al niño con las manos en alguna masa, o al alumno en trance de rendir su examen[4]. Básicamente, las páginas que median entre la introducción y la segunda parte exponen hasta qué punto el indeterminismo es inseparable de nuestra imagen de la naturaleza en la física actual, y se complementan con un análisis de aquello que, a mi juicio, constituye su fundamento teológico-político: una idea rigurosamente pasiva o inerte del reino físico. Pero en lugar de asentir o disentir manejando ideas, en el marco de una discusión conceptual, estos dos críticos entienden que confundo astronomía con astrología, predicción científica con cartomancia[5]. Y a ello añaden una explicación no menos extemporánea: siendo «posmoderno», postulo «abandonar todo lo anterior para empezar de nuevo», pues niego la «objetividad»[6].

Ignoro cómo extraer conclusiones remotamente parecidas leyendo el libro, o cualquiera de mis libros previos, cuyo denominador

---

4.- Esto no es metafórico. «Fui marcando en el margen los lugares donde había imprecisiones, despistes o errores de bulto. Dejé de hacerlo al llegar a las sesenta marcas.» Fernández-Rañada, pág. 34.

5.- La tentación de mezclar dichas esferas podría atribuirse con más fundamento a Isaac Newton, cuya obra esotérica —centrada sobre astrología, cartomancia y otras modalidades del ocultismo— ocupa un volumen comparable al de sus escritos científicos.

6.- Fernández-Rañada, 2000, pág. 33.

común es exaltar la ciencia, y no profesar deuda alguna con respecto a lo posmoderno[7]. Pero algunos persiguen el intrusismo en su cuadrícula, mientras pontifican sobre cuestiones más amplias. De ahí juicios peregrinos —como mi pretensión de que «la materia deje de ser objeto y se convierta en sujeto»[8], cuando más bien propongo que lo objetivo deje de recubrirse con *subjetividad* inconsciente. Algunos no se han percatado aún de que identifican *objetividad* con cosa inerte, convirtiendo así a subjetividad en sinónimo de iniciativa. Este idealismo rudo, otrora llamado materialismo científico, olvida que lo subjetivo no es tanto actividad genérica como una actividad precisa (la mental o de reconocimiento), donde el yo = yo exige que sea yo *para* otro yo. Y aunque semejante sino —el de conquistar indirectamente la propia identidad— presida la relación de todos los dioses con sus criaturas, así como buena parte de nuestra vida personal y social, el científico nunca se guardará demasiado de exportar —y encima sin darse cuenta— la dialéctica del reconocimiento a ámbitos siderales y subatómicos, algo tanto más probable cuanto más crea que «la naturaleza sigue al pie de la letra sus regularidades»[9].

1

Sujeto y objeto son quién y qué respectivamente, si bien el quién no es sino el qué desarrollado, y a la inversa, en un proceso donde la propia actividad de disociarse va generando conocimiento[10]. A juicio de cierto quién —digamos un chamán— el qué físico está mágica-

---

[7].- Dentro del campo en cuestión, me refiero a los libros sobre Hegel (1972) y los presocráticos (1978), a la primera edición castellana de los *Principia* de Newton (1983), al manual de *Filosofía y Metodología de las Ciencias Sociales* (1985), a *El espíritu de la comedia* (1991) y al tratado *Realidad y substancia* (1997). Los libros publicados en 1978 y 1991 contienen sendos epílogos críticos sobre distintos aspectos del posmodernismo.

[8].- Peregrín, febrero 2000, pág. 16.

[9].- *Ibíd.*, pág. 12.

[10].- Para una exposición más detallada, cfr. Escohotado, 1997, págs. 205-209.

mente animado; a juicio de otro quién —digamos el neopositivista Carnap— el qué físico carece por completo de animación. Junto a esos extremos, y al cinismo conocido como intelectualidad constructivista («todo son opiniones particulares»), quise mostrar que dentro de la ciencia —y no por alguna nostalgia espiritista— el concepto de auto-organización había surgido como complemento, y en algunos casos alternativa, a las limitaciones del esquema determinista. A ello se orientan los capítulos V («La espontaneidad del orden») y VI («Azar forma y autonomía»), que solo sugieren invectivas casuísticas, moviendo a pensar que la obra de Prigogine, Mandelbrot y otros investigadores de la llamada ciencia del caos les resulta a esos críticos o bien insufrible o bien desconocida.

Por ejemplo, leemos: «Escohotado escribe una de las frases más absurdas, gratuitas e hilarantes del libro al decir que la tríada clásica —necesidad, fuerza, exactitud— ha pasado a ser azar, forma y dimensión»[11]. Y bien, lo absurdo, gratuito e hilarante coincide con el subtítulo de *Los objetos fractales*, el libro más conocido de Mandelbrot, donde el autor opone necesidad preestablecida a azar a salvaje, dinamismo de fuerzas a dinamismo de formas, regularidad a dimensión fractal o medida de cada irregularidad singular. Unas páginas más allá, las invectivas se centran en otra afirmación, concretamente que «fluctuaciones aleatorias y leyes eternas piden formas distintas de relato», añadiéndose que eso es «un error de concepto»[12]. Sin embargo, dicho pensamiento parafrasea casi textualmente lo básico en la última obra de Prigogine —*El fin de las certidumbres*— donde compara las pretensiones de una esquemática teoría-general-de-todo (al estilo Hawking o Weinberg) con las tareas de una ciencia no anquilosada por el infalibilismo dogmático. ¿Son Prigogine o Mandelbrot «subjetivistas posmodernos», portavoces de un «animismo pagano»? Y si lo son ¿por qué no aparecen como centro del despro-

---

11.- *Ibíd.*, pág. 5.
12.- *Ibíd.*, pág. 12.

pósito, que se atribuye a un simple divulgador de sus criterios?

El mismo retorcimiento del contenido se observa en otros lugares, por no decir que sistemáticamente. Así, sostengo algo «ridículo» cuando llamo «cuantitativas a las ecuaciones lineales y cualitativas a las no lineales»[13]. Con todo, el texto menciona expresamente a Georgescu-Roegen como origen de dicho pensamiento. Algo más allá, el inquisidor dice que «abrumo con una críptica sentencia» al respecto [14], que resulta ser sencillamente otra aclaración del mismo sabio. Con idéntica tónica, es objeto de condescendiente burla afirmar que «el calculista "linealiza" las ecuaciones de antemano, ya al plantearlas, omitiendo su versión no-lineal o cualitativa», cuando una inmediata nota a pie de página remite ese pensamiento al capítulo de una obra de otro investigador, remite ese casualmente pensamiento físico al capítulo teórico[15]. Una tergiversación todavía menos explicable dice que contrapongo «las iteraciones a las supuestamente ya superadas ecuaciones, cuando son en realidad un caso particular de ellas»[16]. Pero lo que el libro dice no es nada parejo, sino: «Reconocidas como no integrables, la inmensa mayoría de las ecuaciones ya no se plantean como un asunto a "resolver", sino que se tratan de forma iterativa o auto-organizadora, dejando que el proceso haga su camino (*iter* significa precisamente eso, camino), en vez de clausurarlo con alguna "solución.

El sesgo sube un tono a propósito de los diagramas de Feynman, cuando afirmo que «para calcular la probabilidad de un hecho basta dibujar pequeñas flechas (una para cada alternativa) pues el cuadrado de su longitud expresará la amplitud de ese subevento»[17]. El

---

13.- *Ibíd.*, pág. 7.

14.- *Ibíd.*, pág. 8. El texto es una cita textual de Georgescu-Roegen (1997): «El carácter no lineal es el aspecto con el que el residuo cualitativo aparece en la fórmula numérica de un fenómeno relacionado con la cualidad».

15.- Capra, 1998, cap. VI.

16.- Fernández-Rañada, pág. 34.

17.- *Vide supra*, pág. 59.

segundo de los inquisidores dice que me «equivoco de cabo a rabo: la longitud de las flechas no tiene nada que ver con ninguna probabilidad, del mismo modo que el resultado de una multiplicación no depende del tamaño con que se escriban las cifras»[18]. Y bien, los chistes pueden ser divertidos, pero mucho más divertido todavía es que este inquisidor desconozca lo escrito por el propio Feynman, en su texto canónico sobre electrodinámica cuántica; a saber, que «las probabilidades se calculan como el cuadrado de la longitud de una flecha»[19].

Idéntica ignorancia sobre Feynman destila otra invectiva, donde al parecer demuestro «nula objetividad científica» cuando uso cierta hipótesis —la desintegración del protón— como ejemplo del cinto protector establecido en torno a teorías físicomatemáticas, especialmente allí donde sugerirlas y verificarlas supone gastar montañas de dinero. Recurriendo a un argumento de autoridad, el inquisidor exclama: «¿Cómo es posible que el autor crea que unos científicos destacados, premios Nobel entre ellos, puedan hacer afirmaciones tan estúpidas y fáciles de refutar como las que él les cuelga?»[20]. Cito a Feynman, otro premio Nobel, para despejar cuán posible es:

> «Alguien construye una teoría: el protón es inestable. Hacen un cálculo ¡y descubren que ya no habría protones en el universo! De modo que manipulan los números, poniendo más masa en la nueva partícula, y tras muchos esfuerzos predicen que el protón se desintegrará siguiendo una tasa inferior a aquella que se ha descartado. Cuando llega un nuevo experimento

---

18.- Fernández-Rañada, 2000, pág. 34.

19.- Feynman, 1985, pág. 78. El párrafo reza literalmente así: «En el salvaje y maravilloso mundo de la física cuántica las probabilidades se calculan como el *cuadrado de la longitud de una flecha*: allí donde en circunstancias ordinarias hubiésemos esperado sumar las probabilidades nos descubrimos "sumando" *flechas*; ahí donde hubiésemos normalmente multiplicado las probabilidades "multiplicamos" *flechas*» (cursivas de Feynman). El tratado emplea indistintamente la expresión *arrows* (flechas) y *little arrows* (pequeñas flechas).

20.- Fernández-Rañada, pág. 34.

y mide más cuidadosamente el protón, las teorías se ajustan para esquivar la presión. El experimento más reciente mostró que el protón no se desintegra a un ritmo cinco veces inferior al predicho por la última posibilidad prevista en las teorías. ¿Qué creen que sucedió? El ave fénix se alzó con una nueva modificación de la teoría, que requiere experimentos aún más precisos para verificarse. No sabemos si el protón se desintegra o no. Pero probar que no se desintegra es muy difícil[21]».

Tan difícil, en efecto, que los romanos llamaban *probatio diabolica* al trance de demostrar alguna negación, cosa descartada en la práctica jurídica —y en cualquier foro racional de prueba— por su carácter fraudulento. Paradójicamente, sí funciona esa *probatio diabolica* en ámbitos donde conjeturar y verificar pide inversiones fabulosas en personal, obras y equipo. Lo cómico es que un catedrático de física teórica, y en ejercicio, me atribuya a mí —no a Feynman—— esa crítica relacionada con la inestabilidad del protón. Para no ponerse en evidencia, le convendría leer cuanto antes *QED, Strange Theory of Light and Matter*.

2

De hecho, podría seguir con muchas invectivas de la misma índole —a propósito del insoluble problema de los tres cuerpos en Newton[22], la absoluta regularidad de la órbita lunar[23], la prodigiosa exactitud de la

---

21.- Feynman, 1985, pág. 150. La cursiva es de Feynman.

22.- El propio Newton lo reconoce en sus *Principia*, y tras imputarme esa «perla de gran calibre» el propio Fernández-Rañada lo reconoce también, al decir: «Es cierto que el sistema de tres o más cuerpos tiene soluciones caóticas»; *ibíd.*, pág. 34.

23.- La palabra «aberración» es en astronomía un término habitual, encargado justamente de precisar los desacuerdos entre trayectorias previsibles con arreglo a dinámica newtoniana y trayectorias observadas. Además del fino ejemplo ofrecido por Lakatos, figura en esas páginas la declaración de Lighthill al inaugurar un congreso mundial sobre mecánica aplicada: «Querríamos pedir excusas colectivamente por haber engañado al público difundiendo ideas sobre el determinismo de los sistemas basados en las leyes newtonianas del movimiento, que desde 1960 se han revelado erróneas»; Cfr. Prigogine, 1991,

nave *Voyager II*[24], mi confusión entre «carga» y «momento»[25], la determinación exacta de la función de onda en casos distintos del hidrógeno (colmo de lo simple)[26], el hecho de que Lorenz descubriese o no sin pestañear el carácter no lineal de sus ecuaciones sobre el clima[27] etc.—, si no fuese porque el lector merece ser protegido ante tamaña sarta de detalles banales y maliciosos. Yendo al fondo, lo que encoleriza al par de inquisidores es «una devaluación del carácter predictivo y los aspectos cuantitativos y experimentales de la ciencia»[28]. A eso contesto que *Caos y orden* solo permite semejante lectura sustituyendo el sentido del texto por mala fe, ignorancia y —en último análisis— delirio persecutorio. La sacrosanta casa del infalible profeta numérico, templo realquilado a la teología dogmática, considera «devaluación» una perspectiva que simplemente reevalúa lo descriptivo, cualitativo e intuitivo, porque todo desvío de su línea es herejía, crimen de lesa majestad contra los acólitos de la verdad exacta.

---

pág. 59. Aunque escriba en el año 2000, el inquisidor se debe estar refiriendo al estado de conocimientos previo a 1960.

24.- Según Fernández-Rañada dicha nave llegó a Urano «con solo un minuto de diferencia respecto al cálculo previsto». Este tipo de declaración no se concilia ni con las constantes rectificaciones dictadas desde la base de lanzamiento ni con la alta proporción de desastres que caracteriza al emporio científico/mercantil llamado NASA. *Vide supra*, págs. 64 y 65.

25.- No hay tal confusión, sino simple deseo de no repetir tres veces seguidas la palabra «momento». El origen del malintencionado comentario es la nota 18 a la pág. 76, que dice así: «Iluminar con luz de alta frecuencia (o bien con medios electrónicos) somete el sistema a alteraciones en su cantidad de energía o momento, e iluminar con luz de baja frecuencia —que produce alteraciones mínimas en el momento- no ofrece resolución suficiente para conocer su situación. De ahí una disyuntiva permanente a nivel subatómico entre carga y posición de las partículas». El sentido es totalmente inequívoco, aunque esta observación me ha aconsejado sustituir «carga» por «energía» desde la 6ª edición de *Caos y orden*.

26.- Esto le parece falso y «especialmente grave» a Fernández-Rañada, que se permite el malabarismo siguiente: «Una cosa es que no exista una solución general en forma cerrada [para supuestos distintos del hidrógeno] y otra que no sea posible calcular. Existen métodos que permiten hallar la función de onda de [otros] átomos y moléculas con la precisión deseada»; *ibíd.*, pág. 34. ¿Acaso es lo mismo «exactitud» y «la precisión deseada»?

27.- Mi fuente para ese dato es el libro de Gleick, 1987, que dice haber entrevistado personalmente a Lorenz.

28.- Fernández-Rañada, *ibíd.*, pág. 34.

Y así seguirán los escolares entregando la gran mayoría su tiempo a problemas-trampa y a simplicidades muy prolijas, movidos a adorar la sublime belleza de incógnitas despejables en décimas de segundo por una calculadora de bolsillo, mientras sus maestros se vengan con ellos de la catequesis sufrida cuando eran meros pupilos, y debían someterse a clerical disciplina. Una enorme proporción de los estudiantes olvidará de la noche a la mañana el álgebra tan trabajosamente aprendido, qué casualidad, mientras una proporción considerable —qué casualidad también— se dedicará a enseñar lo que a fin de cuentas nunca aprendió del todo, alimentando un círculo vicioso de incompetencias. Pero ¿qué son estos pequeños efectos secundarios, teniendo en cuenta que custodian la roca inconmovible de un saber ajeno al subjetivismo, puramente objetivo?

Respeto tanto como mis inquisidores «los aspectos cuantitativos y experimentales de la ciencia». Pero distingo el respeto de la sumisión, y más aún de maniobras tendentes a producir ese ánimo abyecto en algún incauto. No por otro motivo intenté seguir la pista a algunos de sus principios y dilemas, sin abandonar el perímetro de una humilde autoaclaración. Son los inquisidores quienes velan la urdimbre de su cesta, omitiendo —como todavía omiten los planes de estudio— la grandiosa crisis de fundamentos en que se sumió la matemática desde 1875[29], a medida que trataba de hacer rigurosamente traslúcidas y evidentes todas sus operaciones y supuestos. Y he ahí que las únicas críticas feroces sugeridas por *Caos y orden*, coincidentes como gotas de agua en su lema («no tiene ni idea de lo que habla»), coinciden también en pasar por alto dicho apartado del libro[30], como si la catástrofe padecida por esas altivas aspiraciones no sugiriese siquiera una frase, ya sea de asentimiento o de refutación.

De hecho, les preocupa tanto convencer al lego de su saber infa-

---

[29].- Cuando Dubois Reymond sacó a colación las funciones continuas y no diferenciables de Weierstrass.

[30].- Anexo al cap. VI: «Las trivialidades del rigor».

lible que tampoco sugieren una sola frase las secciones dedicadas a la ciencia «dura» como nuevo y superlativo negocio, desde el Proyecto Manhattan al faraónico proyecto del Superconductor-Supercolisionador o los formidables desembolsos de la NASA. Por definición, la ciencia profética no solo es siempre objetiva y consistente, sino ajena a intereses económicos y corporativos. Una sociología de ese conocimiento nunca será bienvenida, por la simple razón de que lo seculariza, percibiendo evolución allí donde sus sacerdotes instalan revelaciones sempiternas. De ahí que el maniqueísmo se impute a quien trata de mantener alguna lucidez crítica, no a quienes sostienen el credo de la verdad revelada, y que los primeros sean acusados de «confundir "no saberlo todo" con "no saber nada"»[31], de «negar la objetividad»[32], de escepticismo a ultranza y de «subjetivismo trasnochado».

Cítese una frase del libro que apoye esas tesis, y tendrá sentido discutirlo. Pero si tal cosa resulta imposible —ya que rebosa optimismo sobre el futuro del conocimiento científico (y esto a pesar del sacerdocio montado para obstruir su libre progreso), reconózcase que el maniqueísmo está en el extremo opuesto de aquél donde pretende ser localizado. El *o todo o nada* —o cree en la ciencia o cree en la superstición—, es la disyuntiva de quienes confunden saberes con diplomas, predicción y comprensión, medida y cosa medida, fe y experiencia, ideología y concepto. Oyendo a Einstein decir «no creo en un Dios que tira los dados», este punto de vista preguntará si hablaba de Brahma, Yahvéh o Alá, y ante todo si estaba licenciado en teología.

3

Al rosario de improperios y silencios se añade —a título de crítica conceptual— que *Caos y orden* entra de lleno en el modelo troque-

---

31.- Fernández-Rañada, pág. 34.
32.- *Ibid.*, pág. 33.

lado recientemente como «imposturas intelectuales», tras aparecer el libro de Sokal y Bricmont[33]. Veamos el asunto algo más de cerca. Gracias a estos compiladores el público dispone de una antología sobre un ensayismo que conjuga ante todo el verbo è*pater*, término traducible como «apabullar al ignorante». En efecto, tras una época feraz —presidida por Sartre y Camus— la Industria cultural francesa, montada sobre pensadores propiamente dichos, siguió funcionando con espíritus cada vez más alicaídos, y exportando tanto vanguardias como ortodoxias al resto del mundo. Progresivamente hueca, pero sostenida por la inercia de brillantes lanzamientos editoriales, esta *haute culture* no tenía por delante mucho más que seguir la senda de la *haute couture*, mordiendo la cola de su propio apabullar con sintaxis laberínticas, léxicos abstrusos y otros recursos adaptados a aparentar una refinada substancia en la falta de substancia. Lógicamente, todo ello administrado por misantrópicos líderes, movidos por un escepticismo tan comprensible como abisal ante la vitalidad del conocimiento. Deleuze, por ejemplo, que empezó con un opúsculo prometedor sobre Spinoza, se embarcó luego en aventuras como la *Lógica del sentido*, breviario ejemplar de criptografía, mientras Lacan —muy útil para que la práctica del psicoanálisis no se hundiese en la miseria desde los años sesenta— troquelaba una eficaz amalgama de ambigüedad conceptual y arbitraria jerga iniciática, apta desde luego para vestir como teoría lo desprovisto de ideas. La técnica del desplante arbitrario se observa en Luce Irigaray, otra representante del movimiento, cuando pregunta: «Es la ecuación una ecuación sexuada? Tal vez, pues pri-

---

[33].- Sokal, licenciado en Física y profesor de matemáticas en la Nicaragua sandinista, envió a cierta revista *(Social Text)* un artículo hilvanando despropósitos en terminología posmoderna, que resultó publicado con todos los honores (en abril de 1996). Movido por ello, compiló con ayuda de Bricmont una antología de textos escritos por algunos líderes del posmodernismo (Lacan, Kristeva, Irigaray, Latour, Baudrillard, Deleuze, Guattari y Virilio), donde exhibe —a mi entender de modo perfectamente satisfactorio— la mezcla de camelo, incoherencia e irracionalismo de esta corriente. Bien podría haber incluido a algunos autores más de la vieja guardia (Althusser, Barthes) y de la nueva (Glucksman, Finkielkraut, Rosset), aunque la muestra resulta elocuente.

vilegia la velocidad de la luz respecto de otras velocidades que son vitales para nosotras.»[34]

No veo cómo insertar *Caos y orden* en esta tendencia, siquiera sea porque en vez de utilizar jerga fisicomatemática (o lingüística geográfica, etc.) como apoyatura para un discurso sobre otra cosa se detiene en dicha jerga, y trata de analizar su contenido. En otras palabras, porque no menciona A para hablar de B, sino que intenta hablar de A con atención incompartida, y luego de B con la misma atención incompartida. No están en pie de igualdad, ni aún de remota analogía, una *boutade* sobre desintegración atómica y complejo de Edipo, o sobre capitalismo y esquizofrenia con un esfuerzo por describir las etapas que jalonan el desarrollo de la ciencia contemporánea. Dicho esfuerzo bien puede ser defectuoso —e incluso torpe—, pero va directamente a su objeto y permanece en él, mientras el discurso supuestamente homólogo liba indefinidos cálices, como el colibrí, movido en caso por un declarado aburrimiento. Lo que deslinda un tipo exposición del otro es, a fin de cuentas, *sacar o no de contexto* referencias.

Cuando los señores Peregrín y Fernández-Rañada reclaman saber más profundo sobre tal o cual cuestión, alegando que el descuido o la ignorancia provienen de inclinaciones posmodernas, deberían profundizar algo más sobre dicha moda. Llamativamente, lo que subyace allí es una convergencia de pesimismo e izquierdismo, donde parte de la nostalgia revolucionaria se deja seducir por una bandera antirracionalista. Sin embargo, que el intelectual se deslice hacia un antirracionalismo charlatán —y arrastre a los fieles de la planificación colectivista—, solo sucede cuando el ideal totalitario ha naufragado, tras ensayar largamente una apuesta por el control a ultranza que suscitó opresión, despilfarro de los recursos, sabotaje y generalizada miseria. En otras palabras, el proceso se desencadena

---

34.- En Sokal y Bricmont, 1999, pág. 116.

con la crisis de cualquier *línea*, y mucho más de la bolchevique línea *general*, pasando de ahí a una conciencia a la vez victimista y misántropa, animada por sobretonos apocalípticos. Tampoco veo en esto el más mínimo punto de contacto con *Caos y orden*, que ofrece lo contrario de profecías agoreras y milenarismo, y exalta el progreso científico-técnico como parte muy destacada en la consolidación de la libertad.

Casi tanta sorpresa como ser incluido en una corriente de pensamiento que critico hace décadas me produce constatar hasta qué punto los bisoños Sokal y Bricmont pueden pasar por teóricos del conocimiento. Aunque su trabajo haya sido útil para demoler colecciones de camelos, muestra excesivo apego por el simplismo experimental baconiano, y tropieza con lo expuesto sobre la inducción por Karl Popper ya en 1934[35] y mucho antes por Hume. A juicio de Sokal, «toda inducción es una inferencia de lo observado a lo inobservado, y ninguna inferencia de este tipo puede justificarse utilizando exclusivamente la lógica deductiva.»[36] Con todo, lo que Hume y Popper pusieron en duda es que la inducción tenga base *lógica*, y pueda, por tanto, considerarse como un método *científico*. Invocando al sentido común, Sokal alega que «esto implicaría la no existencia de buenas razones para creer que el Sol va a salir mañana, cuando nadie considera realmente la posibilidad de que no salga.»[37] Mirándolo algo más detenidamente, el ejemplo sirve más bien para confirmar lo opuesto, retrotrayéndonos a la perspectiva de Hume y Popper, y, finalmente, a la de Aristóteles. Aunque un hábito ancestral sugiera pensar que el Sol seguirá apareciendo y desapareciendo cada día, *no* tenemos buenas razones para pensar que seguirá haciéndolo indefinidamente, o siquiera durante millones y millones de años. Al contrario, tenemos muchas y mejores razones —desde luego deductivas— para pensar

---

35.- *The Logic of Scientific Discovery*, Hutchinson, Londres, 1959.
36.- Sokal y Bricmont, 1999, pág. 75.
37.- Cfr. Popper, 1959.

que sufrirá la evolución de otras estrellas, y tras una fase de gigante roja (que envolverá a la Tierra) quizá se convierta en una enana blanca antes de apagarse por completo. Sin ir tan lejos, debemos también a la deducción pensar que el Sol es una estrella precisamente (en vez de un disco cristalino, una gran moneda de refulgente oro o cualquier representación análoga), y que la sucesión de días y noches deriva de girar nuestro planeta en torno a ella.

Por mucho valor práctico que la inducción tenga para periodos cortos, no dejará de ser un método pseudo-científico, y es un lapsus conceptual pretender que «todas las predicciones científicas se basan en alguna forma de inducción»[38]. Al revés, allí donde haya una predicción científica acertada —capaz de corroborar alguna teoría— esa predicción tendrá un origen deductivo, pues lo que distingue a las predicciones *científicas* es ser deducciones, no inducciones. Sokal y Bricmont alegan entonces que aplicar la mecánica newtoniana permitió prever el retorno del cometa Halley o el descubrimiento de Neptuno, si bien la teoría de Newton es un caso especial de la einsteiniana, que puede ser útil para cierto ámbito de magnitudes, pero no es «veraz» siquiera «aproximadamente».

4

Contraponiendo luminarias como Lacan y Sokal, o Baudrillard y Bricmont, el terreno se abona para una disyuntiva cargada de inconvenientes. En un extremo se sitúan los *frívolos*, que sobrenadan la ruina de viejos ideales profesando la pretensión llamada constructivismo, cuyo núcleo es una versión muy aguada de las tesis spenglerianas: cada cultura, cada clase e incluso cada grupo de individuos vive inmerso en burbujas incomunicables, y finalmente lo mejor es

---

[38].- *Ibíd.*, pág. 76.

alinearse con los relativistas cognitivos. Así vemos al posmoderno R. Anyon decir que «la ciencia es una forma entre otras de conocer el mundo»[39], y no precisamente aquella donde es esencial considerar cualquier modo y fuente de conocimiento[40]. En el otro extremo están los serios, que cuando no usan su formación para investigar, y hacer quizá hallazgos, encuentran —espoleados ahora por *Imposturas intelectuales*— una posibilidad de perseguir el intrusismo profesional, confundiendo a relativistas con realistas como cierto hidalgo confundió a gigantes con molinos, aunque sin la gentileza de aquél.

Este tipo de orientación no parece consciente de que el cambio acontecido en las últimas décadas deriva de irrumpir *complejidad* en todos los ámbitos del conocimiento. El esquema clásico partía de un mundo idealizado y por tanto reducido, abstracto, donde los procesos remitían a fuerzas y masas fieles a un principio inercial. Es en ese mundo donde tenía validez la predicción, e incluso donde compendiaba el valor último de la ciencia. Con los progresos civilizatorios, empero, el esquema de fuerzas y masas inertes se concibe cada vez más como un sutil intercambio de información entre sistemas y subsistemas, que en un sentido resulta imprevisible por defectos de nuestro conocimiento, y en otro por tratarse de una realidad inventiva o espontánea en alto grado. Aunque en el futuro quizá podamos resolver la cuestión de fondo, determinando si lo que llamamos azar es ignorancia nuestra o libertad inherente a cada naturaleza, por ahora solo sabemos que ni el goteo de un grifo concreto es previsible con exactitud[41]. De ahí que lo urgente sea

---

[39].- En Sokal y Bricmont, 1999, pág. 213.

[40].- De ahí, por ejemplo, que Anyon considere tan válida sobre prehistoria la visión de los indios zuñi como la del arqueólogo. Sin perjuicio de que la visión zuñi pueda ser tan aguda o más, solo será equiparable a la del arqueólogo cuando se interese por todas las culturas, disponga de medios para hacer múltiples excavaciones y pueda hacer accesibles a cualquiera los datos recopilados sobre el asunto.

[41].- El señor Peregrín no piensa así, desde luego, aunque se enreda en la paradoja inercial. «Habrá que dejar bien claro que los fenómenos caóticos son predecibles, pronosticables, dado su carácter determinista. Sucede que en la práctica las ligeras imprecisiones en los datos iniciales se amplifican rápidamente y pronto se pierde la predictibilidad del fenómeno; mas no porque la naturaleza no siga al pie de la letra sus regularidades» (pág. 12). Ahora bien ¿a qué atribuimos esa rápida amplificación

ahora abandonar «la superstición en cuya virtud donde se advierta la existencia de un orden presumirse la presencia de un ente ordenador»[42].

Semejante constatación no denigra a la ciencia ni recorta sus alas. Simplemente deja atrás una arrogancia que lastra su desarrollo, y que ha justificado pretensiones infundadas sobre los poderes del intelecto, apoyando distintos dogmas y funestos experimentos de ingeniería social derivados de ello. En vez de racionalismo cartesiano o irracionalismo el estado del mundo pide un racionalismo autocrítico[43], que se ajuste a procesos evolutivos en realidades independientes de la razón, y no resolubles con la alternativa de descubrir allí taquigráficas leyes eternas. Cierta reseña echó de menos en este libro un acabamiento de su objeto, que redondease algo semejante a «una teoría nueva o total de la realidad»[44], y otra un análisis más ajustado del anarco-capitalismo que tan vigorosamente se despliega en nuestros días[45]. Pero lo primero desborda por completo mis fuerzas, y sobre lo segundo prometo ocuparme en el futuro, si la suerte respeta ese propósito. Lo que el presente ensayo ofrece es tan solo una reflexión sobre aquello que tienen en común el actual mundo y algunas de sus interpretaciones. A esos efectos ofrece formas recientemente descubiertas de organización estructuras surgidas de la turbulencia, bucles iterativos, etc.—, que prestan continente a contenidos muy diversos, y sugieren pensar los órdenes tradicionales sin el apoyo de designios conscientes. Más que un ensayo constituye un panfleto epistemológico, cuyo núcleo repetido es nuestra civilización como marco referencial hegemónico, en

---

de las «imprecisiones»? ¿Al fenómeno, al observador, a ambos? Podemos distinguir entre procesos caóticos «deterministas» y flujos aleatorios «indeterminados», pero con eso no soslayaremos el fondo del asunto, donde de nuevo será necesario contraponer el mundo mando, mandobediente de Newton a la evolución de complejidades auto-organizadas.

42.- Hayek, 1997, págs. 214 y 215.

43.- En su *Tratado sobre la naturaleza humana* (1740), Hume proponía ya «debilitar las pretensiones de la razón mediante el análisis racional».

44.- A. Moya, «Disposem d'una teoria unificada de la realitat?». *Metode* 25, pág 56.

45.- D. Teira, «La divina espontaneidad del caos», págs. 3 y 4.

modo alguno reductible a lo instintivo o a la razón pura. En contraste con la fijeza aparejada a la voz de la conciencia[46], o la opción de banales axiomas[47], la civilización es una especie de cristal autónomo —un organismo— que va haciéndose sin pausa. Esto no significa denigrar la moral sentimental o las colecciones de argumentos explícitos, sino reparar en órdenes sin mandato, nacidos evolutivamente, que no pueden adscribirse ni a deliberaciones personales ni a una necesidad preestablecida como la inercial.

5

Ninguna transición contemporánea parece comparable en hondura a que la conducta de sistemas humanos y extra-humanos se entienda como resultado de flujos de información-conocimiento. A ello atribuyo que tras milenios de identificar el orden con un fruto de coacción o necesidad exterior descubramos en toda suerte de horizontes estructuras espontáneas, que devuelven su inmanencia a cada realidad. Esto es un revés para las pretensiones racionalistas tradicionales, acostumbradas a legislar sobre una objetividad supuestamente inerte, y a imponer su personal designio sobre el impersonal crecimiento de instituciones y costumbres[48]. Bien mirada, sin embargo,

---

46.- La voz de la conciencia es el *daimon* socrático —luego retornado por chivos expiatorios como Cristo o Bruno—, que funde instintividad y legislativa, siempre en detrimento del tercer término (cultural o civilizado), y abre la crítica dirigida contra Protágoras y el resto de los sofistas. Lo que subyace a este arcaísmo es la tragedia de Antígona, desgarrada entre los deberes del orden restringido —familiar o tribal— contrapuestos como ley de un eterno reino subterráneo al derecho, que representa un orden ampliado; así, las sombras del ayer sucumben (enterradas en vida, como Antígona) ante la luz del nuevo día.

47.- Que fue el expediente orientado a salvar la crisis de fundamentos en matemáticas desde mediados del siglo XIX, si bien desembocó en la paradoja de Gödel y otras inconsecuencias del axiomatismo.

48.- La naturaleza debería permanecer arrodillada ante la razón operativa, que gracias a la técnica aspira —y con serios motivos— a cumplir profesionalmente dicho proyecto. Sin embargo, es la propia técnica quien va demoliendo esas pretensiones, apostando crecientemente por estimular pautas espontáneas o descentralizadas, y no por cumplir ideales de justicia sino para pagar aquella parte debida a la eficiencia, que es la economía.

esa cura de humildad purifica a la inteligencia, preparándola para convivir con el orden ampliado que ella misma contribuye a crear cuando no confunde su tarea con una cancelación del azar. Admitiendo lo incierto de cualquier pronóstico, se instala en el puesto que le corresponde ante realidades cuyo contenido de información rebasa con mucho el suyo propio, y respecto de las cuales no le incumbe tanto fijar estados admisibles como percibir orientaciones.

Supuestamente importado de la biología, el concepto de evolución nace con los estudios publicados por W. Jones en 1787 sobre correlaciones entre latín, griego y sánscrito (que inauguraron la idea de lenguas «indogermánicas»), y unido estrechamente a los trabajos sobre economía política e historia de algunos moralistas escoceses coetáneos (Stewart, Smith, Ferguson, Gibbon). Además de repensar a Lamarck —cuya teoría se basa en una transmisión de los rasgos adquiridos durante cada existencia individual—, Darwin estaba leyendo precisamente a Adam Smith cuando perfiló su propia teoría de la selección natural, basada sobre mutaciones aleatorias y supervivencia del más apto, y solo un cientismo desinformado ignora que la biología moderna «tomó prestados sus planteamientos básicos de estudios culturales más antiguos»[49]. Pero se da la circunstancia de que el concepto de evolución es una idea mucho mejor adaptada aún a la complejidad cultural humana que a la zoología o la botánica, donde los cambios acontecen a una velocidad incomparablemente menor, y donde puede ponerse en duda una transmisión de los caracteres adquiridos. La civilización *es* lamarckiana en su desarrollo, y por eso mismo resultan inapropiadas algunas tesis del darwinismo social, no menos que pretensiones como «leyes de evolución» y otras fantasías positivistas sobre condicionantes inexorables. Lejos de ello, «la evolución cultural es siempre fuente de diversidad, no de uniformidad [...] y en el análisis de cualquier proceso presidido por alguna complejidad solo cabe establecer "tendencias"»[50].

49.- Hayek, 1997, pág. 215.
50.- *Ibíd.*, pág. 217.

6

La piedra de toque más sencilla para distinguir una racionalidad adaptada a lo complejo o aferrada aún a lo simple es nuestra propia civilización, que tras descansar sobre sociedades militares ha acabado formando sociedades decididamente comerciales. Lo que unas organizan mediante líneas jerárquicas se ventila en las segundas con intercambios voluntarios, mediando una alta movilidad social de los partícipes. Estas segundas aprovechan mejor la información disponible —gracias a lo cual alojan confortablemente a cien donde antes malvivían dos o tres—, a pesar de no ser sistemas trazados con cartabón y regla, o de algún otro modo «racional», sino una confluencia constante de caudales aleatorios. Como observa Hayek[51], allí cada individuo va descubriendo y generando sin pausa conocimientos, aunque mucho más rápidamente cuanto menos se estorbe el hallazgo de nuevos fines y nuevos medios. Para evitar estorbos arbitrarios en esta selección las sociedades comerciales respetan normas abstractas y muy prácticas, a la vez, que son los hábitos y maneras custodiados por el derecho, un subsistema no nacido de la razón ni de las pulsiones y, de hecho, incómodo para ambas: la razón le imputa desoír sistemáticamente sus recetas normativas (en materia de justicia por ejemplo), mientras las emociones deben plegarse a formas comunes de conducta so pena de sufrir represalias[52]. Con todo, el derecho positivo y el consuetudinario codifican costumbres pacíficas de autocontrol, que procesan y clasifican un conocimiento incomparablemente superior al de cualquiera de sus individuos, y que son el motor primario para nuevos grados de complejidad. El eje de estos hábitos es el cumplimiento

---

51.- Cfr. Hayek, 1960 y 1978.
52.- A diferencia del tabú, cuya desobediencia provoca siempre fulminación (tormento seguido de muerte), el derecho gradúa cuidadosamente las transgresiones, promoviéndolas en aquellos casos donde individuos y grupos perciben la inadecuación moral del precepto.

de los negocios jurídicos o contratos (cuya base radica exclusivamente en la autonomía de la voluntad adulta), hasta el extremo de que la justificación nuclear del Estado consiste en asegurar dicho cumplimiento; no por otro motivo se le autoriza a emitir una moneda capaz de extinguir cualquier deuda.

Ciertas instituciones ya presentes en sociedades militares —el dinero, el mercado, la empresa— se hacen entonces mucho más esenciales y ubicuas, promoviendo una indeterminación que subjetiva y objetivamente se mide en libertades. Cada uno de nosotros trabaja para incontables desconocidos, y el trabajo de incontables desconocidos sostiene segundo a segundo nuestra existencia. Llegados a ese estadio, las trayectorias son sustituidas por enjambres de trayectorias, los centros por redes, los bienes por servicios, la distancia por comunicación instantánea, los decretos por negociaciones. Y en esa cascada de infinitos progresivamente densos e irregulares lo quebrantado es el fundamento de la línea jerárquica, que —no sin hipocresía— asume desde los orígenes una defensa de la seguridad. Poco podría hacer esa línea para evitar el progreso de lo no lineal, si no fuese porque a veces la razón y las pulsiones, rara vez amigas en lo cotidiano, se alían para instar un retorno al orden de *la* orden, provocando alguna revolución sublime[53]. Por otra parte, no todas las revoluciones siguen la misma orientación, y algunas —las más incruentas y duraderas— tratan de asegurar precisamente una pervivencia de lo comercial o complejo frente a la simplicidad del esquema clerical-militar. Solamente aquellas comprometidas con el modelo roussoniano del buen salvaje, las comunistas, se lanzan a planificar y supervisar una seguridad basada en la igualdad de ingresos e ideales, emprendiendo titánicos proyectos de ingeniería social.

---

[53].- «De hecho, puede ser considerada una de las más ambiciosas creaciones del espíritu [...] Algo tan valiente y atrevido que justificadamente ha logrado suscitar la más excelsa admiración. Si queremos salvar a nuestro planeta de la barbarie, lejos de ignorar desdeñosamente los argumentos socialistas será preciso refutarlos» (Mises, 1981).

Una de las finalidades de este libro ha sido sugerir hasta qué punto el determinismo resulta inseparable de un voluntarismo más o menos consciente[54], cuya meta es traducir la evolución de complejidades impredecibles e irreversibles como conducta de mecanismos aislados, que resultarían perfectamente controlables. El vértigo de la incertidumbre trata así de combatirse con certezas absolutas, aunque sea al precio de teorías sin teoría o intuición, y de sociedades embutidas en el papel de obedientes masas. Pero lo que ahora sabemos no abona ni una cosa ni la otra, ya que los sistemas no se comparan partiendo de su fuerza genérica —medida en términos de racionalidad, justicia o destino pautado—, sino partiendo del volumen de conocimiento que procesan, cosa equivalente al nivel de información requerido para hacerlos funcionar. La versión antigua de un programa de ordenador no puede abrir ficheros generados con una versión posterior, aunque sí a la inversa, y es precisamente eso lo que pasan por alto las diversas modalidades del credo determinista.

Al recorrer alguna calle céntrica, una galería de escaparates lujosos y humildes jalona nuestro paso, indicando vagamente la ilimitada diversidad de fines y medios que suscitaron su aparición. Al igual que esos negocios, las propias calles y casas evolucionan al ritmo en que ilimitados individuos aplican su esfuerzo físico y su ingenio a descubrir nuevas fuentes de industria orientadas a su mejora personal, cada uno sirviéndose de conocimientos radicalmente singulares, recogidos dc infinitas y aleatorias maneras, y todo eso en un solo barrio, de una sola urbe, de un solo territorio, aunque contagiado a la vez por todos los otros barrios, urbes y territorios. En semejante hipercomplejidad nos movemos, y cada vez asombran más los aspirantes a mesías sociales cuando dicen saber lo mejor para todos y cada uno, retroceder de Windows 2000 a Windows 3.11, cuando no al sistema de contar con los dedos de una mano.

54.- Vide caps. II y III, en paralelo con caps. VIII y IX.

Por más iluminados que se sientan, y por más apoyo que obtengan de sus fieles, no dejarán de ser hombres falibles, seducidos por la ambición de adaptar la inmensa vida ajena al exiguo diámetro de la suya[55].

Se entiende que el caos de la libertad sobrecoja, y que una añoranza de estructuras fijas funcione como socio del no menos antiguo maniqueísmo: o blanco o negro, o bueno o malo, o verdadero o falso. Pero cierto grado de civilización promueve órdenes extensos, dotados de una complejidad intrínseca, donde con una mezcla de anacronismo y buena voluntad brotan nostalgias por lo simple: en definitiva, lo justo y placentero para todos debería reinar. El inconveniente de estos atajos reside en que el grado de «bueno y placentero» obtenido en órdenes extensos sin planificación es incomparablemente superior al que se obtiene tratando de planificarlo con una doma de egoísmo individual, directrices lineales y altruismo forzoso. A Descartes —padre del racionalismo a ultranza— le fascinaba lo simple, y por eso abrió su *Discurso del método* alabando al autoritario espartano, pues solo ese irreconciliable enemigo de la libertad tenía «leyes originadas en un solo individuo, y tendentes a un solo fin». En agudo contraste con estas simplezas, Mandeville nos recordó que «lo peor de toda la multitud hizo algo por el bien común»[56], sin desviarse de un criterio sostenido que aparece incluso en Tomás de Aquino, cuando admite que «mucho de lo útil desaparecería si se prohibieran estrictamente todos los pecados»[57]. Si no comulgamos con el sectarismo o la ignorancia, deberíamos saber a estas alturas de nuestra historia lo que ya sabía Adam Ferguson en 1767:

55.- En su *Investigación sobre el entendimiento humano* comenta Hume: «Los fanáticos pueden suponer que la dominación se funda en la gracia, y que solo los santos heredan la tierra; pero el magistrado civil coloca con toda justicia a estos teóricos sublimes al mismo nivel que los simples ladrones»; cfr. Hayek, 1995, pág. 115.

56.- Cfr. Hayek, 1997, pág. 80.

57.- «Multae utilitates impedirentur si omnia peccata stricte impedirentur»; *Summa Theologica*, 11, 2, 78 i.

«Cada paso y cada movimiento de la multitud se hacen con igual ceguera acerca del futuro. Las naciones se topan con instituciones que son el resultado de la acción humana, pero no la ejecución de algún designio humano [...] Las comunidades admiten las mayores revoluciones cuando no se busca ningún cambio»[58].

En realidad, sigue abierta para cualquiera la vía de regresar a su aldea y tribu, o —si hubiese nacido en sociedades complejas— de encontrar aquellas que sobreviven aún en selvas o desiertos. Quizá allí encuentre la sencillez sin fisuras de un orden cerrado, con ceremonias siempre idénticas e idénticamente compartidas, donde se excluya la posibilidad de que unos prosperen mucho mientras a otros les sucede lo inverso, y donde todos están protegidos por la férula de un venerable jefe. El inconveniente es que el orden aldeano resulta salvajemente gregario, y sobremanera odioso para casi cualquiera que haya conocido el global; su reiteración de ritos purificadores[59] y autoafirmativos no logra ocultar que la solidaridad tribal arranca de una básica insolidaridad humana —la de «los nuestros» frente a «los otros»—, cuya única cura viene a ser el prosaico comercio de bienes y servicios, gracias al cual los extraños se transforman en socios y clientes.

El final de una reseña a este libro se pregunta «por qué pensar que la espontaneidad será benéfica, cuando, en rigor, los resultados podrían ser igualmente perversos»[60]. En efecto, los resultados de la espontaneidad pueden ser tan perversos como los resultados del control, e incluso más en ciertos casos. Pero aquí vuelve a ser necesario un deslinde. Por una parte, estudiando lo espontáneo de un

---

58.- Ferguson, pág. 187.
59.- El mecanismo de descontaminación por transferencia del mal, nervio de la medicina articulada sobre el empleo de chivos expiatorios.
60.- Teira, *ibíd.*, pág. 5.

fenómeno nos acercamos más al fenómeno que reduciéndolo a cosa legislada, e incluso nos acercamos más a poder intervenir en él[61]. Por otra parte, el autocontrol llamado civismo debe distinguirse del imperio arbitrario sobre la conducta de otros, y desde esa perspectiva la espontaneidad resulta tan económica como la coacción costosa. De hecho, solo brota dentro de aquello que es ya complejo, cuando la razón y el instinto de muchos se han templado aprendiendo reglas impersonales de juego, como que los pactos libremente contraídos habrán de cumplirse, que no será admisible pedir sin dar, que mediará el consentimiento en las transmisiones, etc. Dichas reglas han surgido al margen de cualquier intencionalidad explícita, a pesar de lo cual son las formas que sostienen el edificio de la vida cívica, con todas sus limitaciones y posibilidades. La espontaneidad será siempre una dinámica más o menos caótica, y por eso mismo susceptible de mejoramiento tanto como de empeoramiento. Sin embargo, *espontaneidad* es sencillamente otro nombre para un orden abierto a cambios. Cuando el cambio se encomienda a algún orden restringido o cerrado —desde la instrucción militar a supuestas «leyes de la naturaleza»— el caos sigue allí, informando cada elemento y cada práctica, mientras el verdadero cambio —el que afecta a nuestra perspectiva— queda siempre postergado a un mañana remoto.

---

[61].- De hecho, buscarle leyes —obtenidas observando sus regularidades— tiene el mismo propósito de intervenir, si bien se trata aquí de forzar cada sistema, frente a la perspectiva de potenciar la espontaneidad de aquellos considerados útiles. Es una cuestión de rendimiento, que probablemente acabará de despejar el paso de los años.

Bibliografía citada

ARENDT, HANNAH, *Los orígenes del totalitarismo*, Taurus, Madrid, 1998. ARISTÓTELES, *Metaphysics,* Harvard University Press, Cambridge (Massachusetts), 1961.

— *Phisique,* Les Belles Lettres, París, 1966, vols. I y II.

ATHANASOULIS, S., «Macromarkets and Financial Security», *Federal Reserve Economic Policy Review,* abril 1999.

BARNSLEY, M.F., «Iterated Function Systems and the Global Construction of Fractals», *Proceedings of the Royal Society of London,* A 399, 1985.

— FORD, J., «Chaos: Solving the Unsolvable, Predicting the Unpredictable», en M. F. Barnsley y S. G. Denko (eds.), *Chaotic Dynamics and Fractals,* Academic Press, Nueva York, 1985.

BATESON, G., *Mind and Nature: A Necessary Unity,* Dutton, Nueva York, 1979.

BAUDRILLARD, J., *El paroxista indiferente,* Anagrama, Barcelona, 1998. BERGSON, H., «Le possible et le réel», *Oeuvres,* PUF, París, 1970.

— *L'evolution creatrice,* PUF, París, 1970.

BERLIN, I., *El sentido de la realidad. Sobre las ideas y su historia*, Taurus, Madrid, 1998.

BERNAYS, P., «Some Empirical Aspects in Mathematics», en Bernays y S. Docx (eds.), *Information and Prediction in Science*, Academic Press, Nueva York, 1965.

BERNSTEIN, P., *Against the Gods. The Remarkable Story of Risk*, J. Wiley & Sons, Nueva York, 1996.

BOURDIEU, P., *Sobre la televisión*, Anagrama, Barcelona, 1997.

— *Contrafuegos*, Anagrama, Barcelona, 1999.

BRIEBACHER, C.K.; NICOLIS, G.; SCHUSTER, P., *Self-Organization in the Physico-Chemical and Life Sciences*, Informe EUR 16546, Comisión Europea, 1995.

BROUÉ, P., *Los procesos de Moscú*, Anagrama, Barcelona, 1969.

BURCHELL, G., «Liberal Government and Techniques of the Self», *Economy and Society*, 22(3), 1993.

BURTT, E.A., *The Metaphysical Foundations of Modern Science*, Doubleday, Nueva York, 1952.

CANETTI, E., *Masa y poder*, Alianza, Madrid, 1986.

CAPRA, F., *La trama de la vida*, Anagrama, Barcelona, 1998.

CASTELLS, M., «La estructura social de la era de la información», Textos de Sociología, Dept. Soc. II. UNED, 1997.

CHEVALLEY, C., «Una nueva ciencia», en Deligeorges, S., *El mundo cuántico*, Alianza Universidad, 1996.

COLUMELA, *De re rustica*.

CRICK, F., «Reflexiones en torno al cerebro», en *El Cerebro*, Libros de Investigación y Ciencia, Labor, Barcelona, 1980.

CRUTCHFIELD, J.P. et al., «On Determining the Dimension of Chaotic Flows», *Physica 3D*, 1981.

DAVIDOW, W.H., y MALONE, M. S., *The Virtual Corporation:*

Structuring and Revitalizing the Corporation for the 21st Century, Harper-Collins, Nueva York, 1992.

DAVIS, PH., *Pensiones públicas, reforma de pensiones y política fiscal*, Instituto Monetario Europeo, Documento de Trabajo núm. 5, marzo 1997.

DEHESA, G. DE LA, «Los paradigmas financieros en tiempos de crisis», *El País,* 30-1-1999.

— El *reto de la unión económica y monetaria,* Instituto Barrié de la Maza, La Coruña, 1998.

DELIGEORGES, S., «La catástrofe ultravioleta», en Deligeorges (ed.), *El mundo cuántico,* Alianza Universidad, 1996.

D' ESPAGNAT, B., «The Concept of Influences and of Attributes as seen in Connexion with the Bell Theorem», LPTPE 80/17, 1980.

DEWEY, J., *Liberalismo y acción social,* Edicions Alfons el Magnánim, Valencia, 1996.

DUNN, J., *Democracia: el viaje inacabado,* Tusquets, Barcelona, 1995.

DUPUY, J.P., «Complejidad social», en J. Ibáñez (ed.), *Nuevos avances en la investigación social. La investigación social de segundo orden,* Anthropos, Barcelona, 1991.

EIGEN, M., y SCHUSTER, P., *The Hypercycle,* Springer, Berlín, 1979.

EINSTEIN, A., *Correspondance Einstein-Born,* Seuil, París, 1982.
«Electoral Processes», *Encyclopaedia Britannica,* Macropaedia, vol. 6.

ELIOT, T.S., *Four Quartets.*

ENZENSBERGER, H. M., *Zigzag,* Anagrama, Barcelona, 1999.

ESCOHOTADO, A., *Filosofía y metodología de las ciencias,* Ministerio de Educación y Ciencia, UNED, Madrid, 1997.

— *Majestades, crímenes y víctimas,* Anagrama, Barcelona, 1986.

— *Realidad y substancia*, Taurus, Madrid, 1997.

FALLOON, W., «Rogue Models and Model Cops», *Risk*, sept. 1998, págs. 24-31.

FEIGENBAUM, «The Universal Metric Properties of Nonlinear Transformations», *Journal of Statistical Physics*, 21, 1979.

FEYNMAN, R., *QED: The Strange Theory of Light and Matter*, Princeton University Press, Princeton, 1988.

FISCHEL, D., *Payback: The Conspiracy to Destroy Michael Milken and his Financial Revolution*, Harper Business, Nueva York, 1995.

FOGEL, R. W., *Los ferrocarriles y el crecimiento económico*, Tecnos, Madrid, 1972.

FORD, J., «Chaos: Solving the Unsolvable, Predicting the Unpredictable», en M. E Barnsley y S. G. Denko (eds.), *Chaotic Dynamics and Fractals*, Academic Press, Nueva York, 1985.

FOUCAULT, M., «Naissance de la biopolitique», *Annuaire du Collège de France*, París, 1979.

FREGE, G., *Grundgesetze der Arithmetik*, Jena, 1893.

FUKUYAMA, F., *La confianza*, Ediciones B, Barcelona, 1998. «Full Democracy», Report, *The Economist*, 21-XII-1996.

«Game of Greed, The», Editorial, *Time*, 5-XII-1988.

GEERTZ, C., *The Interpretation of Cultures*, Basic Books, Nueva York, 1973.

GEORGESCU-ROEGEN, N., *La ley de la entropía y el proceso económico*, Argentaria-Visor, Madrid, 1996.

— «Nicolás Georgescu-Roegen por sí mismo», en M. Szenberger (ed.), *El testimonio vivo y la visión del mundo de los grandes economistas de hoy*, Debate, Madrid, 1994.

GELL-MANN, M., El *quark y el jaguar*, Tusquets Metatemas, Barcelona, 1995.

GELLNER, E., *Naciones y nacionalismo*, Alianza Editorial, Madrid, 1998.

— *Nacionalismo*, Destino, Madrid, 1998.

GLASHOW, S., *Interacciones: Una visión del mundo desde el «encanto» de los* átomos, Tusquets Metatemas, Barcelona, 1994.

— El *encanto de la física*, Tusquets Metatemas, Barcelona, 1996.

GLEICK, J., *Chaos, Making a New Science*, Penguin, Nueva York, 1987.

— *Genius: The LO and Science of Richard Feynman*, Vintage, Nueva York, 1992.

«Global Market for Derivatives», Editorial, *Wall Street Journal*, 19-XII-1995.

GREENWALD, J., y STEIN, J., «Task Force Report: The Reasoning Behind the Recommendations», *Journal of Economic Perspectives*, 2(3), 1988, págs. 3-23.

HAKEN, H., Laser *Theory*, Springer, Berlín, 1983.

HAYEK, F.A., *The constitución of Liberty*, Routledge & Kegan Paul, Londres, 1960.

— *Derecho, legislación y libertad*, Vol. I: Normas y orden, Unión Editorial, Madrid, 1978

— *La tendencia del pensamiento económico*, Unión Editorial, Madrid, 1995.

— *La fatal arrogancia*, Unión Editorial, Madrid, 1997.

— *Obras completas*, Unión Editorial, Madrid, 1997.

HEGEL, G.W.F., *Ciencia de la lógica*, Hachette, Buenos Aires, 1956.

— *Fenomenología del espíritu*, FCE., México, 1966.

HEIDEGGER, M., *Sendas perdidas*, Losada, Buenos Aires, 1960.

HERMITE, CH., *Correspondance d'Hermite et Stieltjes*, Baillaud & Bourget, París, 1905.

HIDALGO, D., *Unión Europea y globalización*, Sidharta Meta, Madrid, 1998.

HOFFER, W., «A Magic Ratio recurs through Art and Nature», *Smithsonian*, 6, 9, 1975.

HORNBLOWER, S., «Creación y desarrollo de las instituciones democráticas en la antigua Grecia», en Dunn, J., *Democracia: el viaje inacabado*, Tusquets, Barcelona, 1995.

HUBER, P., *Orwell's Revenge: The 1984 Palimsest*, Free Press, Nueva York, 1994.

IZQUIERDO, J., *De la fiabilidad: Tecnoeconomía, gobierno a distancia y americanización social*, Tesis doctoral, Dept. de Sociología 1, Universidad Complutense, 1999.

«Japanese Economy: From Miracle to Mid-Life Crisis, The», *The Economist*, 6-III-1993, págs. 3-13.

JEFFERSON, TH., *Autobiografía y otros escritos*, Tecnos, Madrid, 1987.

JÜNGER, E., *La emboscadura*, Tusquets, Barcelona, 1988.

— *El trabajador*, Tusquets, Barcelona, 1990.

KAHNEMAN, D., y TVERSKY, A., «Choices, Values and Frames», *American Psychologist*, 39, 4, 1984.

KATZ, H., *Shifting Gears: Changing Labor Relationships in the US Automobile Industry*, MIT, Cambridge, 1985.

KEYNES, J. M., *Collected Writings of J.M.K.*, St. Martin's Press, Nueva York, 1972.

KLINE, M., *El pensamiento matemático desde la antigüedad a nuestros días*, Alianza Universidad, Madrid, 1992, vols. I-III.

KOESTLER, A., *El cero y el infinito*, Eds. Destino, Barcelona, 1986. KOYRÉ, A., «The Political Function of the Modern Lie», *Contemporary Jewish Record,* junio 1945.

KRAUSS, L., *La quinta esencia: la búsqueda de la materia oscura en el universo,* Alianza Universidad, 1992.

KRUGMAN, P., *La organización espontánea de la economía,* Bosch, Barcelona, 1997.

LAKATOS, I., *Pruebas, refutaciones,* Alianza Universidad, Madrid, 1986

— *Matemáticas, ciencia y epistemología,* Alianza Universidad, Madrid, 1987.

LALOË, F., «La mecánica cuántica en el trabajo diario de los físicos», en S. Deligeorges (ed.), 1996.

LAZONIK, W., *Competitive Advantage on the Shop Floor,* Harvard University Press, Cambridge, 1990.

LEIBNIZ, G. W., *Nouveaux Essais sur l'entendement humain,* Garnier Flammarion, París, 1996.

LEVI, J., *Los funcionarios chinos. Política, despotismo y mística en la China antigua,* Alianza Universidad, Madrid, 1991.

LIBCHABER, A., *Nonlinear Phenomena at Phase Transitions and Instabilities,* Plenum, Nueva York, 1982.

LIZCANO, E., *Imaginario colectivo y creación matemática,* Gedisa, Madrid, 1993.

LORENZ, E. N., «Deterministic Nonperiodic Flow», *Journal of the Atmospheric Sciences,* 20, 1963.

LUHMANN, N., *Essays on Self Reference,* Columbia University Press, Nueva York, 1990.

— *La confianza,* Anthropos, Madrid, 1996.

MADISON, J., *The Federalist,* núm. 51.

MANDELBROT, B., *La geometría fractal de la naturaleza*, Tusquets Meta-temas, Barcelona, 1997.

— *Los objetos fractales*, Tusquets Metatemas, Barcelona, 1987.

— «Del azar benigno al azar salvaje», *Investigación y Ciencia*, dic. 1996.

MARTIN, D., *Tongues of Fire: The Explosion of Protestantism in Latin America*, Blackwell, Oxford, 1993.

MARX, K., *Manuscritos*, Alianza, Madrid, 1968.

MATURANA y VARELA, F., *Autopoiesis and Cognition*, Reidel, Dordrecht, 1980.

MAY, R., «Simple Mathematical Models with very Complicated Dynamics», *Nature*, 261, 1976.

MCCOLL, L. A., *Fundamental Theory of Servomechanisms*, Van Nostrand, Nueva York, 1946.

MCLUHAN, M., *Understanding Media. The Extensions of Man*, McGraw-Hill, Nueva York, 1964.

MEHRA, J. (ed.), *The Physicist's Conception of Nature*, Reidel, Dordrecht, 1973.

MERLEAU-PONTY, M., *Humanisme et terreur*, Gallimard, París, 1947. MERTON, R. C., «A Functional Perspective of Financial Intermediation», *Financial Management*, 24, 1955.

MILLMAN, G., *Especuladores internacionales (Los nuevos vándalos)*, Deusto Eds., Bilbao, 1995.

MONOD, J., *El azar y la necesidad*, Barral, Barcelona, 1971.

MORGENSTERN, O., y NEUMANN, J. VON, *Theory of Games and Economic Behavior*, Princeton University Press, Nueva Jersey, 1994.

NAREDO, J.M., «Sobre la función mixtificadora del pensamiento económico dominante», *Archipiélago*, 33, 1998, págs. 12-26.

NAVARRO, V., «El olvido de la cotidianidad», *El País*, 6-11-1999, págs. 11 y 12.

NEGROPONTE, N., *Being Digital*, Knopf, Nueva York, 1995.

NEUMANN, J. VON, y MORGENSTERN, O., *Theory of Games and Economic Behavior*, Princeton University Press, Nueva Jersey, 1994.

NEWTON, I., *Principios matemáticos de la filosofía natural*, Tecnos, Madrid, 1987; Altaya, Madrid, 1993.

ORTEGA Y GASSET, J., *La rebelión de las masas*, Revista de Occidente, Madrid, 1947.

— *España invertebrada, Obras completas*, Revista de Occidente, t. III, 1970.

PACKARD, N., y FARMER, J.D., «Evolution, Games and Learning: Models for Adaptation in Machines and Nature», *Nonlinear Studies*, Los Alamos National Laboratory, mayo 1985.

PALEY, R.E.A.C., y WIENER, N., «Fourier Transformations in the Complex Domain», *Colloquium Publications*, vol. 19, American Mathematical Society, Nueva York, 1934.

PASLACK, R., *Urgeschichte der Selbstorganisation*, Vieweg, Braunschweig, 1991.

PEIRCE, C. S., *The Monist*, II, 1892.

PENROSE, R., *The Emperor's New Mind*, Oxford University Press, Nueva York, 1989.

PERRIN, J., *Les alomes*, Gallimard, París, 1970.

PIORE, M. J., y SABEL, CH. F., *La segunda ruptura industrial*, Alianza, Madrid, 1990.

PLINIO EL VIEJO, *Historia naturalis*.

POLANYI, K., *La gran transformación*, Eds. La Piqueta, Madrid, 1989.

PRIGOGINE, I., *El nacimiento del tiempo*, Tusquets Metatemas, Barcelona, 1991.

— *El fin de las certidumbres*, Andrés Bello, Santiago de Chile, 1996.

— y STENGERS, I., *Order Out of Chaos*, Bantam, Nueva York, 1984.

— *¿Tan sólo una ilusión?*, Tusquets Metatemas, Barcelona, 1983.

RADA, E. (ed.), *La correspondencia Leibniz-Clarke*, Taurus, Madrid, 1980

RICHARDSON, G.P., *Feedback Thought in Social Sciences*, University of Pennsylvania Press, Filadelfia, 1992.

RIESMAN, C. D.; GLAZER, N. et al., *La muchedumbre solitaria*, Paidós, Barcelona, 1965.

ROMER, P., «Implementing a National Strategy with Self-Organizing Industry Investment Boards», *Brooking Papers on Economic Activity: Microeconomics*, 2, 1993.

ROSCH, E.; THOMPSON, E., y VARELA, F., *The Embodied Mind*, MIT Press, Cambridge (Massachusetts), 1991.

RUBERT DE VENTÓS, X., *De la identidad a la independencia: la nueva transición*, Anagrama, Barcelona, 1999.

RUSSELL, B., «Recent Work in the Philosophy of Mathematics», *The International Monthly*, 3, 1901.

— *My Philosophical Development*, Allen & Unwin, Londres, 1959.

SABEL, CH. F., *La segunda ruptura industrial*, Alianza, Madrid, 1990.

SAINT PAUL, G., *Employment Protection, International Specialization and Innovation*, FMI, WP/96/16, febrero 1996.

SAMUELS, W J. (ed), *Research in the History of Economic Thought and Methodology*, JAI Press, Greenwood (Connecticut), 1986.

SAMUELSON, P., «Paul Cootner's Reconciliation of Economic Law with Chance», en Sharpe y Cootner (eds.), 1983.

SÁNCHEZ, C., «Las regiones del Norte vuelven a ser el motor industrial de España», *El Mundo*, 11-IV-1999, pág. 43-E.

SARTORI, G., «En defensa de la representación política», *Claves de la Razón Práctica*, 91, abril 1999.

— *Homo videns. La sociedad teledirigida*, Taurus, Madrid, 1998.

SAUL, J. RALSTON, *La civilización inconsciente*, Anagrama, Barcelona, 1998.

SAVATER, F., «La secesión y sus enigmas», *El País*, 17-III-1996.

— «Aumentan los enigmas», *El Mundo*, 11-IV-1996, pág. 13.

— *La tarea del héroe*, Taurus, Madrid, 1982.

SCHWARTZ, J., *The Creative Moment: How Science Made Itself Alien to Modern Culture*, HarperCollins, Nueva York, 1992.

SERRES, M., *La naissance de la physique dans le texte de Lucrèce*, Minuit, París, 1977.

SHAPIRO, S., «Collaring the Crime, not the Criminal: Reconsidering the Concept of White-Collar Crime», *American Sociological Review*, 55, 1990.

SHARPE, W. F., y COOTNER, C. M. (eds.), *Financial Economics Essays in Honor of Paul Cootner*, Prentice-Hall, Nueva Jersey, 1983.

SHILLER, R., *Macromarkets. Constructing Institutions for Managing Society's Largest Risks*, Oxford University Press, Oxford, 1993.

SHILLER, R.; ATHANASOULIS, S., y WINCOOP, E. VAN, «Macromarkets and Financial Security», *Federal Reserve Economic Policy Review*, abril 1999.

SLATER, J. C., *Modern Physics*, McGraw-Hill, Nueva York, 1955.

SIMMEL, «The Sociology of Secrecy and of Secret Societies», *American Journal of Sociology*, XI, 4, 1906.

SOKAL, A., y BRICMONT, J., *Imposturas intelectuales*, Taurus, Madrid, 1999.

SOROS, G., *La crisis del capitalismo global*, Debate, Madrid, 1999.

SMITH, A., *Investigación sobre la naturaleza y causas de la riqueza de las naciones*, FCE., México, 1982.

STENGERS, I., y PRIGOGINE, I., *Order out of Chaos*, Bantam, Nueva York, 1984.

— *¿Tan solo una ilusión?*, Tusquets Metatemas, Barcelona, 1983.

STEWART, I., *Does God Play Dice?*, Blackwell, Cambridge (Massachusetts), 1989.

STIX, G., «A Calculus of Risk», *Scientific American*, mayo 1998, págs. 92-97.

SZASZ, TH., *El mito de la enfermedad mental*, Círculo de Lectores, Barcelona, 1999.

— *Teología de la medicina*, Tusquets, Barcelona, 1979.

SZENBERGER, M., *El testimonio vivo y la visión del mundo de los grandes economistas de hoy*, Debate, Madrid, 1994.

TALEB, N., «Against Value-at-Risk: Nassim Taleb Replies Philippe Jorion», Documento de Trabajo, 1997. TAYLOR, F. W., *The Principles of Scientific Management*, Harper Brothers, Nueva York, 1911.

THOM, R., *Parábolas y catástrofes*, Tusquets Metatemas, Barcelona, 1985.

THOMPSON, D'ARCY, *On Growth and Form*, MacMillan, Nueva York, 1942.

THOMPSON, E.; VARELA, F., y Rosal, E., *The Embodied Mind*, MIT Press, Cambridge (Massachusetts), 1991.

TOFFLER, A. y H., *La creación de una nueva civilización: la política de la tercera ola*, Plaza y Janés, Barcelona, 1995.

TUCÍDIDES, *Historia de la guerra del Peloponeso,* Alianza, Madrid, 1989.

URÍA, R., *Derecho mercantil,* Marcial Pons, Madrid, 1992.

VARELA, F., y MATURANA, *Autopoiesis and Cognition,* Reidel, Dordrecht, 1980.

THOMPSON, E., y ROSCH, E., *The Embodied Mind,* MIT Press, Cambridge (Massachusetts), 1991.

VIRILIO, P., *El cibermundo, política de lo peor,* Cátedra, Madrid, 1996.

WAGENSBERG, J., *Ideas sobre la complejidad del mundo,* Tusquets, Barcelona, 1985.

WEBER, MAX, *La ética protestante y el espíritu del capitalismo,* en *Ensayos sobre sociología de la religión,* vol. I, Taurus, Madrid, 1998.

WETTER, G.A., *El materialismo dialéctico,* Taurus, Madrid, 1963.

WEYL, H., *Philosophy of Mathematics and Natural Science,* Princeton University Press, Princeton, 1949.

WIENER, N., «Fourier Transformations in the Complex Domain», *Colloquium Publications,* vol. 19, American Mathematical Society, Nueva York, 1934.

— *The Human Use of Human Beings,* Houghton Mifflin, Nueva York, 1950.

— *Cibernética. Control y comunicación en animales y máquinas,* Tusquets Metatemas, Barcelona, 1985.

— *Inventar: sobre la gestación y el cultivo de las ideas,* Tusquets Metate-mas, Barcelona, 1995.

WHITEHEAD, A. N., *Science and the Modern World,* Free Press, Nueva York, 1967.

WHITLEY, R.D., «The Rise of Modern Finance Theory: Its Characteristics as a Scientific Field in Connection to the Changing Structure of the Capital Markets», en Samuels, 1986.

WHYTE, W., *The Organization Man,* Simon & Schuster, Nueva York, 1956.

WINCOOP, E. VAN, «Macromarkets and Financial Security», *Federal Reserve Economic Policy Review,* abril 1999.

WOMACK, J.P.; JONES, D.T., y Ross, D., La *máquina que cambió el mundo,* McGraw-Hill, Madrid, 1992.

WOOD, G.S., «La democracia y la revolución americana», en Dunn, 1999.

Índice y sumario

PRÓLOGO 13

1.- LAS FUENTES DEL ORDEN 17
Granos en una espiga de trigo y filas de soldados. –La organización depende también de nuestro espíritu. -El azar como orden ampliado. -Una visita por el Louvre. -Caducidad de la orden. –Lo coercitivo cede parcelas a lo cognoscitivo; las corrientes titánicas son guiadas por económicas señales. -Libertarios y mando-obedientes. -La segunda alianza, o reunir lo arbitrariamente aislado.

PRIMERA PARTE

2. LO IDEAL Y LO PREVISIBLE 31
Objeto obediente, objeto irreal. -Reduciendo lo mundano a leyes-fuerzas. -La materia como masa inerte: el mundo resultante. -Una teología política implícita. -Pretensiones de rigurosa exactitud. -El desatendido dinamismo de la forma. -Método analítico y destierro de la cualidad.

3. EL LOTE DE LA INTUICIÓN 39
Una teoría es siempre cierta intuición sobre el aspecto. -Pero se transforma en fuente de profecías. -"Predicciones razonablemente buenas sobre experimentos". -La irrupción de nuevos datos condiciona nuevos alojamientos de lo intuitivo. -Bohr y Kant. -En vez de objetos, medidas. -Etapas sucesivas de la construcción.-Postulando un intermedio del intermedio.

ANEXO: LOS FRUTOS DEL PURO CÁLCULO 49
La anticipación escinde lo grande de lo pequeño. –Una teoría general de todo. –En busca de la partícula última: los ladrillos finales. –Retocando la realidad. –Costo creciente de las conjeturas. –«Miénteme mucho». –Profecía y comprensión. –El programa platónico. *salvare apparientias.*

4. UN TESTIGO INCÓMODO.. 59
La ciencia operativa consumada: el Proyecto Manhattan. -El seminario de Pocono y la EDC.-La masa sigue siendo misteriosa. -El alma bella persigue las formas del funcionamiento sin engañarse. -Si la tecnología práctica el marketing, la naturaleza quedará indiferente. -Replanteamiento de la teoría: cosas y no-cosas

5. LA ESPONTANEIDAD DEL ORDEN... 69
El principio inercial. -Sus reflejos docentes. -Gloria y prosaísmo del cálculo. -El retorno de la intuición. -Cualidad topológica y poder dinámico de la forma: atractores extraños. -Modelos de infinito interno. -"El observador no puede saber... y la Naturaleza tampoco". -Física del láser, química de la vida y termodinámica del desequilibrio como procesos de auto-organización. -El ordenador es un aliado de la complejidad.

6. AZAR, FORMA, AUTONOMÍA 85
Ventanas de orden en el desorden. -"Las cosas sobre sí mismas, una y otra vez". -El efecto mariposa.-Una geometría capa de medir lo terráqueo. -La disipación funda coherencia, inventando objetos llamados a más de un estado estable. -Ciertas estructuras amplifican sus bifurcaciones merced al desequilibrio. -La irreversibilidad crea diferenciación. -Sucumbe el ideal de omnipotencia: no hay ley fuera de cada decisión momentánea. -Llamábamos caótico a lo abierto. -La turbulencia como fuente de duración y evolución. -En vez de *mero* azar, grados y configuraciones de lo azaroso.

ANEXO: LAS TRIVIALIDADES DEL RIGOR 101
El saber matemático es y no es transhistórico. -Buscando una transparencia perfecta se sume en una crisis de fundamentos. -El axioma como solución. -Logicistas, intuicionistas y formalistas. -La intervención de Gödel. -El laberinto de la consistencia. -Reducir el mundo tropieza con la sensibilidad. -Y con las sendas aleatorias del movimiento browniano.

7. EL VALOR DE LA CIENCIA 115
Condicionantes religiosos y políticos de la construcción científica tradicional. -Volver a lo cualitativo es fruto de progresos en computación y observación. -La complejidad replantea el concepto de estructura, mostrando órdenes espontáneos o autoinducidos. -Entropía positiva y negativa: la disipación como ejemplo. -El equívoco entre compresible y comprensible. -La tarea de la ciencia es infinita. -Esa tarea constituye una meta común a toda la especie humana. -El positivismo no es solo el devocionario gremial del dogmático, sino del ignorante. -Los verdaderos científicos saben siempre que lo desconocido no tiene límites. -Predicción y descripción. -Mecánica de solidos *versus* dinámica de fluidos. -Del orden cerrado a sistemas abiertos.

SEGUNDA PARTE

8. EL PARTO DEL «PUEBLO» 129
La historia social, campo de lo hipercomplejo por definición. –Un nuevo soberano político para un nuevo mundo. –El programa de la Primera Internacional. –La potencia titánica del Trabajador ha de ser domada. –Obreros y patriotas: la Gran Guerra. –Ingeniería social, desestructuración y culto a las masas. –Guerra civil crónica en el jardín socialista. –Garantizar seguridad garantiza inseguridad. –Higiene cerebral y propaganda.

9. LA PARADOJA REVOLUCIONARIA 149
Universalización de la sociedad secreta. –Voluntarismo, determinismo y simplificación. –La *línea* contrapuesta al orden espontáneo. –Los Planes y el dinamismo de la orden. –Liquidación del derecho privado. –El principio de legalidad como rémora. –Abolir el Estado-gendarme funda totalitarismo. –Vicisitudes primarias en el parto del pueblo». –Dinámica de fuerzas y dinámica de formas.

10. DEL RIESGO AL MANEJO DEL RIESGO 163
El mercado como atractor extraño. –Un orden por fluctuaciones. –Génesis y desarrollo de la responsabilidad limitada. –Corporaciones y bancos. –Contabilidad por partida doble, letra de cambio, cheque y contratos de opción. –Apostar se sobrepone a la lógica del patrimonio antiguo. –Diseminación de la confianza. –Los primeros grandes monopolios privados. –Una ideología corporativa. –Gran Depresión y paradojas del estabilismo. –Atonía bursátil, resurgimiento libertario e innovaciones financieras. –Ingenieros para un dinero exótico.

11. UNA PROSPERIDAD FRÁGIL 179
De la solidez a la volatilidad. –Los derivados aseguran arriesgadamente. –Charlatanes y expertos. –Evitar asfixia multiplica la incerti-

dumbre. –En el reino de la turbulencia: infravaloración del contagio, sobrevaloración de la liquidez. –Racionalidad burocrática: propietarios inertes, gestores operantes. –La rebelión de Milken. –Del empleado al autoempleado. –La distancia geográfica es vencida por veloces señales. –Desarrollo ulterior de confianzas.

ANEXO: LA INGENIERÍA FINANCIERA 199
Tasar la incertidumbre. –La descomposición del riesgo en cuantos, o una finanza de partículas. –Las variables como código lingüístico. –Diversificar y titulizar. –Los errores de modelo. –Ciencia e ingeniería: la cuestión del funcionamiento. –Parches estadísticos al azar salvaje. –La volatilidad es un concepto dialéctico. –Garantizar las garantías. –Descartando la continuidad, la linealidad y la independencia. –Bolsas para rentas de trabajo y bienes de consumo duradero: los macromercados de Shiller.

12. EL CAOS DE LA LIBERTAD (1) 213
Formidables progresos en la autonomía. –Libertad formal, libertad material y mestizaje. –De la tolerancia al respeto. –Versiones perversas del espíritu libertario: odiando la ganancia. –El presente no admite pautas sectarias de acción. –La guerra y su clima se han desplazado a periferias. –Paz y prosperidad sin precedentes.

13. EL CAOS DE LA LIBERTAD (2) 225
La plenitud viene acompañada por nuevos peligros. –Ambigüedad de algunos «avances». –El infalibilismo cientista opera como bola de demolición. – El ejemplo de LTCM. –Órdenes auto-regulados y el proceso de una destrucción creativa. –Transformaciones en el señorío y la servidumbre. –La clase política. –El papel del «pueblo». –Caos disfrazado de control y caos sin velo. –La libertad como substancia del ser humano.

14. LA CUESTIÓN NACIONAL 241
Regiones y potencias. –Disposición saturnina o maquiavélica del

gobierno. –La excepción helvética. –El sistema norteamericano. –El derecho de constitución es indiscernible del derecho de secesión. –Complicidad en el enconamiento de reivindicaciones nacionalistas. –Caciquismo y autogobierno. –La globalización implica descentralización. –Los nacionalismos como estupidez maligna. –El término medio: una extensión de la pertenencia. –Los condicionantes prácticos.

15. MORAL, MERCADO Y MISANTROPÍA 259
El capital humano como diversificación de la destreza. –La gran sociedad es una cultura abierta, cuyos héroes son empresarios. –Una mano invisible protege a la complejidad del autoritarismo simplista. –El derecho, constitución de la libertad. –El monopolio, aliado y enemigo de la baratura. –Consumidores troquelados por el proveedor. –La doma del deseo ajeno tiene su contrapartida en progresos de la invención. –Misantropía elitista y antielitista: juzgando al prójimo. Una reindividuación del trabajo sucede a su previa desindividuación. –Neutralidad de la técnica. –El desafío de aprender.

16. LOTERÍAS ELECTORALES 279
Nexos entre democracia y capitalismo. –Diferentes participaciones políticas. –Burocracia y clase política. –El beneplácito de mandantes contrapuestos, condición del mandatario crónico. –Radiografía de algunos votos. –¿Es la desigualdad remediable? –La autogestión como suicidio. –Manos Limpias. –Hacia una interacción supervisora. –El censo vota orgánicamente, a pesar de hallarse sometido a atomización y a una oferta tacaña. –Progresos asociativos. –El juego del número, recurso económico para la complejidad. –Reconsideración de las virtudes cívicas.

17. NAVEGANDO EL CAOS 399
Las propuestas del corazón. –Foros cívicos en tiempo real, regeneración política. El «pueblo» como legislador y consultor. –Campos del poder referendario. –Los contratos de adhesión son pseudo-contra-

tos. –Constataciones de la cabeza. –Nuestro orden no depende de un designio ni resulta previsible, sino que es fruto de una evolución impersonal. –Nivel de capital humano y nivel de vida. –El fundamentalismo de mercado. –La economía del caos. –Nos adaptamos al desequilibrio con auto-organización. –La atención al medio: timones, termostatos y otros ingenios basados sobre lo mismo. –El control de lo incontrolable: círculos viciosos y círculos virtuosos.

18. EL «PUEBLO» Y NOSOTROS 319
Montaje industrial en cadena. –El modelo de Taylor y el modelo de Ono. –La cadena como circuito interactivo de información. –El obrero másico es litigante. –Dominio y rendimiento. –Los negocios más rentables descansan sobre hombres libres. –Rituales mandobedientes y pautas finas de productividad. –Reelaboración autónoma de las informaciones. –El principio del consenso. –Un autogobierno delegado crónicamente. –El «pueblo» como atractor extraño. –Su parecido con un objeto fractal. –La responsabilidad, en un mundo impredecible e irreversible. –«Doy para que des, doy porque diste». –Milenaristas y otros agoreros. –Realidad social de la vida.

ADDENDA 341
Los críticos siempre tienen razón. –Pero la crítica no debe inventarse lo criticado. –Omisión de los argumentos y relieve de puros detalles. –Elucidación de algunos detalles. –Se imputan al divulgador ideas de los divulgados. –Equívocos sobre la posmodernidad. –El determinismo como ideología. –De la razón legisladora a una razón autocrítica. –El concepto de evolución. –Aprovechar o despilfarrar conocimientos. –Infinitos progresivamente densos e irregulares. –Vértigo de la incertidumbre y nostalgia de lo lineal. –Reglas del juego cívico.

BIBLIOGRAFÍA CITADA 367

www.ingramcontent.com/pod-product-compliance
Lightning Source LLC
Chambersburg PA
CBHW031605210526
45464CB00004B/1440